高职高专工程及交通类通用教材

# 电工基础

主编 陈 敏 徐亚辉 万 玉 夏卫民

WUHAN UNIVERSITY PRESS
武汉大学出版社

图书在版编目(CIP)数据

电工基础/陈敏,徐亚辉,万玉,夏卫民主编.—武汉:武汉大学出版社,2012.8
高职高专工程及交通类通用教材
ISBN 978-7-307-09952-4

Ⅰ.电… Ⅱ.①陈… ②徐… ③万… ④夏…… Ⅲ.电工学—高等职业教育—教材 Ⅳ.TM1

中国版本图书馆CIP数据核字(2012)第138794号

责任编辑:林 莉　　责任校对:黄添生　　版式设计:马 佳

出版发行:武汉大学出版社 (430072 武昌 珞珈山)
(电子邮件:cbs22@whu.edu.cn 网址:www.wdp.whu.edu.cn)
印刷:荆州市鸿盛印务有限公司
开本:787×1092 1/16 印张:11.25 字数:264千字 插页:1
版次:2012年8月第1版 2012年8月第1次印刷
ISBN 978-7-307-09952-4/TM·30 定价:28.00元

# 前　言

本书是为了顺应快速发展的铁路运输及城市轨道交通对高等职业教育的需要，满足技能型人才的培养目标及专业课的要求而编写的，内容以“需要为准，够用为度”，适当降低了理论深度，精简了内容，在叙述上力求通俗易懂，尽量符合学生的认识规律，突出概念的掌握及应用。本书可以作为高职高专院校机车、车辆、供电、机电类专业学生和教师的教材或参考书，适用于100个左右的教学学时。

本书第1、4章由徐亚辉编写，第2、6章由陈敏编写，第3、5章由万玉编写，第7、8章由夏卫民编写，全书由陈敏统稿。在此仅向关心和支持本书编写的各方人士表示感谢，向参考文献的作者表示感谢。由于编者水平有限，书中难免会有不少疏漏之处，敬请读者提出宝贵意见，以便今后修订。

作　者

2012年5月

# 目　　录

# 第1章 直流电路

## 1.1 电流与电路

### 1.1.1 电荷

如果一个物体带有电荷，那么它对轻小物体有吸引力，我们把这个物体称为带电体。摩擦、感应等，都可以使原本不带电的物体带电，得到电子的物体对外显负电性(带负电荷)，失去电子的物体对外显正电性(带正电荷)。

在自然界中存在两种电荷：正电荷和负电荷。电荷之间存在相互作用，相互作用的规律是：同种电荷互相排斥，异种电荷互相吸引。

物体所带电荷数量的多少叫电荷量，简称电量，用 $q$ 或 $Q$ 表示。电量的单位为库仑(C)，简称库。一个电子所带的电量的数值是 $1.602\times10^{-19}$ 库。物体所带的电量总是一个电子所带电量的整数倍，因此，把 $1.602\times10^{-19}$ 库作为基本电量，1 库仑约等于 $6.24\times10^{18}$ 个电子所带的电量。

### 1.1.2 电流

电荷有规则的运动称为电流。运动的电荷又称载流子。载流子是多种多样的，例如，金属导体中的自由电子、电解液中的离子等。

电流的强弱程度(大小)用电流强度(简称电流)这个物理量来表示。电流强度的大小取决于在一定时间内通过导体横截面电荷量的多少。

在单位时间内通过导体横截面的电量，称为电流强度(简称电流)，用符号 $I$ 或 $i(t)$ 表示，讨论一般电流时可用符号 $i$。

设在 $\Delta t=t_2-t_1$ 时间内，通过导体横截面的电荷量为 $\Delta q=q_2-q_1$，则在 $\Delta t$ 时间内的电流强度可用数学公式表示为

$$i(t)=\frac{\Delta q}{\Delta t} \tag{1.1.1}$$

式中，$\Delta t$ 为很小的时间间隔，时间的国际单位制为秒(s)，电量 $\Delta q$ 的国际单位制为库仑(C)。电流 $i(t)$ 的国际单位制为安培(A)。

如果在 1 秒(s)内通过导体横截面的电量为 1 库仑(C)，则导体中的电流强度就是 1 安培，简称安，以符号 A 表示。除安培外，常用的电流单位还有千安(kA)、毫安(mA)和微安(μA)。它们之间的换算如表 1-1 所示。

表 1-1 单位换算

| 中文代号 | 吉 | 兆 | 千 | 百 | 十 | 个 | 分 | 厘 | 毫 | 丝 | 忽 | 微 | 纳 | 皮 |
|---|---|---|---|---|---|---|---|---|---|---|---|---|---|---|
| 国际代号 | G | M | K | h | da | — | d | c | m | dm | cm | μ | n | p |
| 倍乘数 | $10^9$ | $10^6$ | $10^3$ | $10^2$ | 10 | — | $10^{-1}$ | $10^{-2}$ | $10^{-3}$ | $10^{-4}$ | $10^{-5}$ | $10^{-6}$ | $10^{-7}$ | $10^{-8}$ |

电路中的电流大小，可以用电流表(安培表)进行测量，如图 1-1 所示。测量时应注意以下几点：

(1)对交、直流应分别使用交流电流表和直流电流表。

(2)电流表必须串接到被测量的电路中。

(3)直流电流表表壳接线柱上标明的“+”“-”记号，应和电路的极性相一致，不能接错，否则指针要反转，严重的甚至损坏仪表。

(4)合理选择电流表的量程。如果量程选用不当，例如用电流表小量程去测量大电流，就会烧坏电流表；若用大量程电流表去测量小电流，会影响测量的准确度。在进行电流测量时，一般要先估计被测电流的大小，再选择电流表的量程。若无法估计，可先用电流表的最大量程挡测量，当指针偏转不到 1/3 刻度时，再改用较小挡去测量，直到测得正确数值为止。

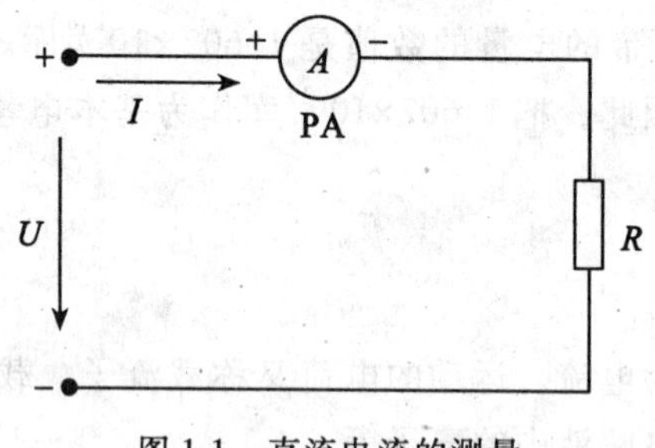


图 1-1 直流电流的测量

电流的方向：在不同的导电物质中，形成电流的运动电荷可以是正电荷，也可以是负电荷，甚至两者都有。为统一起见，规定以正电荷移动的方向为电流的方向。按照这一规定可以知道，在金属导体中电子移动方向与电流的方向相反；在酸、碱、盐溶液中的正离子移动方向就是电流的方向，而负离子移动的方向与电流的方向相反。

电流的参考方向：在分析或计算电路时，常常要求出电流的方向。但当电路比较复杂时，某段电路中电流的实际方向往往难以确定，此时可先假定电流的参考方向(也称正方向)，然后列方程求解，当解出的电流为正值时，就认为电流实际方向与参考方向一致，如图 1-2(a)所示。反之，当电流为负值时，就认为电流方向与参考方向相反，如图 1-2(b)所示。

如果电流的大小及方向都不随时间变化，即在单位时间内通过导体横截面的电量相等，则称之为稳恒电流或恒定电流，简称为直流(Direct Current)，记为 DC 或 dc，直流电流要用大写字母 $I$ 表示。

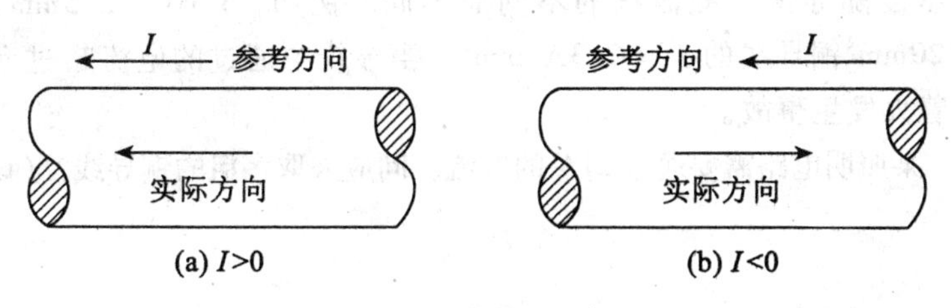


图 1-2　电流的正负

$$I=\frac{Q}{t} \tag{1.1.2}$$

直流电流 $I$ 与时间 $t$ 的关系在 $I$–$t$ 坐标系中为一条与时间轴平行的直线。如图 1-3(a)所示。

电流的方向不随时间变化，但大小随时间改变的直流电叫做脉动直流电。如图1-3(b)所示。

如果电流的大小及方向均随时间变化，则称为交流电流。大小及方向均随时间按正弦规律作周期性变化的电流称为正弦交流电流，将之简称为交流(Alternating current)，记为AC 或 ac，交流电流的瞬时值要用小写字母 $i$ 或 $i(t)$ 表示。如图 1-3(c)所示。

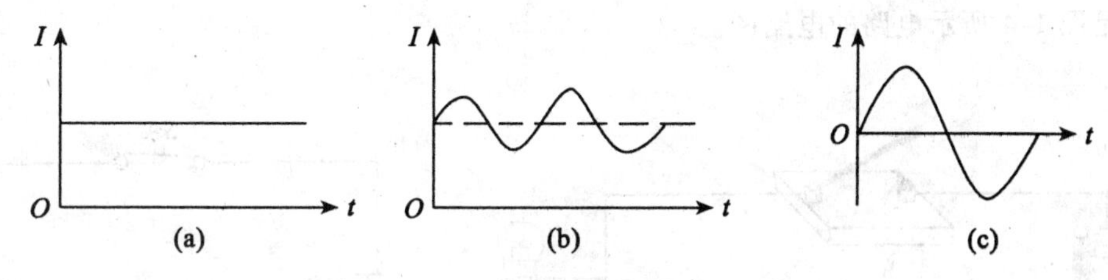


图 1-3　稳恒直流电流、脉动电流与交流电流

【例 1-1】　某导体在 5 分钟内均匀通过的电荷量为 4.5 库仑，求导体中的电流是多少毫安？

解：

$$I=\frac{Q}{t}=\frac{4.5}{5\times 60}=0.015\text{A}=15\text{mA}$$

### 1.1.3　电流密度

在实际工作中，有时要选择导线的粗细(横截面)，这就涉及电流密度这一概念。所谓电流密度是指当电流在导体的截面上均匀分布时，该电流与导体横截面积的比值。用字母 $J$ 表示，其数学表达式为：

$$J=\frac{I}{S} \tag{1.1.3}$$

式中当电流用安培(A)作单位、横截面积用 $\text{mm}^2$ 作单位时，电流密度的单位是 $\text{A/mm}^2$。

选择合适的导线横截面积就是使导线的电流密度在允许的范围内，保证用电安全。导线允许的电流密度随导体横截面积的不同而不同。例如，$1\text{mm}^2$、$2.5\text{mm}^2$铜导线的 $J$ 取 $6\text{A/mm}^2$，而 $120\text{mm}^2$铜导线的 $J$ 取 $2.3\text{A/mm}^2$。当导线中通过的电流超过允许值时，导线将过热，甚至着火发生事故。

【例 1-2】 某照明电路需要通过 21A 的电流，问应采取多粗的铜导线？（设$J=6\text{A/mm}^2$）

解：因为

$$J=\frac{I}{S}$$

所以

$$S=\frac{I}{J}=\frac{21}{6}=3.5\text{mm}^2$$

### 1.1.4 电路

电流经过的路径称为电路。电路通常由电源、负载、控制器件和联接导线组成。如图 1-4 所示，各组成部分的作用如下所述。

电源（供能元件）：为电路提供电能的设备和器件（如电池、发电机等）。

负载（耗能元件）：也称为用电器，是使用（消耗）电能的设备和器件（如灯泡等用电器）。

控制器件：控制电路工作状态的器件或设备（如开关等）。

联接导线：将电器设备和元器件按一定方式联接起来（如各种铜、铝电缆线等）。

用国家统一规定的符号来表示电路联接情况的图形称为电路原理图，简称电路图。图 1-5 就是图 1-4 所示电路的电路图。

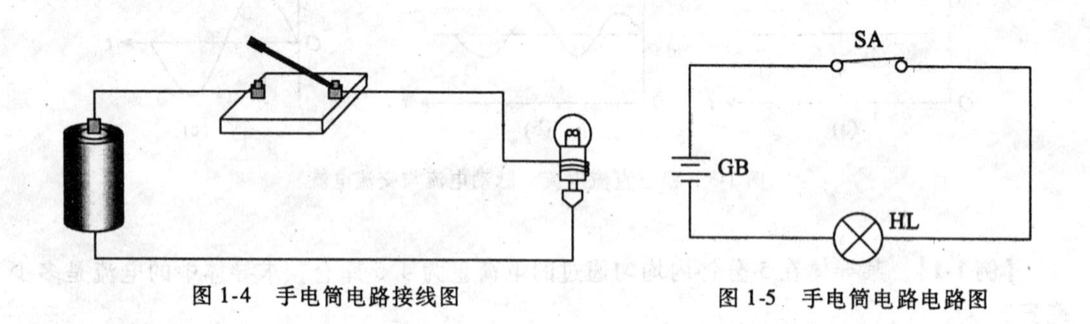


图 1-4 手电筒电路接线图

图 1-5 手电筒电路电路图

电路常用设备与元件符号如表 1-2 所示。

表 1-2 部分电工图形符号（摘自 GB4728-85）

| 图形符号 | 名称 | 图形符号 | 名称 | 图形符号 | 名称 |
|---|---|---|---|---|---|
| | 开关 | | 电阻器 | | 接机壳 |
| | 电池 | | 电位器 | | 接地 |

续表

| 图形符号 | 名称 | 图形符号 | 名称 | 图形符号 | 名称 |
|---|---|---|---|---|---|
| G | 发电机 | | 电容器 | ○ | 端子 |
| | 线圈 | A | 电流表 | | 连接导线<br>不连接导线 |
| | 铁心线圈 | V | 电压表 | | 熔断器 |
| | 抽头线圈 | | 二极管 | | 灯 |

电路的主要功能有两类：一类是进行能量的转换、传输和分配；另一类是实现信息的传递和处理。

电路通常有以下三种工作状态：

(1)通路(闭路)：电源与负载接通，电路中有电流通过，电气设备或元器件获得一定的电压和电功率，进行能量转换。

(2)开路(断路)：电路中没有电流通过，又称为空载状态。

(3)短路(捷路)：电源两端的导线直接相连接，输出电流过大对电源来说属于严重过载，如没有保护措施，电源或电器会被烧毁或发生火灾，所以通常要在电路或电气设备中安装熔断器、保险丝等保险装置，以避免发生短路时出现不良后果。

## 【练习一】

### 一、填空题

1. 规定__________定向运动的方向为电流方向。金属导体中自由电子的定向运动方向与电流方向是__________的。

2. 通过一个电阻的电流是5A，经过3分钟，则通过这个电阻横截面的电荷量是__________库仑。

3. 自然界中只有__________、__________两种电荷。同种电荷互相__________，异种电荷互相__________。

4. 若3分钟通过导体横截面的电荷量是1.8库仑，则导体中的电流是__________A。

5. 导体中的电流为0.5A，在__________分钟时，通过导体横截面的电荷量为12库仑。

### 二、简答题

1. 电路由哪几部分组成？各部分的作用是什么？

2. 什么是直流电流？什么是交流电流？

## 1.2 电位与电压

### 1.2.1 电位

生活实践告诉人们，水总是由高处往低处流，高处的水位高，低处的水位低。与此类似，电路中各点均有一定的电位，在外电路中电流是从高电位流向低地位。另外，在讲高度时，总有一个计算高度的起点，通常以海平面作为基准参考面。电路中讲电位也必须有一个计算电位的起点，这个点叫做参考点。通常把参考点的电位规定为零。因此参考点又称为零电位点。电位的文字符号用带下标的字母 $V$ 表示，如 $V_A$，即表示 $A$ 点的电位。

一般选大地作为参考点(零电位点)。在电子仪器和设备中又常把金属外壳或电路的公共接点的电位规定为零电位。零电位的符号有三种："⏚"表示接大地，"⊥"或"⊥"表示接机壳或公共接点。

电位的单位为伏(V)。必须特别注意，电路中任意点电位的大小与参考点的选择有直接关系，例如在图 1-6 中，如以 $A$ 点为参考点，则 $V_A=0\text{V}$，$V_B=3\text{V}$，$V_C=9\text{V}$；如以 $B$ 点为参考点，则 $V_B=0$，$V_A=-3\text{V}$，$V_C=6\text{V}$。

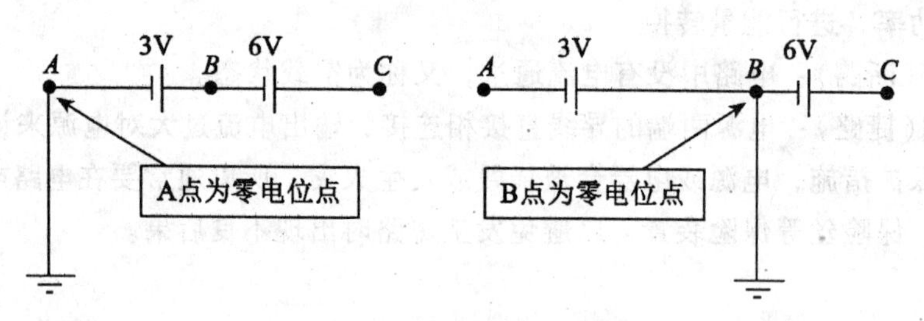


图 1-6 电位的参考点

闭合电路中各点电位高低的不同是靠电源的作用而形成的。如果没有电源的作用，也就不成其为闭合电路，也就不存在高电位和低电位的概念。正如自来水供水系统是水泵的作用把水从水平面提升到高处一样。

在电子电路中，为了使电路简明，常常将电源省略不画，而在电源端用电位(或电动势)的极性和数值标出。图 1-7 左图表示 $A$ 点接电源 $E_1$ 的正极，故用"$+E_1$"(也可用"$+V_1$")表示，$C$ 点接另一电源 $E_2$ 的负极，故用"$-E_2$"表示。如画出完整电路图，则如图 1-7右图所示。

### 1.2.2 电压(电位差)

水位差是形成水流的原因，同样电位差是形成电流的原因。当然水流和电流在本质上是两种不同的运动形式。

电路中某两点之间的电位差称为电压，即

$$U_{AB}=V_A-V_B \tag{1.2.1}$$

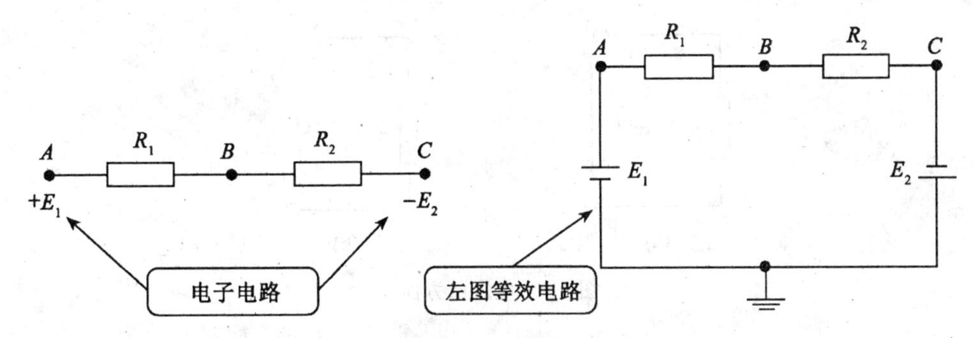


图 1-7　电子电路图中的电源表示法及等效电路图

电压是衡量电场力作功本领大小的物理量。两点之间的电压在数值等于单位正电荷在电场力作用下从一点移到另一点时所做的功，即

$$U=\frac{W}{Q} \tag{1.2.2}$$

如图 1-8 所示，在电场中若电场力将点电荷 $Q$ 从 $A$ 点移动到 $B$ 点，所做的功为 $W_{ab}$，则功 $W_{ab}$ 与电荷 $Q$ 的比值就是 $A$、$B$ 两点之间的电压。若电场力将 1 库仑的电荷从 $A$ 点移动到 $B$ 点，所做的功是 1 焦耳，则 $AB$ 两点之间的电压大小就是 1 伏特，简称伏，用符号 V 表示。除伏特以外，常用的电压单位还有千伏(kV)、毫伏(mV)和微伏(μV)。

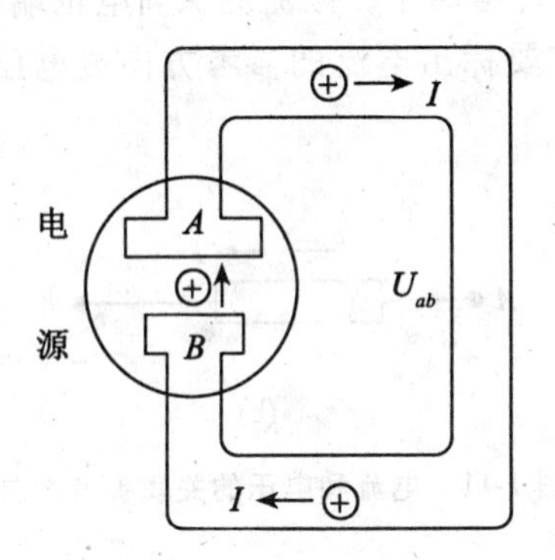


图 1-8　电源中电场力作功

电压和电流一样，不仅有大小，而且有方向，即有正负。电压的方向规定为由高电位端指向低电位端。对于负载来说，规定电流流进端为电压的正端，电流流出端为电压的负端，电压的方向为由正指向负。

电压的方向在电路图中有两种表示方法，一种用箭头表示，如图 1-9(a)所示；另一种用极性符号表示，如图 1-9(b)所示。

在分析电路时往往难以确定电压的实际方向，此时可任意假设电压的参考方向，再根据计算所得值的正、负来确定电压的实际方向。如图 1-10 所示。

对一段电路或一个元件上的电压参考方向和电流的参考方向，可以独立地任意指定。

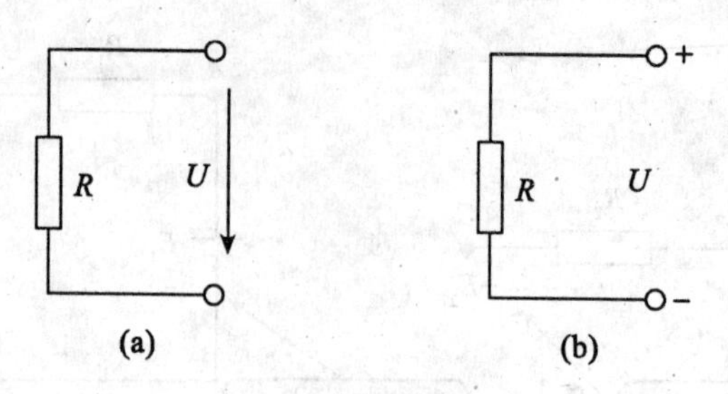


图 1-9　电压的方向

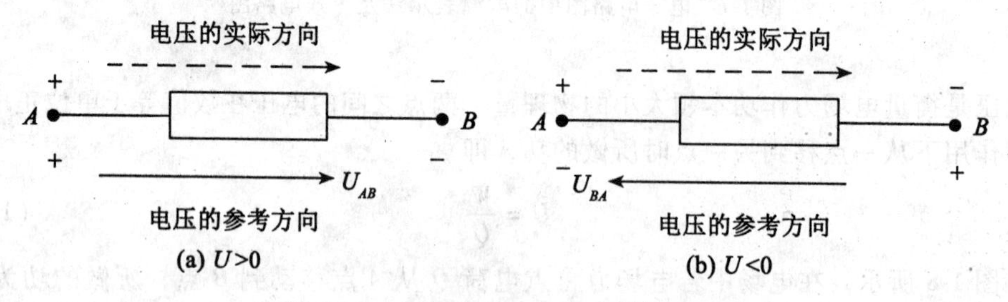


图 1-10　电压的参考方向和它的实际方向

但是为了方便起见，我们常采用关联参考方向。所谓关联参考方向，就是电流参考方向应与电压的参考方向一致，即在外电路中，电流应从高电位端流向低电位端，如图 1-11(a)所示。这样在电路图上就只需要标出电流的参考方向或电压的参考方向中任一种就可以了。如图 1-11(b)、(c)所示。

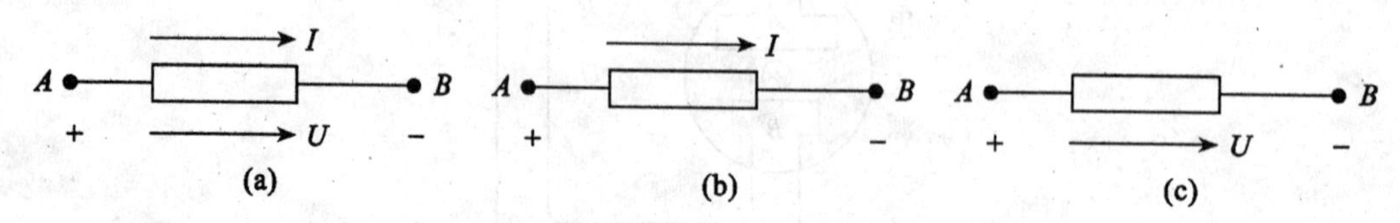


图 1-11　电流和电压的关联参考方向

电路中任意两点之间的电压大小，可用电压表(伏特表)进行测量，如图 1-12 所示。测量时应注意以下几点：

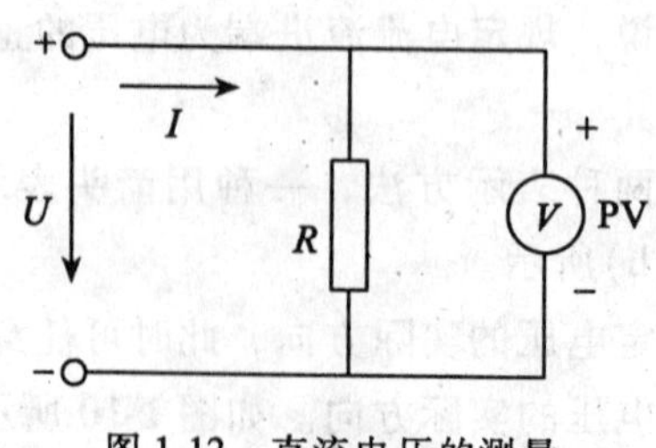


图 1-12　直流电压的测量

(1)对交、直流电压应分别采用交流电压表和直流电压表。

(2)电压表必须跨接(并联)在被测电路的两端。

(3)直流电压表的表壳接线柱上标明的"+""-"记号，应和被测两点的电位相一致，即表的正端(+)接高电位，表的负端(-)接低电位，不能接错，否则指针要反转，并有可能使电压表损坏。

(4)合理选择电压表的量程，其方法和电流表相同。

应该注意：电位具有相对性，即电路中某点的电位值随参考点位置的改变而改变；而电位差具有绝对性，即任意两点之间的电位差值与电路中参考点的位置选取无关。此外电位有正负之分，当某点的电位大于参考点(零电位)电位时，称其为正电位，反之称其为负电位。例如在图 1-6 中，若以 $A$ 为参考点，则 $U_{CA}=V_C-V_A=9-0=9\text{V}$；若以 $B$ 为参考点，则 $U_{CA}=V_C-V_A=6-(-3)=9\text{V}$。

**【练习二】**

**一、填空题**

1. 在电路中，$a$、$b$ 两点的电位分别为 $V_a$、$V_b$，则 $a$、$b$ 两点间的电压 $U_{ab}=$______。

2. 电位是______值，它的大小随______的改变而改变，电位的单位是______。电压是________值。

**二、计算题**

1. 一盏电灯中流过的电流是 100 毫安，合多少安培？5 分钟通过它的电量是多少？

2. 在图 1-13 所示的电路中，已知 $V_A=9\text{V}$，$V_B=-6\text{V}$，$V_C=5\text{V}$，$V_D=0\text{V}$，试求 $U_{AB}$、$U_{BC}$、$U_{AC}$、$U_{BD}$各为多少？

3. 在图 1-14 中，分别求出以 $B$ 点和 $C$ 点为参考点时，$A$、$B$、$C$ 三点的电位及 $U_{AB}$、$U_{BC}$的大小。

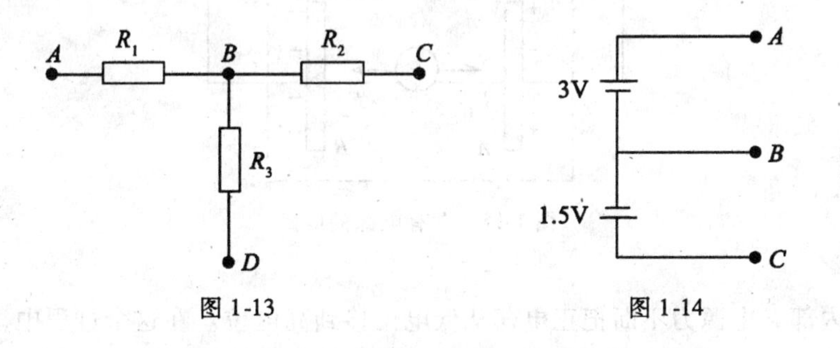

图 1-13　　图 1-14

## 1.3 电源和电动势

### 1.3.1 电源

我们知道，在自然状态下，水的流动总是从高水位处流向低水位处的。同样，在电场力的作用下，正电荷总是从高电位移向低电位的。对带有正、负电荷的两个极板(带电体)来说，如果只有电场力对电荷的作用，那么由于电荷的不断移动和正、负电荷的不断中和，势必改变电荷的分布；随着时间的推移，正、负极板的电荷将很快减少，其间的电场也迅速减弱。因此，处于电场内导体中的电流只能是短暂的一瞬。

为了维持导体中的电流，就必须有一个能保持正、负极板间有一定电场的装置，这个装置就是电源(如发电机、电池等)。

电源是把其他形式的能转换成电能的装置。电源种类很多，如：干电池或蓄电池把化学能转换成电能；光电池把太阳能转化成电能；发电机把机械能转化成电能等。电源正极电位高，负极电位低，接通负载后，外电路中电流从高电位流向低电位；在电源内部电流则从负极流向正极。

### 1.3.2 电源电动势

在电场力的作用下，正电荷总是由高电位经过负载移动到低电位，如图 1-15 所示。当正电荷由极板 $A$ 经外电路移到极板 $B$ 时，与极板 $B$ 上的负电荷中和，使 $A$、$B$ 极板上聚集的正、负电荷数减少，两极板间电位差随之减少，电流随之减小，直至正、负电荷完全中和，电流中断。要保证电路中有持续不断的电流，$A$、$B$ 极板间必须有一个与电场力 $F_2$ 的方向相反的非静电力 $F_1$ 存在，它能把正电荷从 $B$ 极板源源不断地移到 $A$ 极板，保证 $A$、$B$ 两极板间电压不变，电路中才能有持续不变的电流。这种存在于电源内部的非静电力性质的力 $F_1$ 叫做电源力。

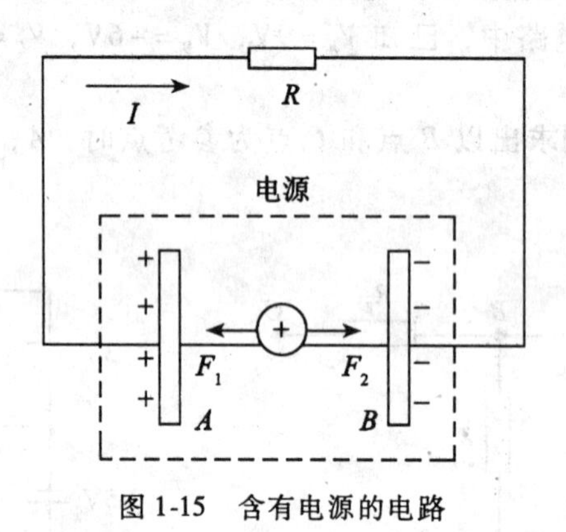


图 1-15　含有电源的电路

在电源内部，电源力不断把正电荷从低电位移到高电位。在这个过程中，电源力要反抗电场力做功，这个做功过程就是电源将其他形式的能转换成电能的过程。对于不同的电源，电源力在移动同一数量的电荷时所做的功是不同的，因而将其他形式的能量转换成电场能量的数量也是不同的。为了衡量不同电源转换能量的本领，我们把在电源力的作用下，将单位正电荷从电源负极(低电位点)移向正极(高电位点)所做的功，叫做这个电源的电动势，用符号 $E$ 表示。即

$$E = \frac{W}{q} \tag{1.3.1}$$

式中：$W$——电源力移动正电荷所做的功，单位是焦耳(J)。

$q$——电源力移动的电荷量，单位是库仑(C)。

$E$——电源电动势，单位是伏特(V)。

由于电源内部电源力由负极指向正极，因此电源电动势的方向规定为由电源的负极(低电位)指向正极(高电位)。因此，在电动势的方向上电位是逐点升高的。图1-16(a)、(b)分别表示直流电动势的两种图形符号。

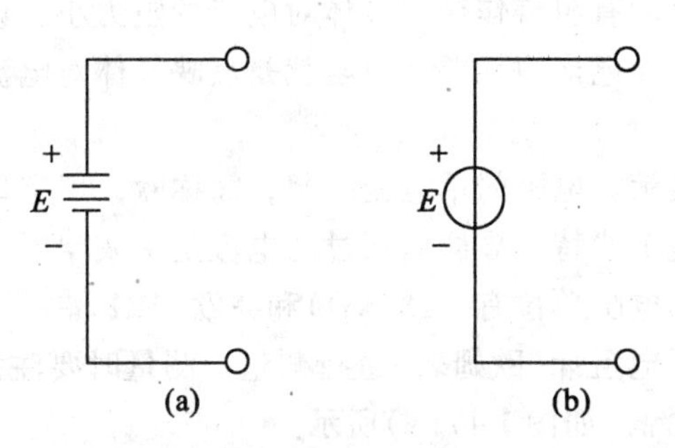


图1-16　直流电动势的图形符号

在电源内部的电路中，电源力移动正电荷形成电流，电流的方向是从负极指向正极；在电源外部的电路中，电场力移动正电荷形成电流，电流方向是从正极指向负极。

对于一个电源来说，既有电动势，又有端电压。电动势只存在于电源内部；而端电压则是加在外电路两端的电压，其方向由正极指向负极。一般情况下，电源的端电压总是低于电源内部的电动势，只有当电源开路时，电源的端电压才与电源的电动势相等。

特别应当指出的是电动势与电压是两个物理意义不同的物理量。电动势存在于电源内部，是衡量电源力做功本领的物理量；电压存在于电源的内、外部，是衡量电场力做功本领的物理量。电动势的方向从负极指向正极，即电位升高的方向；电压的方向是从正极指向负极，即电位降低的方向。但电压和电动势的单位都是伏特。

## 【练习三】

**一、填空题**

1. 把__________的能转换成__________能的设备叫电源。在电源内部电源力把正电荷从电源的__________极移到电源的__________极。

2. 在外电路，电流由__________极流向__________极，是__________力做功；在内电路，电流由__________极流向__________极，是__________力做功。

**二、计算题**

在电源内部，电源力做了12焦耳的功，将8库仑的正电荷由负极移到正极，问该电源的电动势应为多少？若要将12库仑的正电荷由负极移到正极，那么电源力要做多大的功？

## 1.4 电阻和电阻定律

### 1.4.1 电阻

当电流通过金属导体时，作定向运动的自由电子会与金属中的带电粒子发生碰撞。可见，导体对电荷的定向运动有阻碍作用。导体对电流的阻力小，说明它的导电能力强；导体对电流的阻力大，它的导电能力就差。电阻就是反映导体对电流起阻碍作用大小的一个物理量。

电阻用字母 $R$ 或 $r$ 表示。电阻的单位是欧姆，简称欧，用字母 Ω 表示。

当导体两端的电压是 1 伏特，导体内通过的电流是 1 安培时，这段导体的电阻就是 1 欧姆。除欧姆外，常用的电阻单位有千欧(kΩ)和兆欧(MΩ)。

导体电阻的大小可用电阻计(欧姆表)进行测量。测量时要注意：

(1)切断电路上的电源，如图 1-17(a)所示。

(2)使被测电阻的一端断开，如图 1-17(b)所示。

(3)避免将人体电阻接入测量电路，如图 1-18 所示。

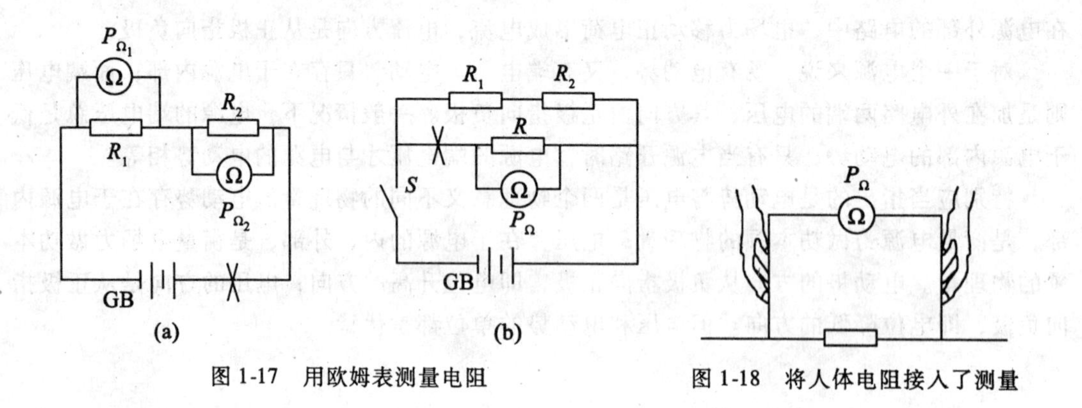


图 1-17 用欧姆表测量电阻　　图 1-18 将人体电阻接入了测量

### 1.4.2 电阻定律

导体的电阻是客观存在的，它的大小不随导体两端电压大小而变化。即使没有电压，导体仍然有电阻。在温度一定时，一个导体电阻的大小，主要由两种因素决定。一是导体所用材料的导电性能；其次和导体的尺寸有关。

实验证明，在一定的温度下，同一种材料的导体电阻，与导体的长度成正比，与导体的横截面积成反比。这就是电阻定律。该定律的数学表达式为：

$$R = \rho \frac{L}{S} \tag{1.4.1}$$

式中的 $\rho$ 是与导体材料性质有关的物理量，称为电阻率或电阻系数。电阻率通常是指在 20℃时，长 1 米而横截面积是 1 平方毫米的某种材料的电阻值。当 $L$、$S$、$R$ 的单位分别是米、平方米、欧姆时，$\rho$ 的单位是欧姆·米。表 1-3 列出了几种常用材料的电阻率。

表 1-3　　　　几种常用材料的电阻率和电阻温度系数(20℃)

| 用　途 | 材料名称 | 电阻率 $\rho$ (Ω·m) | 平均电阻温度系数 $\alpha$(1/℃) |
|---|---|---|---|
| 导电材料 | 银 | $1.6\times10^{-8}$ | 0.0038 |
| | 铜 | $1.7\times10^{-8}$ | 0.0040 |
| | 铝 | $2.9\times10^{-8}$ | 0.0042 |
| | 低碳钢 | $12\times10^{-8}$ | 0.0060 |
| | 铁 | $(13\sim30)\times10^{-8}$ | 0.0060 |
| 电阻材料 | 锰铜 | $42\times10^{-8}$ | 0.000005 |
| | 康铜 | $49\times10^{-8}$ | 0.000005 |
| | 镍铬合金 | $110\times10^{-8}$ | 0.00013 |
| | 铁铬铝合金 | $140\times10^{-8}$ | 0.00005 |

由表 1-3 可知，除贵重金属银之外，铜、铝的电阻率小，是理想的导电材料。所以广泛地用来绕制各种电气设备的线圈，制作各种导线等。而康铜、锰铜等合金材料的电阻率比铜铝大得多，因此是制作电阻丝的好材料，如线绕电阻、可变电阻器、电阻箱和电烙铁芯等元件或设备。

**【例 1-3】**　试计算横截面积为 $5\text{mm}^2$，长度为 200m 的铜导线和康铜线的电阻。

解：查表 1-3 得：

铜的电阻率 $\rho=1.7\times10^{-8}\Omega\cdot\text{m}$，康铜的电阻率 $\rho=49\times10^{-8}\Omega\cdot\text{m}$

根据电阻定律 $R=\dfrac{\rho L}{S}$ 可以算出：

$$R_{铜}=\rho\frac{L}{S}=1.7\times10^{-8}\times\frac{200}{5\times10^{-6}}=0.68\Omega$$

$$R_{康铜}=\rho\frac{L}{S}=49\times10^{-8}\times\frac{200}{5\times10^{-6}}=19.6\Omega$$

电阻的倒数叫电导，用 $G$ 表示，它的单位为西门子。即

$$G=\frac{1}{R} \tag{1.4.2}$$

导电性能好的材料电阻小，电导 $G$ 大。

导体的电阻大小还与温度有关，一般金属导体的电阻随温度升高而增加，而碳和电解质的溶液的电阻，将随温度升高而减少。即在不同温度下，同一导体的电阻也不同，它们的关系可用下式计算：

$$R_2=R_1[1+\alpha(t_2-t_1)] \tag{1.4.3}$$

式中 $R_1$ 为导体对应于温度 $t_1$ 时的电阻，$R_2$ 为导体对应于温度 $t_2$ 时的电阻，$\alpha$ 为导体的电阻温度系数，见表 1-3。温度系数是当温度上升(或下降)1℃时，所增加(或减少)的电

阻与原来电阻的比值，单位是1/℃(1/度)。

工程上广泛采用公式(1.4.3)来测量电机、变压器的温升。

**【例1-4】** 某电动机在未运转前测量其线圈(铜线)的电阻 $R_1=3.7\Omega$，此时周围的环境温度为 $t_1=20℃$，电动机通电运转1小时后，由于电动机发热而使温度上升，测得此时线圈的电阻 $R_2=4.5\Omega$，求此时电动机线圈的温度及温升。

解：由表1-3可知：铜的 $\alpha=0.004/℃$

根据 $R_2=R_1[1+\alpha(t_2-t_1)]$ 得

$$t_2=\frac{R_2-R_1}{\alpha R_1}+t_1=\frac{4.5-3.7}{0.004\times3.7}+20=74℃$$

则线圈的温升 $t_2-t_1=74-20=54℃$

### 1.4.3 超导

现代科学研究发现：某些金属的电阻随温度的下降而不断地减小，当温度降到一定值(称临界温度)时，其电阻将突然降到零，具有上述性质的材料称为超导体。

超导现象虽然在20世纪20年代就被发现，但由于没有找到合适的超导材料，以及受低温技术的限制，长期没有得到应用，20世纪60年代起人们才开始积极研究，主要是寻找临界温度较高的超导材料。目前，在超导技术研究方面我国已居世界前列。1989年初，我国科学家首先研制出临界温度高达132K的材料，是当时国际上的最高纪录。1991年8月，我国北京大学化学系、物理系与中科院物理所合作，又研制成功一种新型超导体 $K_3C_6$。超导转变温度远高于现已发现的其他各种有机超导体。

目前超导技术已广泛地应用于原子能、计算机、航空探测等技术领域，在发电设备、电动机及输电系统的应用也越来越广泛。

**【练习四】**

**一、填空题**

1. 导体对电流的__________叫导体的电阻。当温度一定时，导体的电阻决定于导体的__________、__________和__________等因素，其计算公式为__________。

2. 把一定长度导线的直径减半，其电阻值将变为原来的__________倍。

**二、综合题**

1. 导体电阻的大小与哪些因素有关？

2. 一根铝导线长100米，横截面积为1平方毫米，这根导线的电阻是多大？

## 1.5 欧姆定律

### 1.5.1 部分电路欧姆定律

部分电路欧姆定律的内容是：在不包含电源的电路中，流过导体的电流与这段导体两端的电压成正比，与导体的电阻成反比。即：

$$I = \frac{U}{R} \tag{1.5.1}$$

式中：$I$——导体中的电流 A；

$U$——导体两端的电压 V；

$R$——导体的电阻 Ω。

欧姆定律揭示了电路中电流、电压、电阻三者之间的联系，是电路分析的基本定律之一，实际应用非常广泛。

**【例 1-5】** 已知某 100W 的白炽灯在电压 220V 时正常发光，此时通过的电流是 0.455A，试求该灯泡工作时的电阻。

解：因为
$$I = \frac{U}{R}$$

所以
$$R = \frac{U}{I} = \frac{220}{0.455} \approx 484\Omega$$

**【例 1-6】** 在一根导体两端加 12 伏特电压时，测得通过它的电流为 0.3 安培，求这个导体的电阻。当加在这个导体两端电压变为 240 伏特时，其电阻为多少？通过它的电流是多少？

解：(1)由 $I = \frac{U}{R}$ 得：

$$R = \frac{U}{I} = \frac{12}{0.3} = 40\Omega$$

(2)当加 240V 电压时，电阻值不变，还是 40Ω。

(3)当加 240V 电压时，通过它的电流为：

$$I' = \frac{U}{R} = \frac{240}{40} = 6\text{A}$$

### 1.5.2 全电路欧姆定律

全电路是指内电路和外电路组成的闭合电路的整体，如图 1-19 所示。图中的虚线框代表一个电源的内部电路，称为内电路。电源内部一般都是有电阻的，这个电阻称为内电阻，简称内阻，用符号 $r$ 或者 $R_0$ 表示。内电阻也可以不单独画出，而在电源符号旁边注明内电阻的数值。

全电路欧姆定律的内容是：在全电路中电流强度与电源的电动势成正比，与整个电路的内、外电阻之和成反比。其数学表达式为：

$$I = \frac{E}{R + r} \tag{1.5.2}$$

式中：$E$——电源的电动势 V；

$R$——外电路(负载)电阻 Ω；

$r$——内电路电阻 Ω；

$I$——电路中的电流 A。

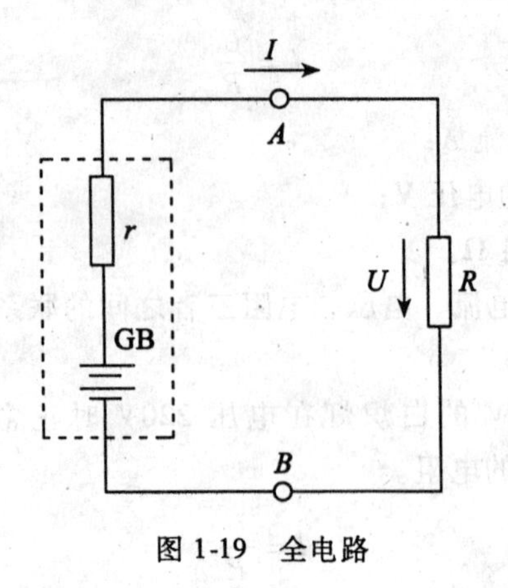

图 1-19　全电路

由式(1.5.2)可得到：

$$E = IR + Ir = U_{外} + U_{内} \tag{1.5.3}$$

式中，$U_{内}$是电源内阻的电压降，$U_{外}$是电源向外电路的输出电压，也称电源的端电压。因此，全电路欧姆定律又可以表述为：电源电动势在数值上等于闭合电路中内外电路电压降之代数和。

### 1.5.3　电路的三种状态

根据全电路欧姆定律，再来分析电路在三种不同的状态下，电源端电压与输出电流之间的关系。

外电路两端的电压又称为路端电压，简称端电压。

**1. 通路**

如图 1-20 所示，开关 SA 接通"1"号位置，电路处于通路状态。电路中的电流为

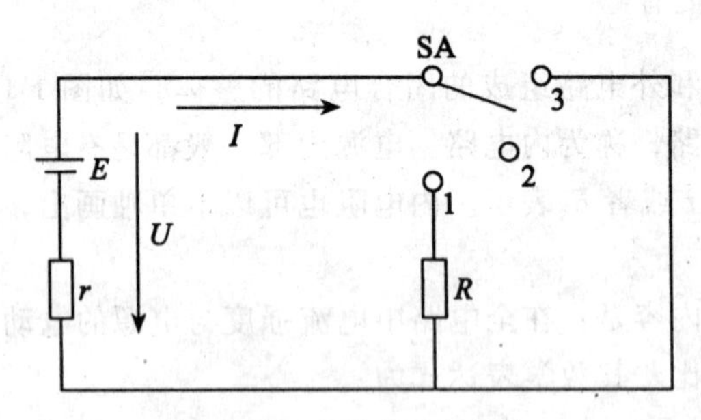

图 1-20　电路的三种状态

$$I = \frac{E}{R + r}$$

端电压与输出电流的关系为：

$$U_{外} = E - U_{内} = E - Ir \quad (1.5.4)$$

式(1.5.4)表明，当电源具有一定值的内阻时，端电压总是小于电源电动势；当电源电动势和内阻一定时，端电压随输出电流的增大而下降。这种电源端电压随输出(负载)电流的变化关系，称为电源的外特性。其关系曲线称为电源的外特性曲线，如图 1-21 所示。

通常把通过大电流的负载称为大负载，把通过小电流的负载称为小负载。这样，由外特性曲线可知：在电源的内阻一定时，电路接大负载时，端电压下降较多；电路接小负载时，端电压下降较少。

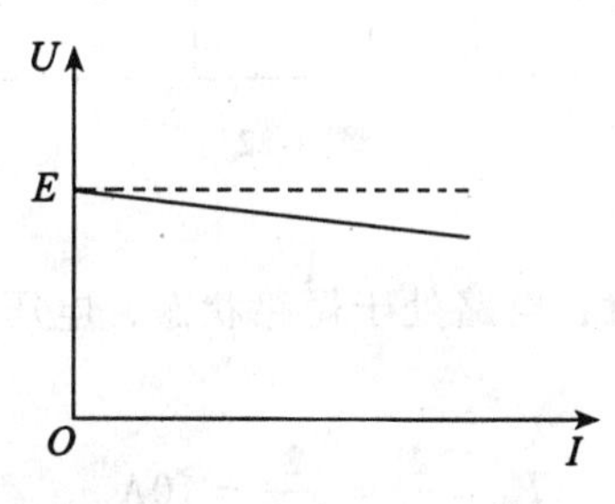


图 1-21　电源的外特性曲线

**2. 开路(断路)**

在图 1-20 中，开关 SA 接通“2”号位置，电路处于开路状态。在开路状态下，负载电阻 $R \to \infty$ 或电路中某处的连接导线断线，则电路中的电流 $I=0$，内阻压降 $U_{内}=I \times r=0$，$U_{外}=E-I \times r=E$，即电源的开路电压等于电源电动势。

**3. 短路**

在图 1-20 中，开关 SA 接通“3”号位置，电源被短接，电路中短路电流 $I_{短}=E/r$。由于电源内阻一般都很小，所以 $I_{短}$ 极大，此时，电源对外输出电压 $U=E-I_{短} \times r=0$。

短路电流极大，不仅会损坏导线、电源和其他电器设备，甚至还会引起火灾，因此，短路是严重的故障状态，必须严格禁止，避免发生。在电路中常串接保护装置，如熔断器等。一旦电路发生短路故障，能自动切断电路，起到安全保护作用。

电路三种状态下各物理量的关系见表 1-4。

表 1-4　电路在三种状态下各物理量的关系

| 电路状态 | 电　流 | 电　压 | 电源消耗功率 | 负载功率 |
|---|---|---|---|---|
| 断路 | $I=0$ | $U=E$ | $P_E=0$ | $P_R=0$ |
| 通路 | $I=\dfrac{E}{R+r}$ | $U=E-Ir$ | $P_E=EI$ | $P_R=UI$ |
| 短路 | $I=I_{短}=\dfrac{E}{r}$ | $U=0$ | $P_E=I_{短}^2 r$ | $P_R=0$ |

【例 1-7】 如图 1-22 所示，不计电压表和电流表内阻对电路的影响，求开关在不同位置时，电压表和电流表的读数各为多少？

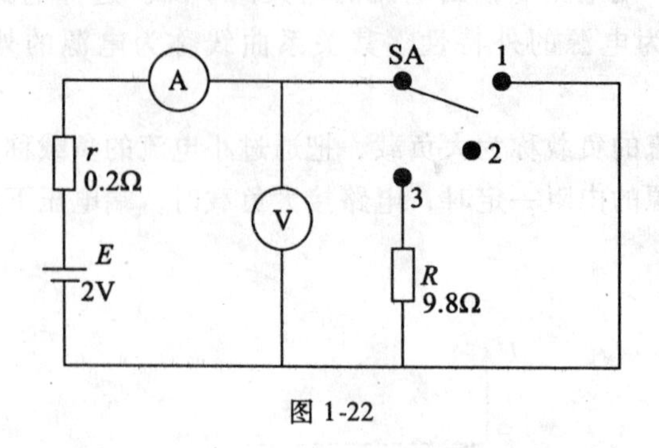


图 1-22

解：(1)开关接"1"号位置：电路处于短路状态，电压表的读数为零；电流表中流过短路电流

$$I_{短} = \frac{E}{r} = \frac{2}{0.2} = 10\text{A}。$$

(2)开关接"2"号位置：电路处于断路状态，电压表的读数为电源电动势的数值，即 2V；电流表无电流流过，即 $I_{断} = 0\text{A}$。

(3)开关接"3"号位置：电路处于通路状态

电流表的读数 $I = \frac{E}{R + r} = \frac{2}{9.8 + 0.2} = 0.2\text{A}$，

电压表的读数 $U = IR = 0.2 \times 9.8 = 1.96\text{V}$。

## 【练习五】

**一、填空题**

1. 部分电路欧姆定律的内容是________________________________________，其数学表达式为______________________。

2. 全电路欧姆定律的内容是________________________________________，其数学表达式为______________________。

3. 图 1-23 示出了三个电阻的电流随电阻两端电压变化的曲线，由曲线可知电阻__________的阻值最大，__________的阻值最小。

4. 电源电动势 $E$=4.5V，内阻 $r$=0.5 欧，负载电阻 $R$=4 欧，则电路中电流 $I$=_____ A，路端电压 $U$=_____ V。

**二、计算题**

1. 电源的电动势 $E$=2V，与 $R$=9 欧的负载电阻联接成闭合回路，测得电源两端的电压为 1.8V，求电源的内阻 $r$。

2. 图 1-24 所示电路中，$R_1$ = 14 欧，$R_2$ = 29 欧，当开关 $S$ 与"1"接通时，电路中的电

流为 1A；当开关 $S$ 与“2”接通时，电路中的电流为 0.5A，求电源的电动势和内阻。

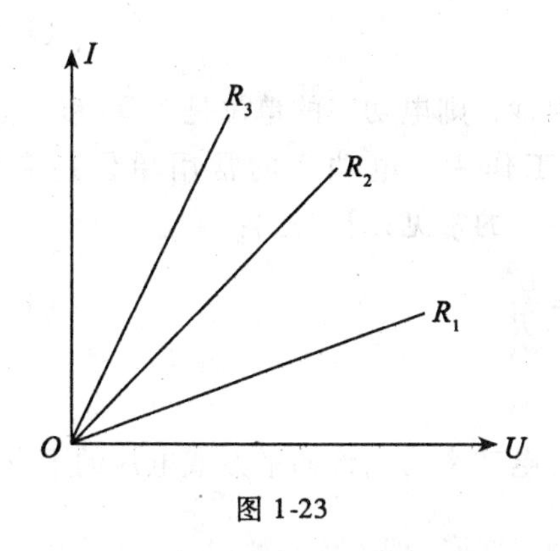

图 1-23

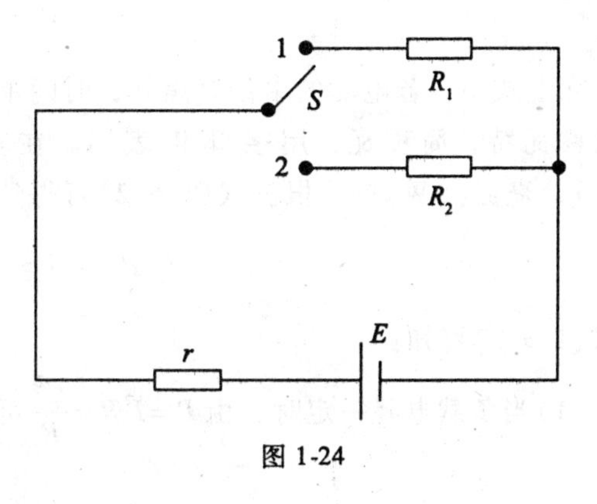

图 1-24

## 1.6　电功率和电能

### 1.6.1　电功

一个闭合的电路，存在着能量的转换。电源把其他形式的能量转换为电能；电路负载在端电压的作用下经由导线通过电流，使电动机转动、电炉发热等，又把电能转换成机械能、热能等而做功。我们把电流通过负载所做的功，叫做电功，用字母 $W$ 表示。这说明电功是由电能获得的，而电能的消耗又通过电流做功表现出来，电能和电功是同一事物的两种形态。因此，我们用电流做功的大小来度量电能的消耗。电功的大小与加在负载两端的电压和通过负载的电流有关。

根据公式：$I=\frac{Q}{t}$，$U=\frac{W}{Q}$，$I=\frac{U}{R}$，可得到电功的数学表达式：

$$W=UQ=IUt=I^2Rt=\frac{U^2}{R}t \tag{1.6.1}$$

式中：$U$——加在负载上的电压 V；

$I$——流过负载的电流 A；

$R$——电阻 Ω；

$t$——时间 s；

$W$——电功 J；

$Q$——电量 c。

电功的国际单位是焦耳(J)，简称焦。在实际工作中，常用的单位是千瓦时(kW · h)，也称“度”。“度”与“焦耳”的换算关系为：

$$1\ 度=3.6\times10^6\ 焦耳$$

### 1.6.2　电功率

电流在单位时间内所做的功，称为电功率，简称功率。用字母 $P$ 表示，其数学表达式为：

$$P = \frac{W}{t} \tag{1.6.2}$$

在上式中，若电功的单位是焦耳，时间单位为秒，则电功率的单位是焦耳/秒。焦耳/秒又称瓦特，简称瓦，用字母 $W$ 表示。在实际工作中，电功率的常用单位还有千瓦(kW)、毫瓦(mW)等。根据式(1.6.2)可得到电功率的常见计算公式：

$$P = IU = I^2R = \frac{U^2}{R} \tag{1.6.3}$$

由式(1.6.3)可知：

(1)当负载电阻一定时，由 $P = I^2R = \frac{U^2}{R}$ 可知，电功率与电流的平方或电压的平方成正比。

(2)当流过负载的电流一定时，由 $P = I^2R$ 可知，电功率与电阻成正比。由于串联电路流过同一电流，则串联电阻的功率与各电阻的阻值成正比。

(3)当加在负载两端的电压一定时，由 $P = \frac{U^2}{R}$ 可知，电功率与电阻成反比。因并联电路中各电阻两端的电压相等，所以各电阻的功率与各电阻的阻值成反比。

### 1.6.3 电流的热效应

当电流通过导体时，由于导体具有一定的电阻而发热，使电能转变成热能，这种现象叫做电流的热效应。

实验证明，电流通过导体所产生的热量，和电流的平方、导体电阻及通过电流的时间成正比，这叫做焦耳-楞次定律。其数学表达式为：

$$Q = I^2Rt \tag{1.6.4}$$

式中：$Q$——热量 J；

$I$——电流 A；

$R$——电阻 Ω；

$t$——时间 s。

电流的热效应有利也有弊。利用这一现象可制成许多电器，如电灯、电炉、电烙铁、电熨斗等；但热效应会使导线发热、电器设备温度升高等，若温度超过规定值，会加速绝缘材料的老化变质，从而引起导线漏电或短路，甚至烧毁设备。为此人们对各种用电设备都规定有一定的电压、电流或功率值。这些规定的数值叫做用电设备的额定值。如灯泡上标明是220V/100W，就是它的额定值。一般元器件和设备的额定值都标在其明显位置。

**【例1-8】** 阻值为100Ω、额定功率为1W的电阻两端所允许加的最大电压为多少？允许流过的电流又是多少？

解：由 $P = \frac{U^2}{R} = I^2R$ 得

$$U = \sqrt{PR} = \sqrt{1 \times 100} = 10\ \text{V}$$

$$I=\sqrt{\frac{P}{R}}=\sqrt{\frac{1}{100}}=0.1\text{A}$$

### 1.6.4 电气设备的额定值

为了保证电气设备和电路元件能够长期安全地正常工作，规定了额定电压、额定电流、额定功率等铭牌数据。

额定电压——电气设备或元器件在正常工作条件下允许施加的最大电压。

额定电流——电气设备或元器件在正常工作条件下允许通过的最大电流。

额定功率——在额定电压和额定电流下消耗的功率，即允许消耗的最大功率。

额定工作状态——电气设备或元器件在额定功率下的工作状态，也称满载状态。

轻载状态——电气设备或元器件在低于额定功率的工作状态，轻载时电气设备不能得到充分利用或根本无法正常工作。

过载(超载)状态——电气设备或元器件在高于额定功率时的工作状态，过载时电气设备很容易被烧坏或造成严重事故。

轻载和过载都是不正常的工作状态，一般是不允许出现的。

**【练习六】**

**一、填空**

1. 某导体的电阻是1欧姆，通过它的电流是1安培，那么在1分钟内通过导体横截面的电量是__________库仑；电流做的功是__________焦耳,；产生的热量是__________焦耳；它消耗的功率是__________。

2. 电流流过导体产生的热量跟__________、__________和__________成正比。这个规律叫__________定律。

3. 电流在______内所做的功叫电功率。额定值为“220V，40W”的白炽灯，灯丝的热电阻的阻值为______欧姆。如果把它接到110V的电源上，它实际消耗的功率为______。

**二、计算**

1. 一个灯泡接在电压是220伏的电路中，通过灯泡的电流是0.5安培，通电时间是1小时，它消耗了多少电能？合多少度电？

2. 已知某电阻丝的长度为2m，横截面积为1mm$^2$，流过电流为3A。求该电阻丝在1分钟内发出的热量(该电阻丝的$\rho=1.2\times10^{-6}\Omega\cdot\text{m}$)。

## 1.7 电阻的串联、并联及其应用

### 1.7.1 电阻的串联及应用

两个或两个以上电阻依次相连，中间无分支的联接方式叫电阻的串联。如图1-25(a)所示是两个电阻的串联，(b)是(a)的等效图。

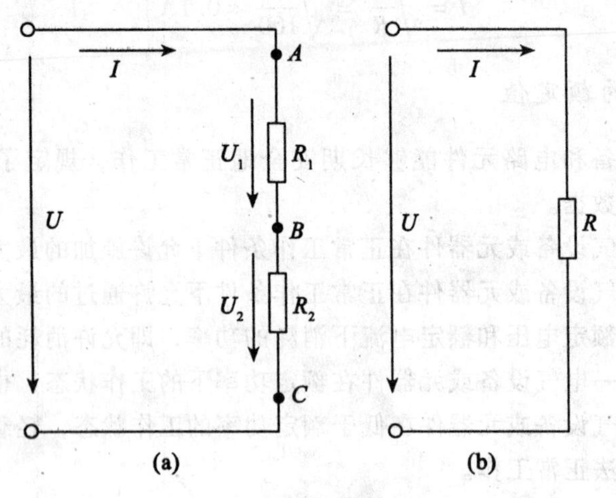


图 1-25　两个电阻的串联

**1. 串联电路的特点**

(1)串联电路中流过每个电阻的电流都相等。

当电阻串联电路接通电源后，整个闭合电路中都有电流通过，由于电阻串联电路中没有分支，电荷也不可能积累在电路中任何一个地方，所以在任何相等的时间内，通过电路任一截面的电荷数必然相同，即串联电路中电流处处相等。当有 $n$ 个电阻串联时，则

$$I=I_1=I_2=\cdots=I_n \tag{1.7.1}$$

(2)电路两端的总电压等于各电阻两端的分电压之和。

在图 1-25(a)中，由电压与电位的关系可得

$$U_1=V_A-V_B,\quad U_2=V_B-V_C$$

两式相加得

$$U_1+U_2=V_A-V_B+V_B-V_C=V_A-V_C=U_{AC}=U$$

当有 $n$ 个电阻串联时，则

$$U=U_1+U_2+\cdots+U_n \tag{1.7.2}$$

(3)总电阻等于各串联电阻之和。

在图 1-25(a)中，由欧姆定律可知　$U=IR$，$U_1=IR_1$，$U_2=IR_2$

又因　$U=U_1+U_2=I(R_1+R_2)=IR$

所以　$R=R_1+R_2$

$R$ 是 $R_1$、$R_2$的等效电阻，其意义是用 $R$ 代替 $R_1$、$R_2$后，不影响电路的电流和电压。在图 1-25 中，b 图是 a 图的等效电路。

当有 $n$ 个电阻串联时，则

$$R=R_1+R_2+\cdots+R_n \tag{1.7.3}$$

当 $n$ 个相同的电阻 $R_0$串联时，有 $R=nR_0$

(4)在串联电路中，电压的分配与电阻成正比。由于串联电路中的电流处处相等，所以

$$I = \frac{U_1}{R_1} = \frac{U_2}{R_2} = \frac{U}{R} \tag{1.7.4}$$

上式表明，在串联电路中，电压的分配与电阻成正比。即阻值越大的电阻所分配到的电压越大，反之电压越小。这个结论是串联电路性质的重要推论，用途较广。如在已知串联电路的总电压 $U$ 及电阻 $R_1$、$R_2$时，可用式(1.7.4)和 $R=R_1+R_2$，可解出分压公式

$$U_1 = \frac{R_1}{R_1 + R_2}U \quad U_2 = \frac{R_2}{R_1 + R_2}U \tag{1.7.5}$$

(5)在串联电路中，功率的分配与电阻成正比。即阻值越大的电阻所分配到的功率越大，反之功率越小。

由于串联电路中的电流处处相等，所以

$$I^2 = \frac{P_1}{R_1} = \frac{P_2}{R_2} = \frac{P}{R} \tag{1.7.6}$$

**2. 电阻串联的应用**

电阻串联的应用很广泛，在实际工作中常见的有：

(1)用几种电阻串联来获得阻值较大的电阻。

(2)采用几个电阻构成分压器，使同一电源能供给几种不同的电压，如图 1-26 所示。由 $R_1 \sim R_4$ 构成的分压器，可使电源输出四种不同数值的电压。

(3)利用串电阻的方法来限制和调节电路中电流的大小。例如在初中物理课中曾做过用滑动变阻器来改变电流强度的实验，就是一例。

(4)在电工测量中广泛应用串联电阻的方法来扩大电表测量电压的量程。如图 1-27 所示。

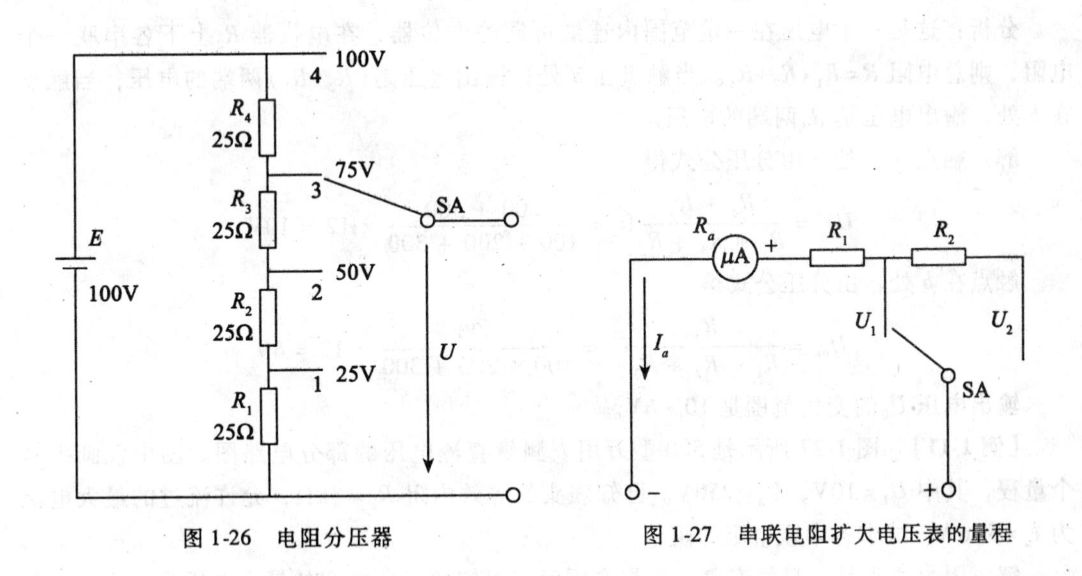


图 1-26　电阻分压器

图 1-27　串联电阻扩大电压表的量程

【例 1-9】　三个电阻 $R_1$、$R_2$、$R_3$组成的串联电路，$R_1=1\Omega$，$R_2=3\Omega$，$R_2$两端的电压 $U_2=6\text{V}$，总电压 $U=18\text{V}$，求电路中的电流 $I$ 与电阻 $R_3$。

解：根据欧姆定律

$$I_2 = U_2/R_2 = 18/3 = 2\text{A}$$

由于串联电路电流处处相等，所以 $I = I_2 = 2\text{A}$

根据欧姆定律，可求得电路的总电阻 $R$ 为

$$R = U/I = 18/2 = 9\Omega$$

由于串联电路总电阻等于各串联电阻之和，所以

$$R_3 = R - R_1 - R_2 = 9 - 1 - 3 = 5\Omega$$

**【例 1-10】** 在图 1-28 所示电路中，$R_1 = 100\Omega$，$R_2 = 200\Omega$，$R_3 = 300\Omega$，输入电压 $U_i = 12\text{V}$，试求输出电压 $U_0$ 的变化范围。

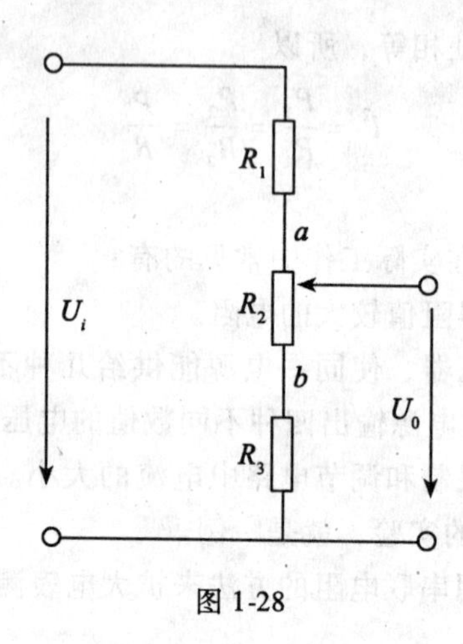


图 1-28

分析：这是一个电压在一定范围内连继可调的电位器，在电位器 $R_2$ 上下各串联一个电阻，则总电阻 $R = R_1 + R_2 + R_3$。当触点在 $a$ 处，输出电压是 $(R_2 + R_3)$ 两端的电压；当触点在 $b$ 处，输出电压是 $R_3$ 两端的电压。

解：触点在 $a$ 处，由分压公式得

$$U_{0a} = \frac{R_2 + R_3}{R_1 + R_2 + R_3} U_i = \frac{200 + 300}{100 + 200 + 300} \times 12 = 10\text{V}$$

触点在 $b$ 处，由分压公式得

$$U_{0b} = \frac{R_3}{R_1 + R_2 + R_3} U_i = \frac{300}{100 + 200 + 300} \times 12 = 6\text{V}$$

输出电压 $U_0$ 的变化范围是 10 ~ 6V。

**【例 1-11】** 图 1-27 所示是 500 型万用表测量直流电压的部分电路图。图中仅画出两个量程，其中 $U_1 = 10\text{V}$，$U_2 = 250\text{V}$。已知表头的等效内阻 $R_a = 3\text{k}\Omega$，允许流过的最大电流为 $I_a = 50\mu\text{A}$，试求各串联电阻的阻值。

解：因为表头是一只微安表，根据欧姆定律可知该表所能测的最大电压为

$$U_a = I_a R_a = 50 \times 10^{-6} \times 3 \times 10^{-3} = 0.15\text{V}$$

显然要用这只表头来测量大于 0.15 伏的电压，就会把表头烧坏。为了扩大量程，最方便的办法就是串接电阻。根据已学知识，各串联电阻阻值的求解步骤如下：

因　$U_{R_1}=U_1-U_a$，而 $U_a=I_aR_a$，$U_{R_1}=I_aR_1$

则
$$I_aR_1=U_1-I_aR_a$$

所以
$$R_1=\frac{U_1-I_aR_a}{I_a}=\frac{10-50\times10^{-6}\times3\times10^3}{50\times10^{-6}}=197\text{k}\Omega$$

又
$$U_{R_2}=I_aR_2=U_2-U_1$$

则
$$R_2=\frac{U_2-U_1}{I_a}=\frac{250-10}{50\times10^{-6}}=4.8\text{m}\Omega$$

### 1.7.2　电阻的并联及应用

两个或两个以上电阻接在电路中相同两点之间的联接方式，叫做电阻的并联。图 1-29(a)是两个电阻的并联，(b)是(a)的等效图。

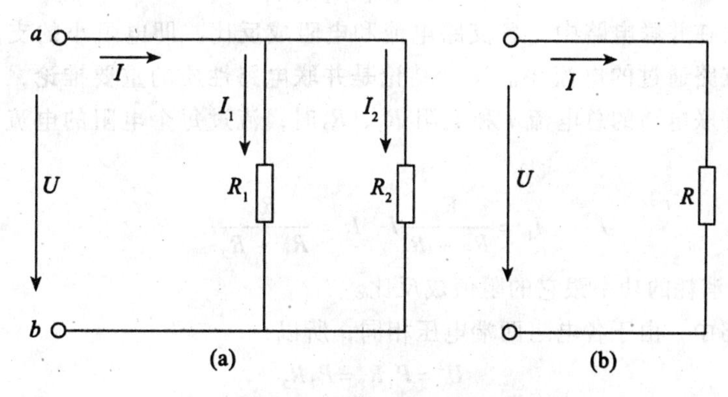


图 1-29　两个电阻的并联

**1. 电阻并联电路的特点**

(1)各电阻两端的电压相等。

由于并联电路中的各个电阻都接在电路中相同的两点之间，如图 1-29(a)所示，所以每个电阻两端的电压就是这两点间的电位差，因此各并联电阻两端的电压相同。若有 $n$ 个电阻并联，则

$$U=U_1=U_2=\cdots=U_n \tag{1.7.7}$$

(2)总电流等于各电阻中的电流之和。

由于做定向运动的电荷不会停留在电路中任何一个地方，所以流入 $a$ 点的电流，始终等于从 $b$ 点流出的电流，即 $I=I_1+I_2$，如图 1-29(a)所示。若有 $n$ 个电阻并联，则

$$I=I_1+I_2+\cdots+I_n \tag{1.7.8}$$

(3)并联电路的总电阻倒数等于各并联电阻的倒数之和。

在如图 1-29 所示电路中，由欧姆定律

$$I=U/R \qquad I_1=U/R_1 \qquad I_2=U/R_2 \qquad I=I_1+I_2$$

则
$$U/R=U/R_1+U/R_2$$

$$\frac{1}{R}=\frac{1}{R_1}+\frac{1}{R_2}$$

若有 $n$ 个电阻并联，则

$$\frac{1}{R}=\frac{1}{R_1}+\frac{1}{R_2}+\cdots+\frac{1}{R_n} \tag{1.7.9}$$

若有 $n$ 个相同的电阻值 $R_0$并联，则总电阻 $R$ 为

$$R=\frac{R_0}{n}$$

若是两个电阻并联，则总电阻 $R$ 为

$$R=\frac{R_1R_2}{R_1+R_2} \tag{1.7.10}$$

(4)各支路电流和电阻成反比。

在并联电路中，由于各电阻两端电压相同，所以

$$U=I_1R_1=I_2R_2$$

上式表明，在并联电路中，各支路电流和电阻成反比。即电阻小的支路通过的电流大，电阻大的支路通过的电流小。这个结论是并联电路性质的重要推论，也有较广泛用途。如在已知并联电路的总电流 $I$ 和电阻 $R_1$、$R_2$时，流过每个电阻的电流可用分流公式计算，即

$$I_1=\frac{R_2}{R_1+R_2}I \quad I_2=\frac{R_1}{R_1+R_2}I \tag{1.7.11}$$

(5)各支路消耗的功率跟它的阻值成反比。

在并联电路中，由于各电阻两端电压相同，所以

$$U^2=P_1R_1=P_2R_2$$

上式表明，在并联电路中，各电阻消耗的功率和它的电阻值成反比。即阻值小的电阻消耗的功率大，阻值大的电阻消耗的功率小。

**2. 电阻并联的应用**

电阻并联的应用也非常广泛，在实际工作中常见的主要应用有：

(1)凡是工作电压相同的负载几乎全是并联，例如工厂中的各种电动机，电炉，以及各种照明灯具都是并联使用。这是因为负载在并联状态工作时，它们两端的电压完全相同，任何一个负载的工作情况都不影响其他负载，也不受其他负载的影响(指电源的容量足够大)，因此人们就可以根据不同需要起动或停止并联使用的各个负载。

(2)用并联电阻来获得某一较小电阻，如用两个 100 欧电阻并联可得到一个 50 欧的电阻。

(3)在电工测量中，广泛应用并联电阻的方法来扩大电表测量电流的量程。

**【例 1-12】** 有两个电阻并联，其中 $R_1=200\Omega$，通过 $R_1$的电流 $I_1=0.2\text{A}$，通过整个并联电路的总电流 $I=0.8\text{A}$，求：$R_2$和通过 $R_2$的电流 $I_2$。

解：在并联电路中，总电流等于各电阻中的电流之和，则 $I=I_1+I_2$

$$I_2=I-I_1=0.8-0.2=0.6\text{A}$$

由欧姆定律得

$$U=I_1R_1=0.2\times200=40\text{V}$$

$$R_2 = U/I_2 = 40/0.6 \approx 66.7\Omega$$

**【例 1-13】** 某微安表的内阻 $R_a = 3750\Omega$，允许流过的最大电流为 $I_a = 40\mu A$。现要用此微安表制作一个有两个量程的直流电流表，各量程的最大电流分别为 $I_1 = 500mA$，$I_2 = 50\mu A$，问各分流电阻值应为多大？

解：因为此微安表的最大电流仅为 40μA，要用它来测量大于 40μA 的电流，必然要把电表烧坏。为扩大量程，最常见的办法是并联电阻，让流过微安表的最大电流等于 40μA，其余电流都从并接的电阻中流过。

并接电阻的方式有两种。图 1-30 所示电路很容易为大家所想到。由于电阻是和电表并联，所以各电阻的端电压相等，而电表两端的电压为 $U_a = I_a R_a$，流过各分流电阻的电流分别为 $I_1 - I_a$，$I_2 - I_a$，所以各分流电阻值分别等于

$$R_1 = \frac{I_a R_a}{I_1 - I_a} = \frac{40 \times 10^{-6} \times 3750}{500 \times 10^{-3} - 40 \times 10^{-6}} = 0.3\Omega$$

$$R_2 = \frac{I_a R_a}{I_2 - I_a} = \frac{40 \times 10^{-6} \times 3750}{50 \times 10^{-6} - 40 \times 10^{-6}} = 15k\Omega$$

在实际工作中，大多数万用表都采用图 1-31 所示的环形分流器（也叫闭路抽头式分流器）来扩大测量电流的量程。由图 1-31（a）可知，当使用最小量程 $I_2 = 50\mu A$ 时，全部分流电阻串联后再与微安表并联，则可用上述方法先求出它们的总电阻

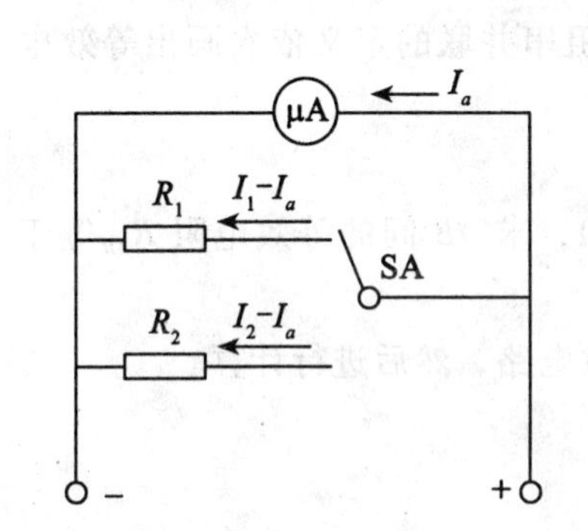


图 1-30　并联电阻扩大电流表的量程

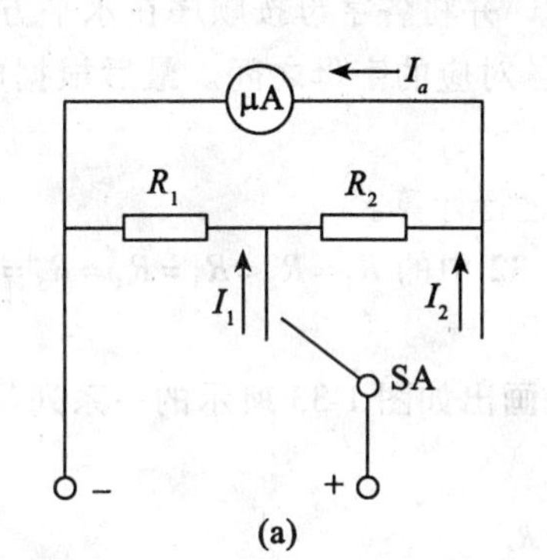


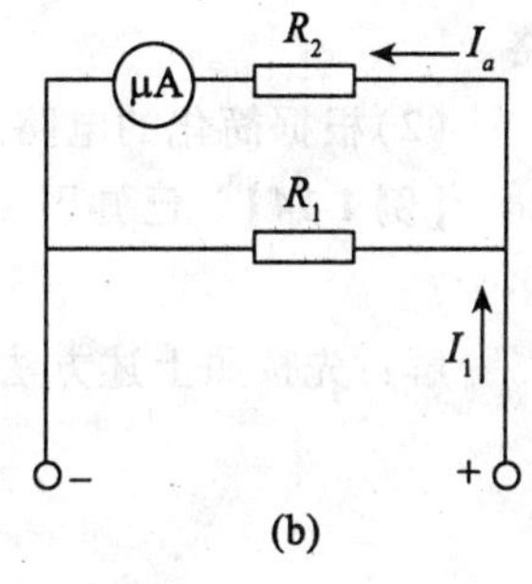


图 1-31　环形分流器

$$R = R_1 + R_2 = \frac{I_a R_a}{I_2 - I_a} = \frac{40 \times 10^{-6} \times 3750}{(50 - 40) \times 10^{-6}} = 15k\Omega$$

当采用量程 $I_1$ 时，图 1-30（a）可等效为（b），此时 $R_2$ 和 $R_a$ 串联后再与 $R_1$ 并联；根据分流公式

$$I_a = \frac{R_1}{R_1 + R_2 + R_a} I_1 = \frac{R_1}{R + R_a} I_1$$

则

$$R_1 = \frac{(R + R_a) I_a}{I_1} = \frac{(15 \times 10^3 + 3750) \times 40 \times 10^{-6}}{500 \times 10^{-3}} = 1.5\Omega$$

所以

$$R_2 = R - R_1 = 15k\Omega - 1.5\Omega = 14998.5\Omega$$

### 1.7.3 电阻的混联电路

既有电阻串联又有电阻并联的电路叫电阻的混联电路，如图 1-32 所示。混联电路的串联部分具有串联电路的性质，并联部分具有并联电路的性质。

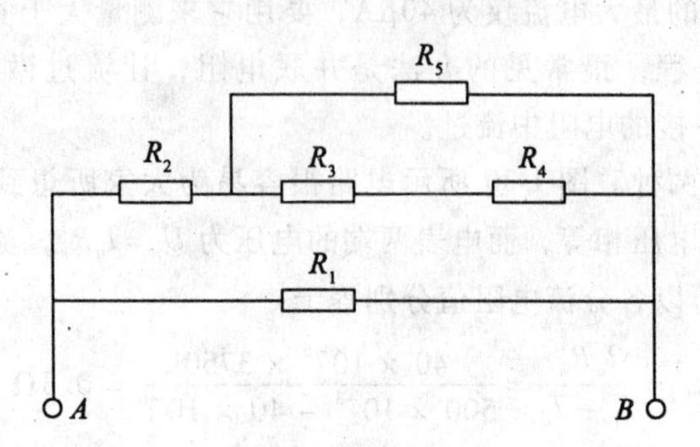


图 1-32 混联电阻

计算混联电路的等效电阻，步骤大致如下：

(1)首先要把电路整理和简化成容易看清的串联或并联关系。为做到这一点，除需掌握电阻串、并联的定义外，比较有效的手段是画等效图。其一般方法是：先在电路中各电阻的连接点上标注一字母，并将各字母按顺序在水平方向排列(待求端的字母应放在最两端)，然后把各电阻填入各对应的字母之间。最后根据电阻串并联的定义依次画出等效电路。

(2)根据简化的电路进行计算。

**【例 1-14】** 已知图 1-32 中的 $R_1 = R_2 = R_3 = R_4 = R_5 = 1\Omega$，求 $AB$ 间的等效电阻 $R_{AB}$ 等于多少？

解：先按照上述方法画出如图 1-33 所示的一系列等效电路，然后进行计算。

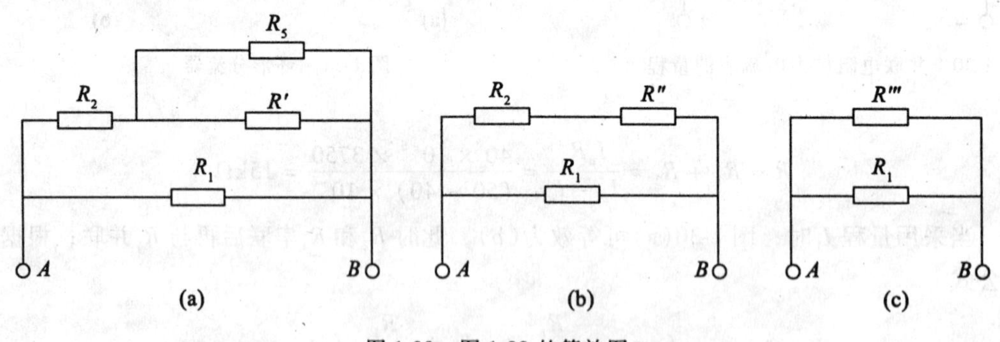


图 1-33 图 1-32 的等效图

由图 1-33(a)得 $R' = R_3 + R_4 = 2\Omega$

由图 1-33(b)得　　　　$R'' = R_5/R' = \frac{1 \times 2}{1+2} = \frac{2}{3}\Omega$

由图 1-33(c)得　　　　$R''' = R_2 + R'' = 1 + 2/3 = 5/3\Omega$

于是 $AB$ 间的等效电阻为

$$R_{AB} = R_1/R''' = \frac{1 \times 5/3}{1 + 5/3} = 5/8\Omega$$

## 【练习七】

### 一、填空题

1. 在电阻串联电路中：流过每个电阻的电流__________。电路两端的总电压等于各电阻两端的分电压__________。总电阻等于各串联电阻__________。电压的分配与电阻成__________。功率的分配与电阻成__________。在已知串联电路的总电压 $U$ 及电阻 $R_1$、$R_2$时，分压公式为 $U_1 =$__________，$U_2 =$__________。

2. 在电阻并联电路中：各电阻两端的电压__________。总电流等于各__________中的电流之和。总电阻倒数等于各并联电阻的倒数__________。若是两个电阻并联，则总电阻 $R=$__________。各支路电流和电阻成__________。各支路消耗的功率跟它的阻值成__________。在已知并联电路的总电流 $I$ 和电阻 $R_1$、$R_2$时，分流公式为 $I_1 =$__________，$I_2 =$__________。

### 二、计算题

1. 电阻 $R_1 = 10\Omega$，$R_2 = 20\Omega$，串联后接到 $U = 60V$ 的直流电源上。求：(1)电路中的电流 $I$；(2)各电阻上的电压降；(3)各电阻上消耗的功率。

2. 在图 1-34 所示电路中，$R_1 = 10\Omega$，$R_2 = 20\Omega$，输入电压 $U_1 = 30V$，求输出电压 $U_2$。

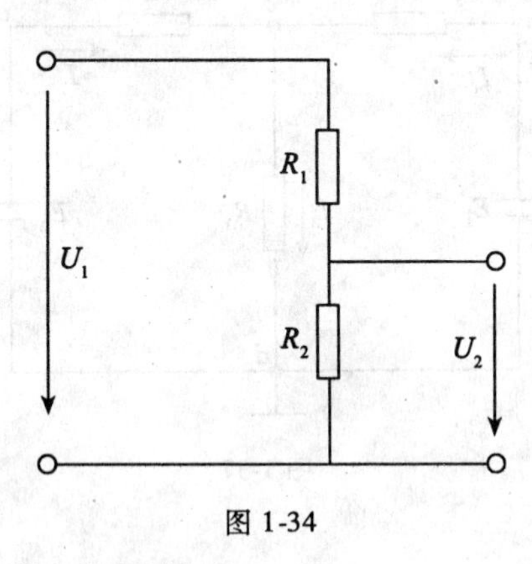


图 1-34

3. 在图 1-35 所示电路中，$U = 30V$，$R_1 = 30\Omega$，总电流 $I = 3A$，求：$R_2$、$I_1$、$I_2$。

4. 在一根均匀电阻丝两端加上一定电压后，通过的电流是 0.6A，把这根电阻丝对折并拧在一起后，再接到原来的电路中，求此时通过电阻丝的电流。

5. 在图 1-36 所示电路中，已知 $R_1 = R_2 = R_3 = R_4 = 6\Omega$，求 $R_{AB}$等于多少？

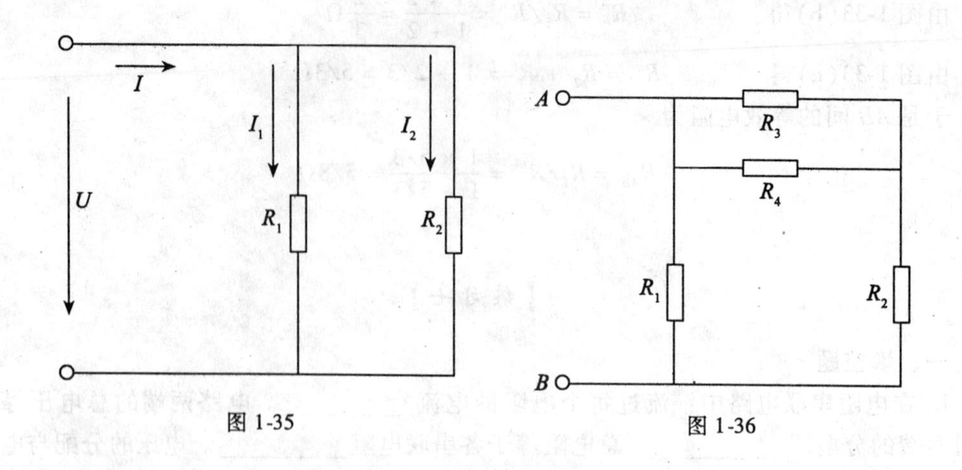


图 1-35　　　　图 1-36

## 1.8　电路中各点电位的计算

电路中每一点的电位是一定的，电位的变化反映电路工作状态的变化，检测电路中各点的电位是分析电路和维修电器的重要手段。要确定电路中某点的电位，必须先确定零电位点(参考点)，电路中任意一点对零电位点的电压，就是该点的电位。下面通过例题，总结出电路中各点电位的计算方法和步骤。

**【例 1-15】**　在图 1-37 所示电路中，$V_d=0$，电路中 $E_1=10\text{V}$、$E_2=13\text{V}$、$R_1=1\Omega$、$R_2=2\Omega$、$R_3=3\Omega$ 及 $I_1=1\text{A}$、$I_2=2\text{A}$、$I_3=3\text{A}$ 均为已知量，求：$a$、$b$、$c$ 三点的电位。

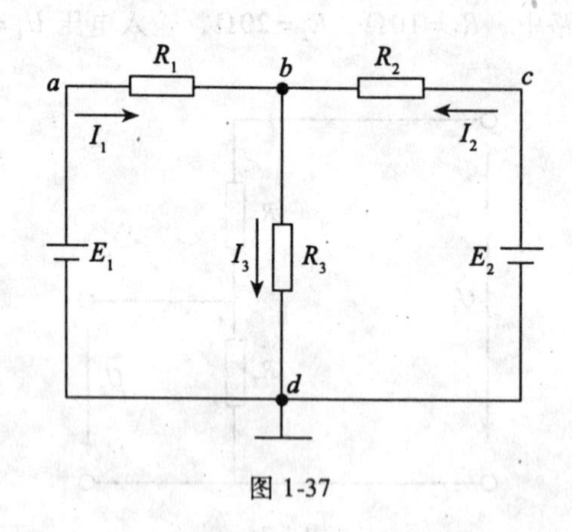


图 1-37

解：由于 $V_d=0$，$U_{ad}=V_a-V_d=E_1=10\text{V}$，所以

$a$ 点电位　　$V_a=U_{ad}+V_d=E_1=10\text{V}$

$b$ 点电位　　$V_b=U_{bd}=I_3R_3=3\times3=9\text{V}$

$c$ 点电位　　$V_c=U_{cd}=E_2=13\text{V}$

以上求 $a$、$b$、$c$ 三点的电位是分别通过三条最简单路径得到的。路径的选择是任意

的，当选择路径 $bad$ 时，$V_b=U_{ba}+U_{ad}=-I_1R_1+E_1=-1\times1+10=9\text{V}$；当选择路径 $bcd$ 时，$V_b=U_{bc}+U_{cd}=-I_2R_2+E_2=-2\times2+13=9\text{V}$。三个路径表达式不同，但结果是相等的。

通过以上分析，可归纳出电路中各点电位的计算方法和步骤：

(1)确定电路中的零电位点(参考点)。

(2)计算电路中某点 $a$ 的电位，就是计算 $a$ 点与参考点 $d$ 之间的电压 $Uad$，在 $a$ 点与 $d$ 点之间，选择一条捷径(元件最少的简捷路径)，$a$ 点电位即为此路径上全部电压的代数和。

(3)列出选定路径上全部电压代数和方程，确定该点电位。

**【例 1-16】** 在图 1-38 所示电路中，$R_1=4\Omega$、$R_2=2\Omega$、$R_3=1\Omega$，$E_1=6\text{V}$、$E_2=3\text{V}$，求电路中 $A$、$B$、$C$ 点的电位。

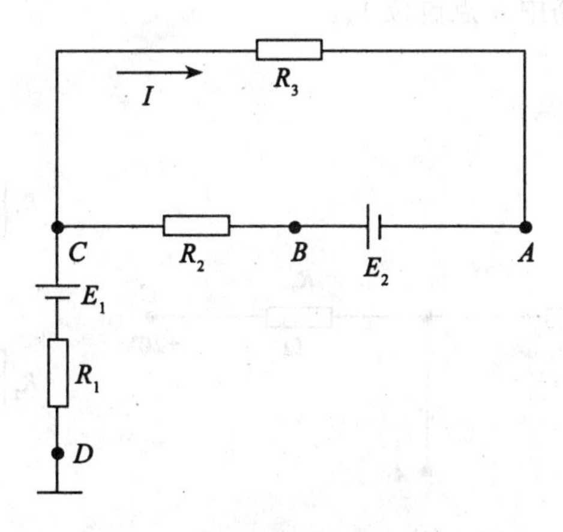


图 1-38

解：图中标明 $D$ 点接地，则 $V_D=0$。闭合回路中只有电动势 $E_2$，则

$$I=\frac{E_2}{R_2+R_3}=\frac{3}{2+1}=1\text{A}$$

选 $C\to D$ 路径，计算 $C$ 点电位：

$R_1$ 中没有电流， $V_C=E_1=6\text{V}$

选 $B\to C$ 路径，计算 $B$ 点电位：

$$V_B=U_{BC}+V_C=IR_2+V_C=1\times2+6=8\text{V}$$

选 $A\to B$ 路径，计算 $A$ 点电位：

$$V_A=U_{AB}+V_B=-E_2+V_B=-3+8=5\text{V}$$

## 【练习八】

### 一、填空题

在图 1-39 所示电路中，$U_{AO}=2\text{V}$，$U_{BO}=-7\text{V}$，$U_{CO}=-3\text{V}$，则 $V_A=$________，$V_B=$________，$V_C=$________。

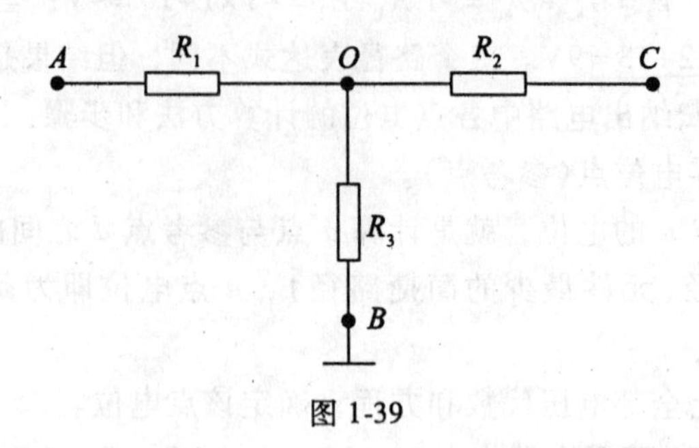


图 1-39

**二、计算题**

计算图 1-40 所示电路中 $A$ 点电位 $V_A$。

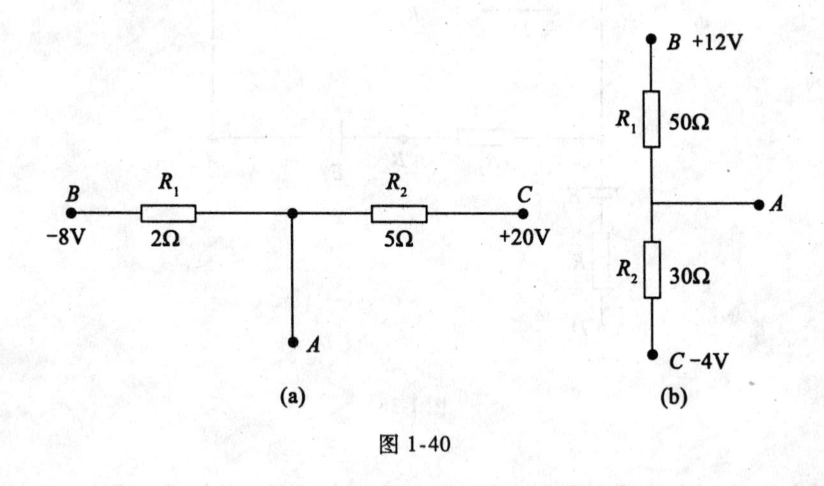


图 1-40

# 1.9 基尔霍夫定律

## 1.9.1 常用电路名词

以图 1-41 所示电路为例说明常用电路名词。

**1. 支路**

电路中具有两个端钮且通过同一电流的无分支电路。图 1-41 电路中的 $ED$、$AB$、$FC$ 均为支路，该电路的支路数目为 $b=3$。

**2. 节点**

电路中三条或三条以上支路的联接点。图 1-41 电路的节点为 $A$、$B$ 两点，该电路的节点数目为 $n=2$。

**3. 回路**

电路中任一闭合的路径。图 1-41 电路中的 $CDEFC$、$AFCBA$、$EABDE$ 路径均为回路，

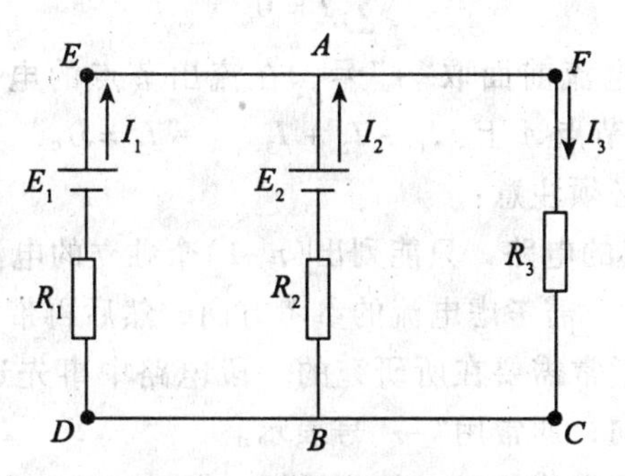

图 1-41　常用电路名词的说明

该电路的回路数目为 $l=3$。

**4. 网孔**

不含有分支的闭合回路。图 1-41 电路中的 *AFCBA*、*EABDE* 回路均为网孔，该电路的网孔数目为 $m=2$。

**5. 网络**

在电路分析范围内网络是指包含较广的电路。

## 1.9.2　基尔霍夫电流定律(节点电流定律)

**1. 电流定律(KCL)内容**

电流定律的第一种表述：在任何时刻，电路中流入任一节点中的电流之和，恒等于从该节点流出的电流之和，即

$$\sum I_{流入} = \sum I_{流出} \tag{1.9.1}$$

例如在图 1-42 中，在节点 $A$ 上：$I_1 + I_3 = I_2 + I_4 + I_5$

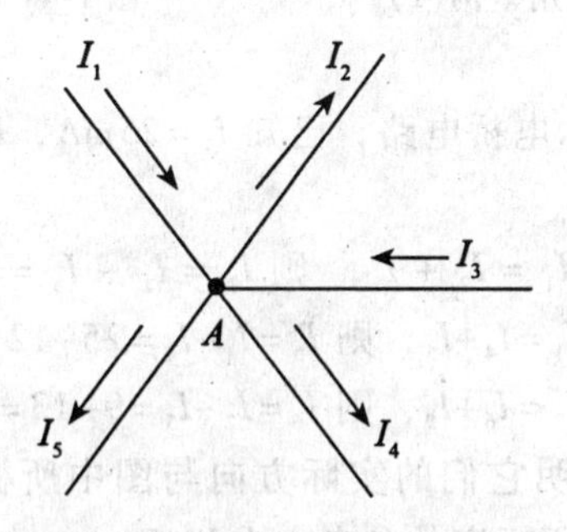

图 1-42　电流定律的举例说明

电流定律的第二种表述：在任何时刻，电路中任一节点上的各支路电流代数和恒等于零，即

$$\sum I = 0 \tag{1.9.2}$$

一般可在流入节点的电流前面取“+”号，在流出节点的电流前面取“-”号，反之亦可。例如在图 1-42 中，在节点 $A$ 上：$I_1 - I_2 + I_3 -_4 - I_5 = 0$。

在使用电流定律时，必须注意：

(1)对于含有 $n$ 个节点的电路，只能列出($n$-1)个独立的电流方程。

(2)列节点电流方程时，需考虑电流的参考方向，然后再带入电流的数值。

为分析电路的方便，通常需要在所研究的一段电路中事先选定(即假定)电流流动的方向，叫做电流的参考方向，通常用“→”号表示。

电流的实际方向可根据数值的正、负来判断，当 $I>0$ 时，表明电流的实际方向与所标定的参考方向一致；当 $I<0$ 时，则表明电流的实际方向与所标定的参考方向相反。

**2. KCL 的应用举例**

(1)对于电路中任意假设的封闭面来说，电流定律仍然成立。在图 1-43 中，对于封闭面 $S$ 来说，有 $I_1 + I_2 = I_3$。

(2)对于网络(电路)之间的电流关系，仍然可由电流定律判定。在图 1-44 中，流入电路 $B$ 中的电流必等于从该电路中流出的电流。

(3)若两个网络之间只有一根导线相连，那么这根导线中一定没有电流通过。

(4)若一个网络只有一根导线与地相连，那么这根导线中一定没有电流通过。

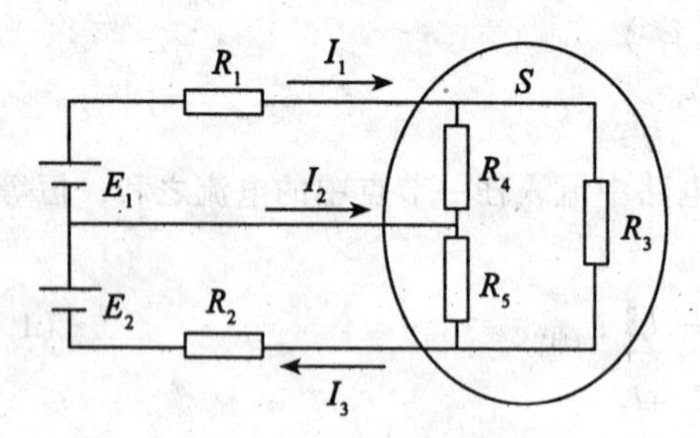


图 1-43　电流定律的应用举例(1)

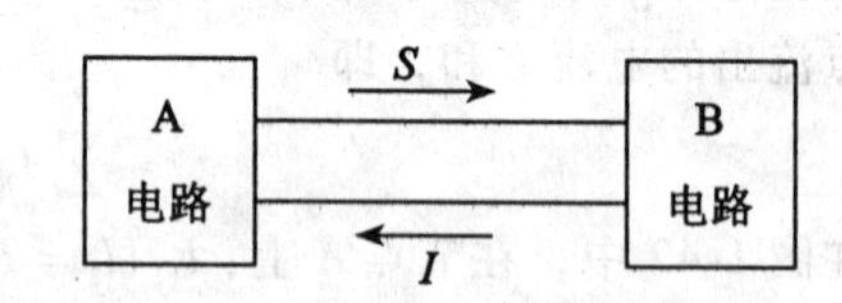


图 1-44　电流定律的应用举例(2)

**【例 1-17】** 如图 1-45 所示电桥电路，已知 $I_1 = 25\text{mA}$，$I_3 = 16\text{mA}$，$I_4 = 12\text{A}$，试求其余电阻中的电流 $I_2$、$I_5$、$I_6$。

解：在节点 a 上：　$I_1 = I_2 + I_3$，则 $I_2 = I_1 - I_3 = 25 - 16 = 9\text{mA}$

在节点 d 上：　$I_1 = I_4 + I_5$，则 $I_5 = I_1 - I_4 = 25 - 12 = 13\text{mA}$

在节点 b 上：　$I_2 = I_6 + I_5$，则 $I_6 = I_2 - I_5 = 9 - 13 = -4\text{mA}$

电流 $I_2$ 与 $I_5$ 均为正数，表明它们的实际方向与图中所标定的参考方向相同，$I_6$ 为负数，表明它的实际方向与图中所标定的参考方向相反。

### 1.9.3　基夫尔霍电压定律(回路电压定律)

**1. 电压定律(KVL)内容**

在任何时刻，沿着电路中的任一回路绕行方向，回路中各段电压的代数和恒等于零，即

$$\sum U = 0 \tag{1.9.3}$$

以图 1-46 所示电路说明基夫尔霍电压定律。沿着回路 *abcdea* 绕行方向，有

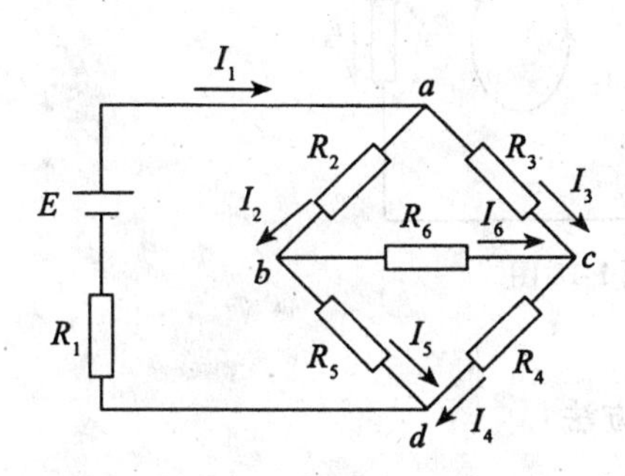

图 1-45　例题 1-17 图

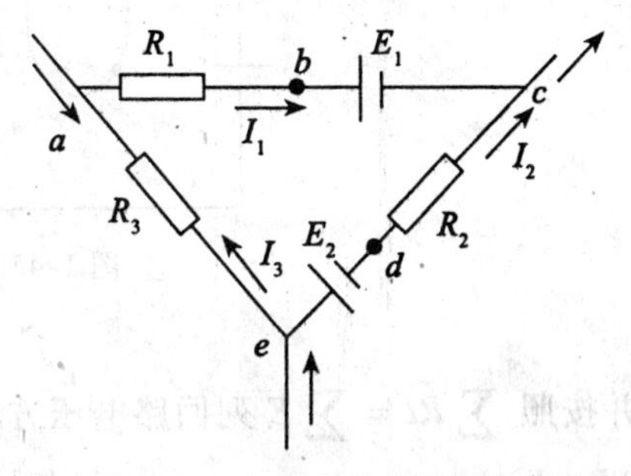

图 1-46　电压定律的举例说明

$$U_{ac} = U_{ab} + U_{bc} = R_1I_1 + E_1,\quad U_{ce} = U_{cd} + U_{de} = -R_2I_2 - E_2,\quad U_{ea} = R_3I_3$$

则

$$U_{ac} + U_{ce} + U_{ea} = 0$$

即

$$R_1I_1 + E_1 - R_2I_2 - E_2 + R_3I_3 = 0$$

上式也可写成

$$R_1I_1 - R_2I_2 + R_3I_3 = -E_1 + E_2$$

对于电阻电路来说，任何时刻，在任一闭合回路中，各段电阻上的电压降代数和等于各电源电动势的代数和，即。

$$\sum RI = \sum E \tag{1.9.4}$$

**2. 利用 $\sum RI = \sum E$ 列回路电压方程的原则**

(1)标出各支路电流的参考方向并选择回路绕行方向(既可沿着顺时针方向绕行，也可沿着反时针方向绕行)。

(2)电阻元件的端电压为±*RI*，当电流 *I* 的参考方向与回路绕行方向一致时，选取“+”号；反之，选取“-”号。

(3)电源电动势为±*E*，当电源电动势的标定方向与回路绕行方向一致时，选取“+”号，反之应选取“-”号。

### 1.9.4　支路电流法

以各支路电流为未知量，应用基尔霍夫定律列出节点电流方程和回路电压方程，解出各支路电流，从而可确定各支路(或各元件)的电压及功率，这种解决电路问题的方法叫做支路电流法。对于具有 *b* 条支路、*n* 个节点的电路，可列出(*n*-1)个独立的电流方程和 *b*-(*n*-1)个独立的电压方程。

**【例 1-18】**　如图 1-47 所示电路，已知 $E_1 = 42\text{V}$，$E_2 = 21\text{V}$，$R_1 = 12\Omega$，$R_2 = 3\Omega$，$R_3 = 6\Omega$，试求：各支路电流 $I_1$、$I_2$、$I_3$。

解：该电路支路数 *b*=3、节点数 *n*=2，所以应列出 1 个节点电流方程和 2 个回路电压

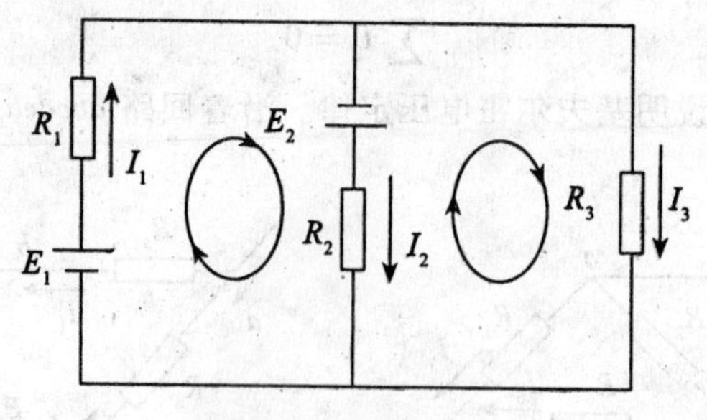


图 1-47　例题 1-18 图

方程，并按照 $\sum RI = \sum E$ 列回路电压方程的方法：

(1) $I_1 = I_2 + I_3$　　　　（任一节点）

(2) $R_1I_1 + R_2I_2 = E_1 + E_2$　　　　（网孔 1）

(3) $R_3I_3 - R_2I_2 = -E_2$　　　　（网孔 2）

代入已知数据，解得：$I_1 = 4\text{A}$，$I_2 = 5\text{A}$，$I_3 = -1\text{A}$。

电流 $I_1$ 与 $I_2$ 均为正数，表明它们的实际方向与图中所标定的参考方向相同，$I_3$ 为负数，表明它们的实际方向与图中所标定的参考方向相反。

应用支路电流法求各支路电流的步骤如下：

(1)任意标出各支路的电流参考方向和回路的绕行方向。

(2)根据节点电流定律列独立节点的电流方程。

(3)根据回路电压定律列独立的回路电压方程。

(4)代入已知数，解联立方程组求出各支路电流。

## 【练习九】

### 一、填空题

1. 基尔霍夫第一定律又称做__________定律，其内容为：在任何时刻，电路中流入任一节点中的电流__________，恒等于从该节点__________的电流之和，其数学表达式为__________。

2. 基尔霍夫第二定律又称做__________定律，其内容为：对于电阻电路来说，任何时刻，在任一闭合回路中，各段电阻上的__________降代数和等于各电源__________的代数和，其数学表达式为__________。电阻元件的端电压为 $\pm RI$，当电流 $I$ 的参考方向与回路绕行方向一致时，选取__________号；反之，选取__________号；电源电动势为 $\pm E$，当电源电动势的标定方向与回路绕行方向一致时，选取__________号，反之应选取__________号。

3. 应用支路电流法求各支路电流的步骤如下：(1)任意标出各支路__________的参考方向和回路的__________方向。(2)根据 KCL 列独立节点的__________方程。(3)根据 KVL 列独立的回路电压________。(4)代入已知数，解联立方程组求出各________电流。

4. 应用基尔霍夫定律计算出其支路电流是正值，表明该支路电流的______方向与标定的参考方向相同；支路电流是负值，表明该支路电流的实际方向与标定的______方向相反。

## 二、计算题

1. 电路如图 1-48 所示，已知 $I_1=1\text{A}$，$I_2=3\text{A}$，$I_5=9\text{A}$，求：$I_3$、$I_4$、$I_6$。

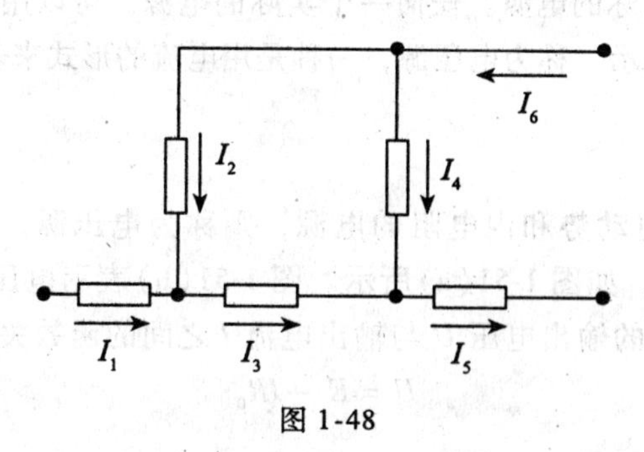


图 1-48

2. 在图 1-49 所示电路中，各电流参考方向已标明。已知 $I_1=I_2=2\text{A}$，$I_B=5\text{A}$，$I_C=7\text{A}$，$E_1=6\text{V}$，$E_2=10\text{V}$，$R_1=R_2=R_4=1\Omega$，求：$R_3$与各支路的电压 $U_{AB}$、$U_{BC}$、$U_{CD}$、$U_{DA}$。

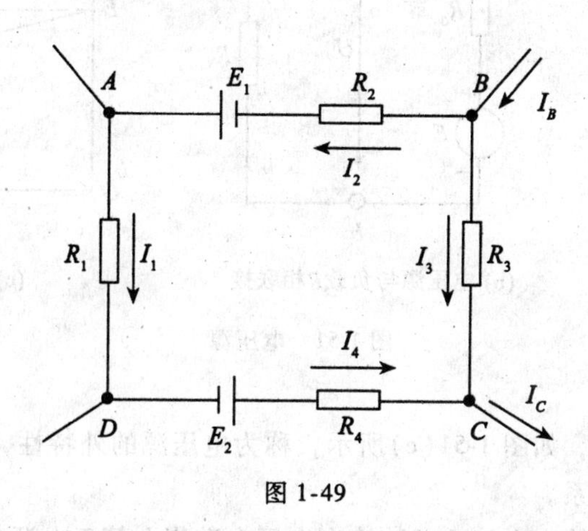


图 1-49

3. 在图 1-50 所示电路中，已知 $R_1=R_2=1\Omega$、$R_3=4\Omega$；$E_1=18\text{V}$、$E_2=9\text{V}$。求：$I_1$、$I_2$、$I_3$。

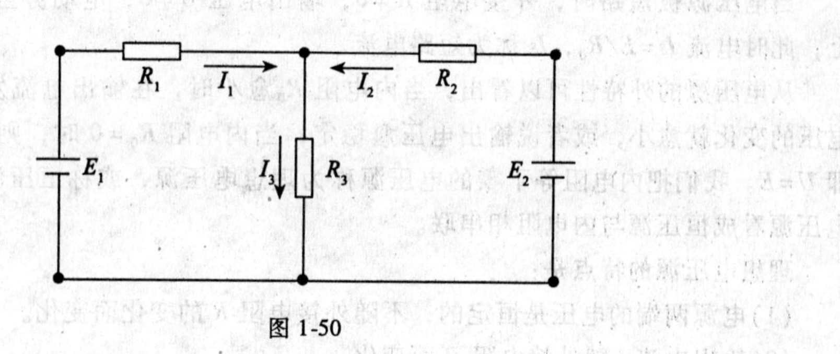


图 1-50

## 1.10 电压源和电流源

发电机、电池都是实际的电源。任何一个实际的电源，可以用两种不同的形式来表示：一种是以电压的形式来表示，称为电压源，一种是用电流的形式来表示，称为电流源。

### 1.10.1 电压源

凡具有恒定不变的电动势和内电阻的电源，则称为电压源，通常用一个电动势 $E$ 和内电阻 $R_0$ 相串联来表示，如图 1-51(a)所示。图 1-51(b)表示电压源与电路相联接。从图 1-51(b)可以看出电压源的输出电压 $U$ 与输出电流 $I$ 之间的函数关系是

$$U = E - IR_0 \tag{1.10.1}$$

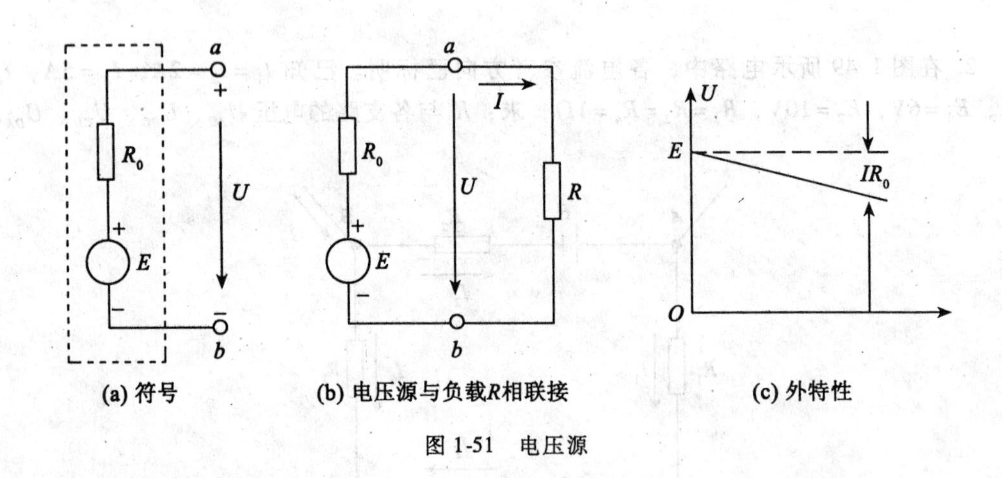


图 1-51 电压源

用函数曲线来表示，如图 1-51(c)所示，称为电压源的外特性，它表示电压源的端电压与输出电流之间的关系。

当电压源开路时，输出电流 $I=0$，输出电压在数值上等于电源的电动势，即 $U=E$。

当电压源接上任意负载时，输出电压在数值上小于电源的电动势，相差的是内阻压降 $IR_0$，外电路电阻 $R$ 减小，输出电流 $I$ 增加，输出电压 $U$ 下降。

当电压源被短路时，外接电阻 $R=0$，输出电压 $U=0$，电动势全部作用于内电阻 $R_0$ 上，此时电流 $Is=E/R_0$，$Is$ 称为短路电流。

从电压源的外特性可以看出，当内电阻 $R_0$ 愈小时，在输出电流发生变化时，则输出电压的变化就愈小，或者说输出电压愈稳定；当内电阻 $R_0=0$ 时，则输出电压为一常数，即 $U=E$。我们把内电阻等于零的电压源称为理想电压源，或称恒压源。这样我们可以将电压源看成恒压源与内电阻相串联。

理想电压源的特点是：

(1)电源两端的电压是恒定的，不随外接电阻 $R$ 的变化而变化。

(2)输出电流 $I$ 随外接电阻 $R$ 而变化。

理想电压源的符号如图 1-52(a)所示，它的外特性是在 $U$-$I$ 平面坐标系中，与横轴(电流轴)平行的一条直线，如图 1-52(b)所示。

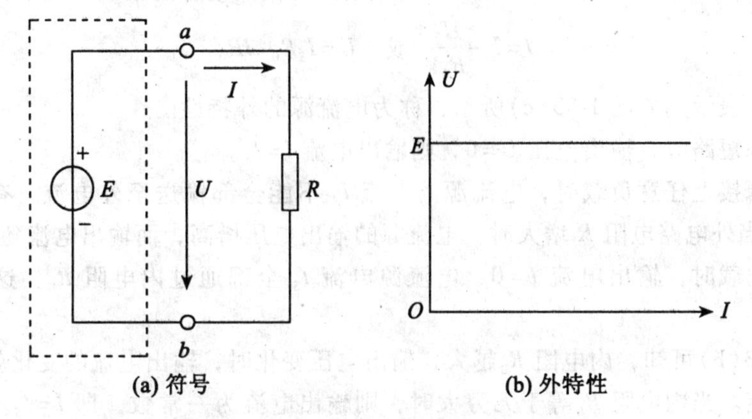


图 1-52　理想电压源

理想电压源空载时，输出电流 $I=0$；短路时，输出电流 $I=\infty$。这说明，在实际应用中，当电压源短路时，电源将产生很大的短路电流，应该避免。

理想电压源是理想的电源，在使用中，如果一个电源的内电阻远比负载电阻小，即 $R_0 \ll R$，则内电阻压降 $IR_0$ 远小于输出电压 $U$，输出电压 $U$ 与电源电动势 $E$ 基本相等，这种电压源就可以认为是一种理想的电压源。如通常用的稳压电源。

### 1.10.2　电流源

在分析和计算电路时，除用电压源外，还常常用电流源。电流源和电压源不同，它提供恒定不变的电流 $I_s$。这种电源通常用恒定电流 $I_s$ 和内电阻 $R_0$ 相并联来表示的，称为电流源。如图 1-53(a)所示。

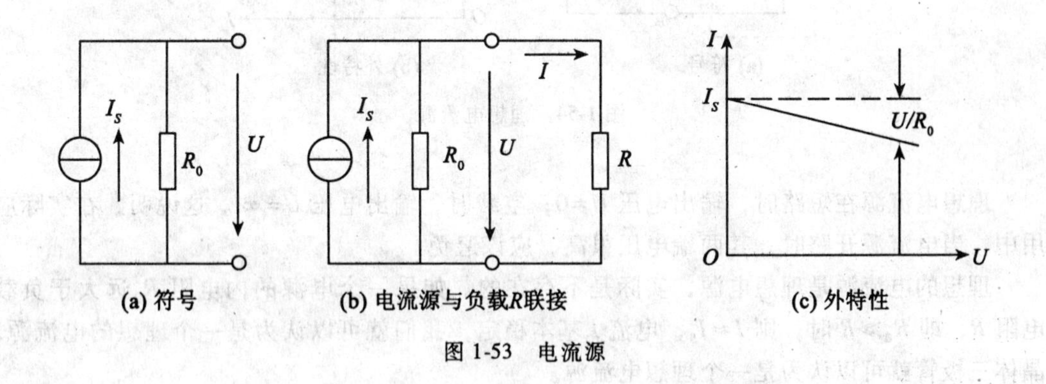


图 1-53　电流源

电流源可以说是一种能“产生”电流的装置，例如光电池在一定照度的光线照射下，就能激发出电流，光电池若接上负载 $R$，如图 1-53(b)所示，就能够向外电路提供一定数量的电流。激发电流与照度成正比。然而光激发的电流不能全部流向外电路，其中一部分电流在光电池内部流动而损耗，或者说，一部分能量消耗在内电阻 $R_0$上。

从图 1-53(b)中可以看出，电流源的输出电流与输出电压的函数关系是：

$$I=I_S-\frac{U}{R_0} \quad 或 \quad U=I_SR_0-IR_0 \tag{1.10.2}$$

用函数曲线来表示则如图 1-53(c)所示，称为电流源的外特性。

当电流源短路时，输出电压 $U=0$，则输出电流 $I=I_S$。

当电流源接上任意负载时，电流源的电流 $I_S$ 不能全部输送至外电流，有一部分通过内电阻 $R_0$，当外电路电阻 $R$ 增大时，电流源的输出电压增高，而输出电流随之减小。

电流源空载时，输出电流 $I=0$，电流源电流 $I_S$ 全部通过内电阻 $R_0$，这时输出电压 $U=I_SR_0$。

由图 1-53(b)可知，内电阻 $R_0$越大，输出电压变化时，输出电流的变化就越小，即输出电流越稳定。当内电阻 $R_0$等于无穷大时，则输出电流为一常数，即 $I=I_S$。我们把内电阻为无穷大的电流源称为理想电流源，或称恒流源。

理想电流源的特点是：

(1)输出电流是恒定的，即 $I=I_S$，与输出电压无关。

(2)它的输出电压随外接电阻 $R$ 而变化。

理想电流源的符号如图 1-54(a)所示，它的外特性是在 $U$-$I$ 平面坐标系中与纵轴(电压轴)平行的一条直线。如图 1-54(b)所示。

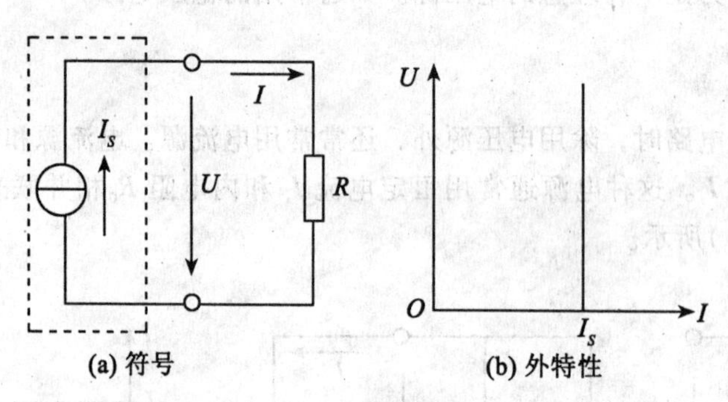


图 1-54　理想电流源

理想电流源在短路时，输出电压 $U=0$；空载时，输出电压 $U=\infty$。这说明，在实际应用中，当电流源开路时，其两端电压很高，应该避免。

理想的电流源是理想电源，实际是不存在的。如果一个电源的内电阻 $R_0$远大于负载电阻 $R$，即 $R_0 \gg R$ 时，则 $I \approx I_S$，电流 $I$ 基本稳定，我们就可以认为是一个理想的电流源。晶体三极管就可以认为是一个理想电流源。

## 1.10.3　两种实际电源模型之间的等效变换

一个实际的电源既可用电压源表示，也可用电流源表示，因此它们之间可以进行等效变换。

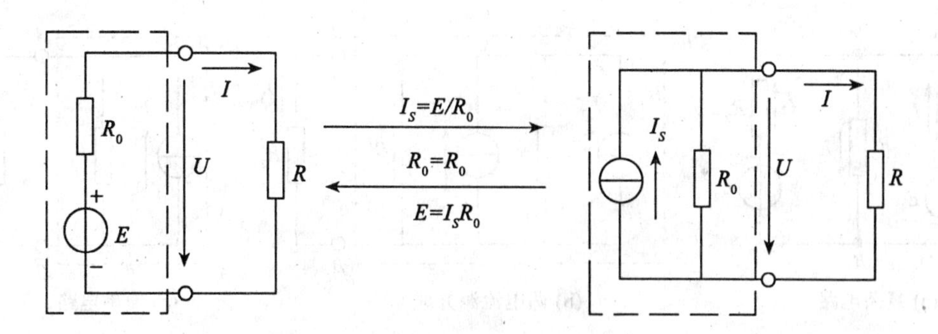


图 1-55 电压源与电流源的等效变换

电压源的输出电压 $U$ 与输出电流 $I$ 之间的函数关系是：$U=E-IR_0$。

电流源的输出电压 $U$ 与输出电流 $I$ 之间的函数关系是：$U=I_SR_0-IR_0$。

可见，只要满足 $E=I_SR_0$ 或 $I_S=E/R_0$，且两种电源模型的内阻相等，即 $R_0=R_0$，对外电路而言，电压源与电流源之间就能等效变换。

在进行电源的等效变换时，应注意以下几点：

(1)电压源和电流源的等效变换只能对外电路等效，对内电路是不等效。例如把电压源变换为电流源时，若电源的两端处于断路状态，这时从电压源来看，其输出的电流和电源内部的损耗均应等于零。但从电流源来看，$R_0$ 上有电流 $I_s$ 通过，电源内部有损耗，两者显然是不等效的。由此可见，所谓电源的等效变换，仅指对计算外电路的电压、电流等效。在图 1-55 所示的电压源与电流源的等效变换电路中，电压源与电流源对外电路等效的条件为：

$$E=I_SR_0 \text{ 或 } \quad I_S=\frac{E}{R_0}$$

$$\text{且 } R_0=R_0\text{（即两种电源模型的内阻相等）} \qquad (1.10.3)$$

(2)把电压源变换为电流源时，$I_s$ 的方向应与电压源对外电路输出的电流方向保持一致；电流源中的并联电阻与电压源的内电阻相等。

(3)把电流源变换为电压源时，$E$ 的方向应与电流源对外电路输出电流的方向保持一致；电压源中的内电阻与电流源中的并联电阻相等。

(4)恒压源和恒流源之间不能进行等效变换。因为把 $R_0=0$ 的电压源变换为电流源时，$I_s$ 将变为无限大。同样，把 $G_0=0$ 的电流源变换为电压源时，$E$ 将变为无限大，它们都不能得到有限值。

进行电压源和电流源等效变换时，不一定仅限于电源的内电阻。只要在恒压源电路上串联有电阻，或在恒流源的两端并联有电阻，则两者均可进行等效变换。

运用电压源和电流源等效变换的方法，可把多电源并联的复杂电路化简为简单电路，使计算简便。

**【例 1-19】** 如图 1-56(a)所示，设电路中的 $E_1=18\text{V}$，$E_2=15\text{V}$，$R_1=12\Omega$，$R_2=10\Omega$，

$R_3 = 15\Omega$，求各电流值。

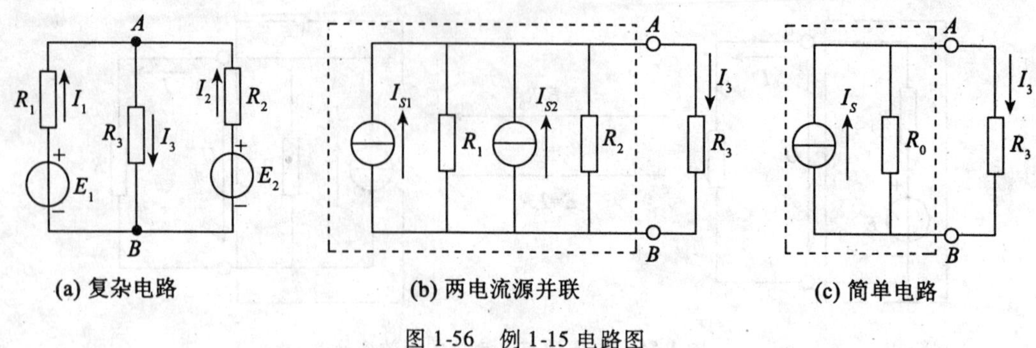


图 1-56　例 1-15 电路图

解：首先把图 1-56(a)中的两个电压源分别等效变换为电流源，如图 1-56(b)所示。然后再把两个电流源合并，化简为一个简单电源，如图 1-56(c)所示。由于

$$G_1 = \frac{1}{R_1} = \frac{1}{12}\text{S},\ G_2 = \frac{1}{R_2} = \frac{1}{10}\text{S},\ G_3 = \frac{1}{R_3} = \frac{1}{15}\text{S},$$

所以

$$G_0 = G_1 + G_2 = \frac{11}{60}\text{S}$$

由

$$I_{S1} = \frac{18}{12}\text{A},\ I_{S2} = \frac{15}{10}\text{A}$$

得

$$I_S = I_{S_1} + I_{S_2} = 3\text{A}$$

根据分流公式可得外电路中的电流

$$I_3 = \frac{G_3}{G_0 + G_3} I_S = \frac{1/15}{15/60} \times 3 = \frac{60}{225} \times 3 = 0.8\text{A}$$

$$U_{AB} = R_3 I_3 = 15 \times 0.8 = 12\text{V}$$

根据 $U_{AB}$ 及图 1-56(a)，可求得

$$I_1 = \frac{E_1 - U_{AB}}{R_1} = \frac{18 - 12}{12} = 0.5\text{A}$$

$$I_2 = \frac{E_2 - U_{AB}}{R_2} = \frac{15 - 12}{10} = 0.3\text{A}$$

## 【练习十】

### 一、填空题

1. 理想电压源的内阻 $R_0$ = ＿＿＿＿＿＿，理想电流源的内阻 $R_0$ = ＿＿＿＿＿＿。

2. 电压源的输出电压 $U$ 与输出电流 $I$ 之间的函数关系是＿＿＿＿＿＿＿＿＿，电流源的输出电压 $U$ 与输出电流 $I$ 之间的函数关系是＿＿＿＿＿＿＿＿＿。

3. 电压源等效变换为电流源时，$I_S$ = ＿＿＿＿＿＿，内阻 $R_0$ 数值＿＿＿＿＿＿，由串联改为＿＿＿＿＿＿。

4. 电压源与电流源的等效变换只对__________等效，对__________则不等效。

**二、综合题**

1. 分别画出理想电压源和电流源的图形符号。

2. 理想电压源和电流源各有什么特点？

**三、计算题**

1. 将图 1-57 所示的电压源等效变换成电流源。

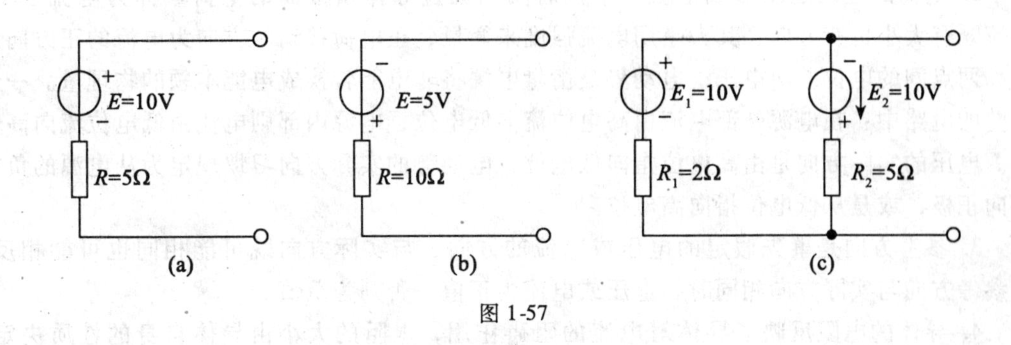


图 1-57

2. 将图 1-58 所示的电流源等效变换成电压源。

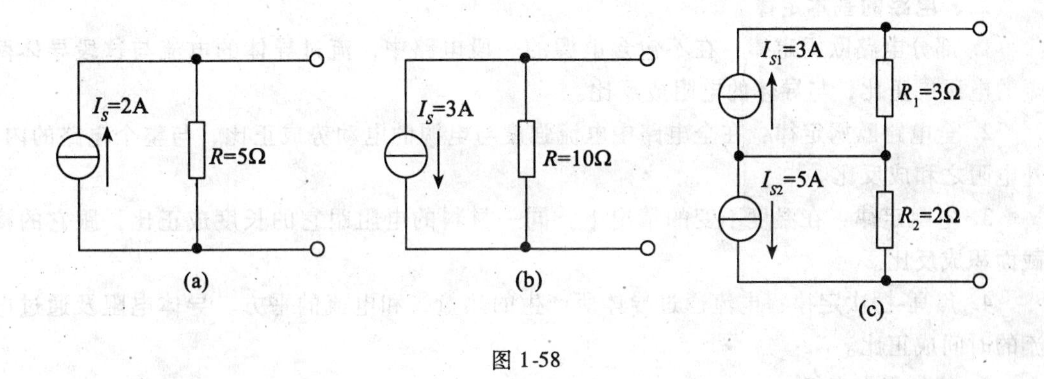


图 1-58

3. 在图 1-59 所示电路中，已知 $E_1=17\text{V}$，$r_1=1\Omega$，$E_2=34\text{V}$，$r_2=2\Omega$，$R=5\Omega$，试用电压源与电流源等效变换的方法求通过 $R$ 的电流 $I$。

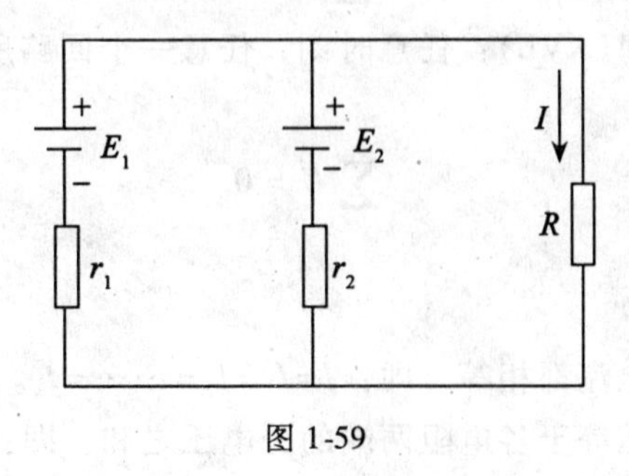


图 1-59

## 本章小结

**一、电路的基本概念**

1. 电路基本上由电源、负载、连接导线、控制器件四部分组成；电路有通路、断路和短路三种工作状态。

2. 电荷的定向运动形成电流，单位时间内通过导体横截面的电荷量称为电流强度；电流既有大小也有方向，其大小用电流强度来衡量，正电荷移动的方向为电流的正方向。

两点间的电位差叫电压；电动势是衡量电源将非电能转换成电能本领的物理量。一个完整的电路中：在电源外部电流由高电位流向低电位，电源内部则电流由低电位流向高电位。电压的实际方向是由高电位指向低电位；电动势的实际方向习惯规定为从电源的负极指向正极，或是从低电位指向高电位。

3. 参考方向是事先假定的电压或电流的方向，与实际方向既可能相同也可能相反。当参考方向与实际方向相同时，电压或电流为正值，否则为负值。

4. 导体的电阻反映了导体对电流的阻碍作用，电阻的大小由导体自身的性质决定，与外加的电压、电流无关。

5. 电功率是反映电路中电流做功快慢的物理量。

**二、电路的基本定律**

1. 部分电路欧姆定律：在不包含电源的一段电路中，流过导体的电流与这段导体两端的电压成正比，与导体的电阻成反比。

2. 全电路欧姆定律：在全电路中电流强度与电源的电动势成正比，与整个电路的内、外电阻之和成反比。

3. 电阻定律：在温度不变的情况下，同一材料的电阻跟它的长度成正比，跟它的横截面积成反比。

4. 焦耳-楞次定律：电流通过导体所产生的热量，和电流的平方、导体电阻及通过电流的时间成正比。

5. 基尔霍夫定律

(1)基尔霍夫电流定律(KCL)：任意时刻，任意一个节点所连接各支路电流的代数和恒等于零。

$$\sum I = 0$$

(2)基尔霍夫电压定律(KVL)：任意时刻，任意一个回路所有各段电路电压的代数和恒等于零。

$$\sum U = 0$$

**三、电阻的串并联**

1. 串联电路的特点

(1)流过每个电阻的电流都相等。即：$I = I_1 = I_2 = \cdots\cdots = I_n$。

(2)电路两端的总电压等于各电阻两端的分电压之和。即：$U = U_1 + U_2 + \cdots\cdots + U_n$。

(3)总电阻等于各串联电阻之和。即：$R=R_1+R_2+\cdots\cdots+R_n$。

(4)在串联电路中，电压的分配与电阻成正比。

(5)在串联电路中，功率的分配与电阻成正比。

2. 并联电路的特点

(1)各电阻两端的电压相等。即：$U=U_1=U_2=\cdots\cdots=U_n$。

(2)总电流等于各电阻中的电流之和。即：$I=I_1+I_2+\cdots\cdots+I_n$。

(3)总电阻倒数等于各并联电阻的倒数之和。即：$\frac{1}{R}=\frac{1}{R_1}+\frac{1}{R_2}+\cdots+\frac{1}{R_n}$。

若是两个电阻并联，则总电阻 $R=\frac{R_1R_2}{R_1+R_2}$。

(4)各支路电流和电阻成反比。

(5)各支路消耗的功率跟它的阻值成反比。

**四、电路中各点电位的计算方法和步骤**

1. 确定电路中的零电位点(参考点)。

2. 计算电路中某点 $a$ 的电位，就是计算 $a$ 点与参考点 $d$ 之间的电压 $U_{ad}$，在 $a$ 点与 $d$ 点之间，选择一条捷径(元件最少的简捷路径)，$a$ 点电位即为此路径上全部电压的代数和。

3. 列出选定路径上全部电压代数和方程，确定该点电位。

**五、电压源和电流源**

1. 凡具有恒定不变的电动势和内电阻的电源，则称为电压源。内电阻等于零的电压源称为理想电压源，或称恒压源。理想电压源两端的电压是恒定的，不随外接电阻 $R_L$ 而变化；输出电流 $I$ 随外接电阻 $R_L$ 而变化。

2. 具有一定的内电阻、能够对外提供近似恒定不变电流的电源，称为电流源。内电阻为无穷大的电流源称为理想电流源，或称恒流源。理想电流源输出的电流是恒定的，与输出电压大小无关，它的输出电压随外接电阻 $R_L$ 而变化。

3. 实际的电压源和电流源对外电路可以进行等效变换。等效变换的条件是：电压源的输出电压的大小等于电流源的输出电流和内阻的乘积，且电压源的内阻与电流源的内阻相等。

**六、支路电流法**

支路电流法是以支路电流为未知数，用基尔霍夫定律列出节点电流方程和回路电压方程，通过求解联立方程组来分析复杂电路的方法。

# 第2章 磁与电磁

## 2.1 电流的磁场

我国是世界上最早发明指南针并应于航海的国家，大约在公元前300年，我国就发现了某种天然矿石($Fe_3O_4$)能够吸引铁，并把它称做吸铁石。

### 2.1.1 磁的基本知识

**1. 磁性**

能吸引铁、钴、镍等金属或它们的合金的性质。例如我们称吸铁石具有磁性。

**2. 磁体**

具有磁性的物体。磁体分天然磁体(如吸铁石)和人造磁体两大类。

**3. 磁极**

磁体上磁性最强的部位。实验证明，任何磁体都具有两个磁极，而且无论怎样把磁体分割总保持两个磁极。常以S表示磁体的南极，以N表示磁体的北极。若让磁体任意转动，N极总是指向地球的北极，S极总是指向地球的南极。这是因为地球本身是个大磁体，地磁北极在地球南极附近，地磁南极在地球的北极附近。磁极间相互作用的规律是：同性相斥，异性相吸。

**4. 磁力**

磁极间的相互作用力。

**5. 磁场**

磁极周围存在的一种无形无质(无质量)的特殊物质，它具有力和能的特性。

**6. 磁感线**

为形象描述磁场的强弱和方向而引入的假想线。它具有以下几个特点(如图2-1所示)。

(1)磁感线是互不交叉的闭合曲线，在磁体外部由N极指向S极，在磁体内部由S极指向N极。

(2)磁感线上任意一点的切线方向，就是该点的磁场方向(即小磁针N极的指向)。

(3)磁场的强弱可用磁感线的疏密表示，磁感线密的地方磁场强，疏的地方磁场弱。磁感线均匀分布而又相互平行的区域称均匀磁场，反之称非均匀磁场。

### 2.1.2 电流的磁场

1920年丹麦科学家奥斯特(1977—1851)发现，在电流周围存在着磁场(俗称动电生

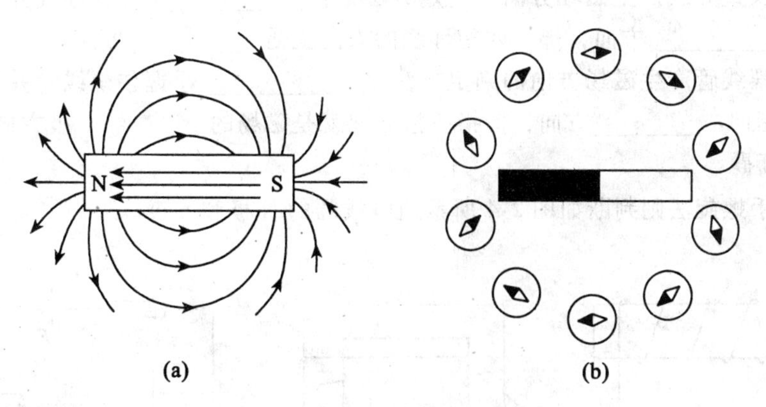


图 2-1 条形磁铁的磁场分布

磁）。通电导体周围存在磁场，这种现象叫做电流的磁效应。

电流与其产生磁场的方向可用右手螺旋法则来判断，即右手螺旋法则既适用于判断电流产生的磁场方向，也适用于在已知磁场方向时判断电流的方向。一般可分下述两种情况使用。

**1. 通电长直导线产生的磁场方向**

右手握住导线并把拇指伸开，用拇指指向电流方向，那么四指环绕的方向就是磁场方向（磁感线方向），如图 2-2 所示。

**2. 通电螺线管产生的磁场方向**

右手握住螺线管并把拇指伸开，弯曲的四指指向电流方向，拇指所指方向就是磁场的北极（N 极）方向，如图 2-3 所示。

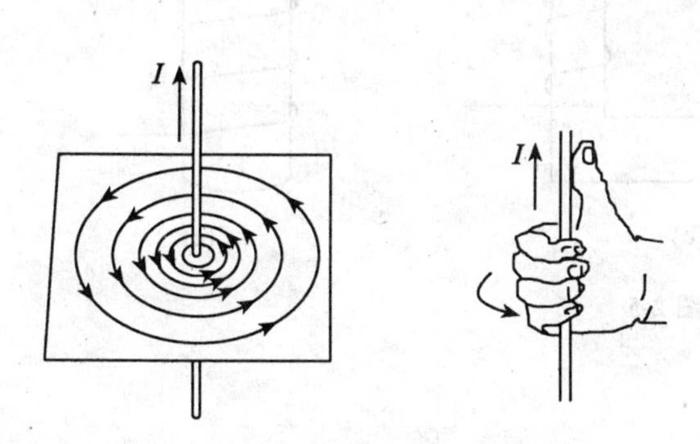


图 2-2 通电长直导线产生的磁场方向

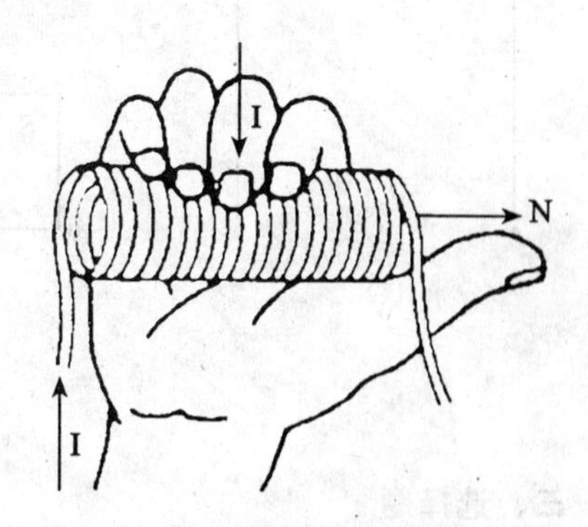


图 2-3 通电螺线管产生的磁场方向

**【练习一】**

**一、填空题**

1. 永久磁铁和通电导线的周围有__________存在。

2. 通电长直导线产生磁场方向的判定方法是：__________手握住导线并把拇指伸开，用拇指指向__________方向，那么四指环绕的方向就是__________方向。

3. 通电螺线管产生磁场方向的判定方法是：__________手握住螺线管并把拇指伸开，弯曲的四指指向__________方向，拇指所指方向就是磁场的__________极方向。

**二、判断题**

1. 用右手螺旋法则判断如图 2-4 所示通电线圈的 N 极和 S 极。

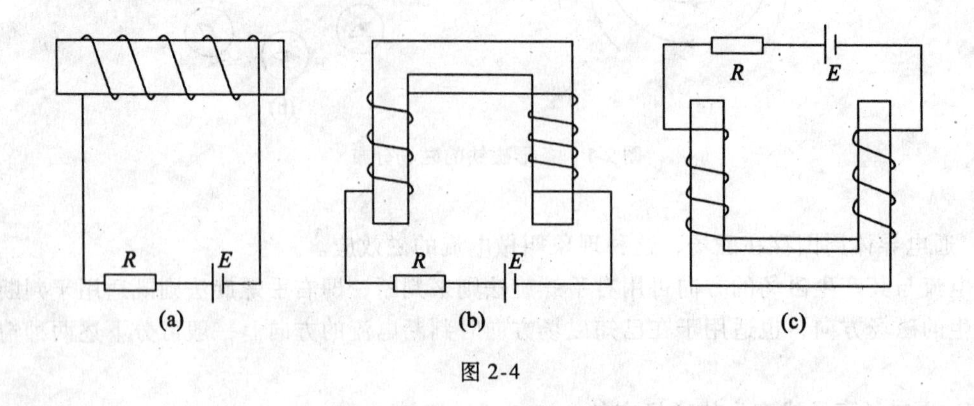


图 2-4

2. 如图 2-5 所示，根据已标明的通电线圈的 N 极和 S 极，判断线圈中的电流方向。

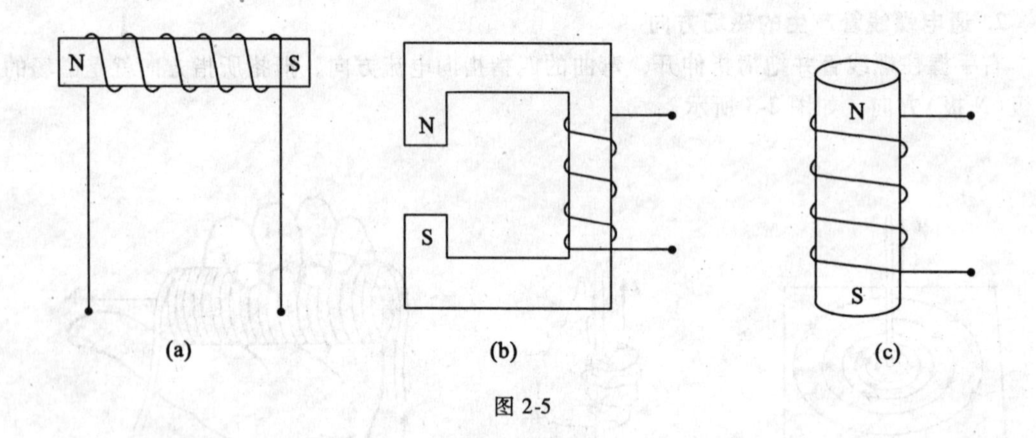


图 2-5

**三、选择题**

关于磁感线的说法，正确的是(　　)。

A. 磁感线是磁场中客观存在的有方向的曲线

B. 磁感线始于磁体北极而终于磁体南极

C. 磁感线是相互交叉的闭合曲线

D. 磁感线上某点处小磁针静止时北极所指方向就是该点的磁场方向

## 2.2　磁感应强度和磁通

用磁感线描述磁场，具有形象直观的特点，但只能进行定性分析。要定量解决磁场问题，需要引入磁感应强度和磁通等物理量。

### 2.2.1　磁感应强度

做如图 2-6 所示的实验。图中所示为一个均匀磁场，磁场方向垂直进入纸面，磁场中的导线 $MN$ 与弹簧相联接，当电路中有电流通过时，载流导线 $MN$ 受到力的作用向上运动，弹簧缩短。通常把通电导体在磁场中受到的作用力叫“电磁力”。

进一步实验可以证明，当裁流导线 $MN$ 在磁场中与磁感线方向垂直时，导体所受的电磁力 $F$ 的大小与导体本身的有效长度 $L$、流入导线的电流 $I$ 成正比。

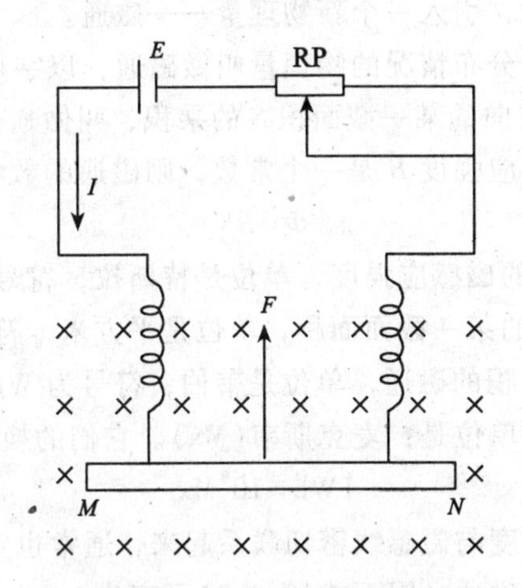


图 2-6　通电导体在磁场中受力示意图

当导线中的电流 $I$ 或者导线有效长度 $L$ 增大时，电磁力 $F$ 成正比例增大，而比值 $\frac{F}{IL}$ 对于一个给定磁场或磁场中的给定点来说，总是保持不变。因此，我们可用与磁感线方向垂直的通电导体，它在磁场中某点受到的电磁力与导体中的电流和导体有效长度的乘积的比值，来表示该点磁场的性质，并称做该点的磁感应强度 $B$。其数学式为

$$B=\frac{F}{IL} \tag{2.2.1}$$

式中：$F$——通电导体在磁场中受到的电磁力，单位是牛顿，符号为 N。

$I$——导体中的电流，单位是安培，符号为 A。

$L$——导体在磁场中的有效长度，单位是米，符号为 m。

$B$——均匀磁场的磁感应强度，单位是特斯拉(T)。

工程上常用较小的磁通单位是：高斯。它们的换算关系是：

$$1\text{ 特斯拉}=1\times10^{4}\text{高斯}$$

磁感应强度是一个矢量。它不仅表示了磁场中某点磁场的强弱，而且表示了该点的磁场方向。磁场中某点的磁感应强度方向，就是该点磁感线的切线方向(小磁针在该点时N极所指方向)。

对磁场中某一固定点，其磁感应强度的大小和方向都是完全确定的，即$B$为定值。但不同的点，$B$的大小和方向可能完全不同。因此，可用$B$来描述磁场各点的性质。

若磁场中各点的磁感应强度的大小相等，方向相同，则该磁场叫均匀磁场。在均匀磁场中，磁感线是平行、等距的一系列直线。

为讨论问题方便，我们规定用符号“⊗”和“⊙”分别表示电流或磁感线垂直进入和流出纸面的方向。

### 2.2.2 磁通

磁感应强度$B$仅仅反映了磁场中某一个点的性质。在研究实际问题时，往往要考虑某一个面的磁场情况，为此，引入一个新物理量——磁通。

描述磁场在某一范围内分布情况的物理量叫做磁通，以字母$\Phi$表示。磁通的定义是：磁感应强度$B$和与它垂直方向的某一截面积$S$的乘积，叫做通过该面积的磁通。

在均匀磁场中，因磁感应强度$B$是一个常数，则磁通的数学式为

$$\Phi = BS \tag{2.2.2}$$

式中：$B$——均匀磁场的磁感应强度，单位是特斯拉，符号为T。

$S$——与$B$垂直的某一截面面积，单位是平方米，符号为$m^2$。

$\Phi$——通过该面积的磁通，单位是韦伯，符号为Wb。

工程上常用较小的磁通单位是：麦克斯韦(Mx)。它们的换算关系是：

$$1\text{Wb} = 10^8\text{Mx}$$

为了把磁通、磁感应强度与磁感线密切联系起来，通常也定义：通过垂直于磁场方向上某一截面积的磁感线数叫磁通。因而式(2.2.2)可变为

$$B = \frac{\Phi}{S} \tag{2.2.3}$$

此式说明磁感应强度的大小就是每单位面积上垂直穿过的磁通。所以，磁感应强度又叫做磁通密度。

应注意：式(2.2.2)和式(2.2.3)都是只适用于均匀磁场，而且面积一定要垂直于磁感线。

**【例2-1】** 在一个均匀磁场中，垂直磁场方向放置一根直导线，导线长为1米，导线中的电流为10A，导线在磁场中受到的电磁力为20N，试求均匀磁场的磁感应强度$B$。

解：根据磁感应强度公式

$$B = \frac{F}{IL} = \frac{20}{10 \times 1} = 2\text{T}$$

**【例2-2】** 有一均匀磁场，已知穿过磁极极面的磁通$\Phi = 0.15\text{Wb}$，矩形磁极的长度为60cm，宽度为50cm，求磁极间的磁感应强度$B$。

解：根据题意，先求矩形磁极的面积

$$S = 60 \times 10^{-2} \times 50 \times 10^{-2} = 0.3\text{m}^2$$

根据磁感应强度公式

$$B = \frac{\Phi}{S} = \frac{0.15}{0.3} = 0.5\text{T}$$

**【练习二】**

**一、填空题**

1. 磁场中某点的磁感应强度的方向，就是该点的__________方向，也是该点磁感线的__________方向。

2. 磁通公式 $\Phi = BS$ 成立条件是磁场必须是__________磁场，式中磁感应强度 $B$ 的单位用__________，面积 S 的单位用__________，磁通 $\Phi$ 的单位是__________。

**二、选择题**

下列说法中，正确的是(　　)。

A. 一段通电导线在磁场某处受到的电磁力大，则该处磁场的磁感应强度就大

B. 磁感线密处的磁感强度大

C. 通电导线在磁场中受力为零，则该处磁场的磁感应强度一定为零

D. 在磁感应强度为 $B$ 的均匀磁场中，放入一面积为 $S$ 的线框，则通过线框的磁通一定为 $\Phi = BS$

**三、计算题**

有一均匀磁场，磁感应强度 $B = 2\text{T}$，矩形磁极的长度为 20cm，宽度为 10cm，求穿过矩形磁极的磁通 $\Phi$。

## 2.3　磁导率和磁场强度

### 2.3.1　磁导率

如图 2-7 所示，用一个通电的螺线管，去吸引铁块，然后在螺线管中插入一根铜棒去吸引同一铁块，最后把铜棒换成铁棒，再去吸引。我们发现，前两种情况螺线管对铁块的吸力都不大，而有铁棒的螺线管吸力却比前两种情况大得多。

如果改变线圈的匝数和通过电流大小，重复上述实验。我们发现螺线管对铁块的吸力随线圈的匝数和通过的电流的增大而增大。

从上述实验可以看出，螺线管产生的磁场强弱，不但与电流、匝数有关，而且与置于磁场中磁介质的材料有密切的关系。为了表征介质材料的导磁性能，我们引入磁导率这个物理量。

磁导率是用来衡量各种物质导磁性能强弱的物理量，也就是说是衡量各种物质对磁场影响程度的物理量。磁导率用字母 $\mu$ 表示，单位是亨利/米，符号为 H/m。

在通电螺线管产生的磁场中放置不同的物质（如上述实验中的空气、铜、铁），会使

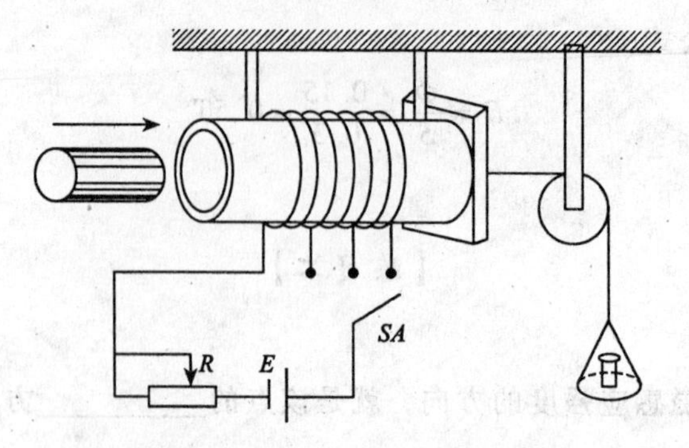


图 2-7　磁介质对磁场强弱的影响

磁场的强弱受到不同的影响，对磁场强弱的影响程度取决于所放置物质的导磁性能，即物质的磁导率 $\mu$，不同的物质，磁导率各不相同。在同样的线圈中通入同样大小的电流，如果介质材料的 $\mu$ 值越大，则产生的磁场越强。

真空中的磁导率。真空中的磁导率是个常数，用表示 $\mu_0$，由实验测定

$$\mu_0 = 4\pi\times10^{7}\,\mathrm{H/m} \tag{2.3.1}$$

相对磁导率。为便于比较各种物质的导磁能力，引入相对磁导率这个物理量。以真空中的磁导率 $\mu_0$ 为基准，将其他物质的磁导率 $\mu$ 与 $\mu_0$ 比较，其比值叫相对磁导率，用 $\mu_r$ 表示，即

$$\mu_r = \frac{\mu}{\mu_0} \tag{2.3.2}$$

相对磁导率 $\mu_r$ 是一个没有单位的纯数，它的物理意义是：在其他条件相同的情况下，存在于某种介质材料中的磁场，其磁感应强度是存在于真空中的多少倍。

根据各种物质磁导率的大小，可将物质分为三类。

**1. 顺磁物质**

顺磁物质的相对磁导率 $\mu_r$ 略大于 1，如空气、锡、铝、铅等物质都是顺磁物质，其 $\mu_r$ 值在 1.000003 ~ 1.000014。

**2. 反磁物质**

反磁物质的相对磁导率 $\mu_r$ 略小于 1，如铜、银、锌、石墨等物质都是反磁物质，其 $\mu_r$ 值在 0.999995 ~ 0.9999997。

**3. 铁磁物质**

铁磁物质的相对磁导率 $\mu_r$ 远大于 1，如铁、钢、铸铁、镍和钴等物质都是铁磁物质。在磁场中放置铁磁物质，可使磁感应强度增加几千甚至几万倍。表 2-1 列出了通过实验测定的几种常见材料的相对磁导率。

表 2-1　　　　　　　　　　　　几种常见材料的相对磁导率

| 材料 | 相对磁导率 | 材料 | 相对磁导率 |
|---|---|---|---|
| 钴 | 174 | 已经退火的铁 | 7000 |
| 未经退火的铸铁 | 240 | 硅钢片 | 7500 |
| 已经退火的铸铁 | 620 | 在真空中熔化的电解铁 | 12950 |
| 镍 | 1120 | 镍铁合金 | 60000 |
| 软钢 | 2180 | “C”形坡莫合金 | 115000 |

不同介质材料的 $\mu$ 值之所以不同，是因为在外磁场作用下，介质材料磁化而产生不同的附加磁场所至(见 2.4 节内容)。反磁物质和顺磁物质置于磁场中，由于 $\mu_r \approx 1$，所以对磁场影响不大，一般将它们称为非铁磁物质。

## 2.3.2　磁场强度

磁感应强度是与介质材料磁导率有关的量，而介质的影响常使磁场的分析计算复杂起来，为此，人们引入磁场强度这个物理量来表示磁场的性质。磁场强度用符号 $H$ 表示。

磁场中某点的磁场强度，其大小等于该点磁感应强度的大小与介质材料磁导率的比值，即

$$H = \frac{B}{\mu} \quad 式 \quad B = \mu H \tag{2.3.3}$$

式中：$B$——磁场中某点的磁感应强度，单位是特斯拉，符号为 T。

$\mu$——磁场中介质材料的磁导率，单位是亨/米，符号为 H/m。

$H$——磁场中该点的磁场强度，单位是安/米，符号为 A/m。

磁场强度是矢量，它的方向与该点的磁感应强度方向相同。

## 2.3.3　通电螺线管中的磁场强度

可以将通电螺线管内部磁场近似看成是均匀磁场，如果螺线管的匝数为 $N$，长度为 $L$，通电电流为 $I$，如图 2-8 所示。理论和实验证明，其内部的磁场强度为

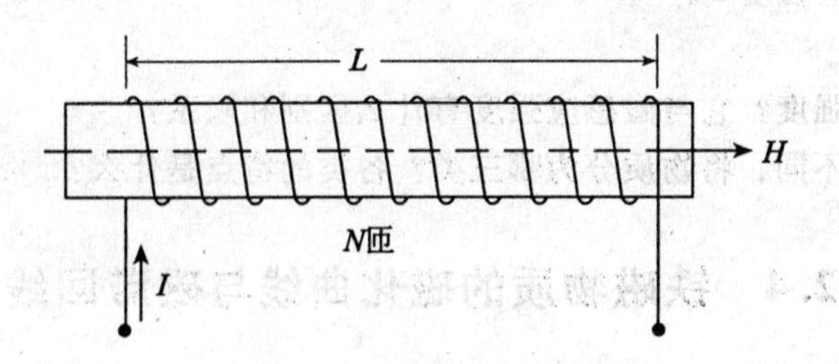


图 2-8　通电螺线管的磁场

$$H=\frac{NI}{L} \tag{2.3.4}$$

上式说明：磁场强度 $H$ 与介质无关(只与电流产生的磁场有关)，而磁感应强度 $B$ 却与介质有关。通电螺线管产生的磁场强度的方向，可用右手螺旋定则来判断。

【例 2-3】 通有 2A 电流的螺线管长为 20cm，共 5000 匝，求以空气为介质时螺线管内部的磁场强度和磁感应强度。

解：介质为空气时：

磁场强度

$$H=\frac{NI}{L}=\frac{2\times 5000}{0.2}=50000\,\text{A/m}$$

磁感应强度

$$B=\mu_0 H=4\pi\times 10^{7}\times 50000=6.28\times 10^{-2}\,\text{T}$$

**【练习三】**

**一、填空题**

1. 磁导率是用来衡量各种物质__________性能强弱的物理量，也就是说是衡量各种物质对__________影响程度的物理量。磁导率用字母__________表示，单位是__________。

2. 以真空中的磁导率 $\mu_0$ 为基准，将其他物质的磁导率 $\mu$ 与 $\mu_0$ 比较，其比值叫__________磁导率。

3. 磁场中某点的磁场强度，其大小等于该点__________的大小与介质材料磁导率的比值，即 $H=$__________。磁场强度是矢量，它的方向与该点的磁感应强度方向__________。

4. 通电螺线管产生的磁场强度 $H=$__________。磁场强度 $H$ 与__________无关，而磁感应强度 $B$ 却与__________有关。

**二、计算题**

有一细长空心螺线管，长 10cm，匝数为 250 匝，当通过 2A 电流时，求螺线管内部的磁场强度 $H$ 和磁感应强度 $B$。

**三、问答题**

1. 什么是磁场强度？它与磁感应强度有什么区别和联系？

2. 根据磁导率不同，将物质分为哪三类？各类的特点是什么？

## 2.4 铁磁物质的磁化曲线与磁滞回线

### 2.4.1 铁磁物质的磁化

将铁磁物质(如铁、钴、镍等)置于磁场中，会大大加强原磁场。这是由于铁磁物质会在外加磁场的作用下，产生一个与外磁场同方向的附加磁场，正是由于这个附加磁场促使了总磁场的加强。铁磁物质在外磁场作用下会呈现磁性的这种现象，称铁磁物质被“磁化”。

铁磁物质具有这种特性，是由其内部结构决定的。研究表明，铁磁物质内部是由许多叫磁畴的天然磁化区城所组成的。虽然每个磁畴的体积很小，但其中却包含有数亿个分子，且磁畴中的“分子电流”排列整齐，因此每个磁畴就构成一个永磁体，具有很强的磁性(分子电流是由原子中的电子，一方面绕核旋转，另一方面又本身自旋形成，由于电流周围存在着磁场，则这种分子电流相当于一个小磁体)。

在没有外界磁场作用时，铁磁物质内部的磁畴杂乱无章的排列，磁畴间的磁性相互抵消，对外不显示磁性，如图 2-9(a)所示。

如果把铁磁物质放入外磁场中，这时大多数磁畴都趋向于沿外磁场方向规则地排列，因而在铁磁性物质内部形成了很强的与外磁场同方向的“附加磁场”，从而大大地加强了磁感应强度，即铁磁物质被“磁化”了，如图 2-9(b)所示。

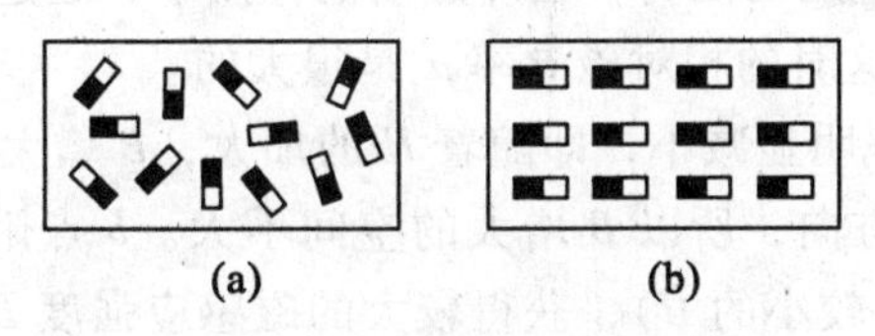

图 2-9　铁磁物质磁化示意图

当外磁场进一步加强时，所有磁畴形成的小磁场都几乎转向外磁场方向，这时附加磁场不再加强，这种现象叫“磁饱和”。非铁磁物质(如铝、铜、银等)由于没有磁畴结构，也就没有磁化现象。

铁磁物质具有很强的磁化作用，说明铁磁材料具有“高导磁性”。其相对磁导率 $\mu_r$ 可达 $10^2 \sim 10^4$，因而，它是制造电磁铁、变压器、电机等的主要材料。

### 2.4.2　磁化曲线

工程上常用磁化曲线来表示各种铁磁物质的磁化特性。铁磁物质在磁化过程中 $B$ 与 $H$ 之间的关系曲线称为磁化曲线，又叫 $B$-$H$ 曲线。这种曲线一般由实验测得。其实验电路如图 2-10(a)所示。

图中 $R$ 为可变电阻，用来调节回路电流 $I$ 的大小，双刀双掷开关 $K$ 用来改变流过线圈电流的方向，右边的圆环是由被测的铁磁性物质制成，其截面积为 $S$，平均长度为 $L$，线圈绕在圆环上，匝数为 $N$，磁通计 $\Phi$ 用来测量磁路中磁通的大小。

由于 $B=\Phi/S$，$H=NI/L$ 知，依次改变 $I$ 值，测量 $\Phi$ 值，可分别计算出 $B$ 和 $H$，绘出曲线，如图 2-10(b)所示。由于 $B=\mu H$，故也可绘出 $\mu$-$H$ 曲线，如图 2-10(c)所示。

一般磁化曲线大致可分成四段，各段反映了铁磁材料在磁化过程中的性质。

(1) $Oa$ 段：曲线变化较缓慢，当 $H$ 增加时，$B$ 增大较慢。说明磁畴有惯性，较弱的外磁场不能使它转为有序排列。

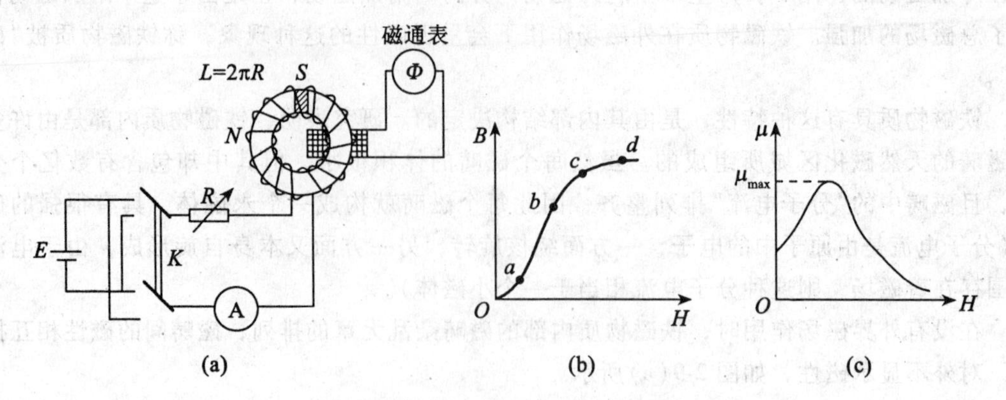


图 2-10　磁化曲线测量电路和磁化曲线

(2) $ab$ 段：此段可以近似看成是一段斜率较大的直线，只要 $H$ 略有增加，$B$ 相应地快速增加。说明原来不规则排列的磁畴，在外磁场的作用下，迅速沿外磁场的方向排列，所以 $B$ 增加很快。铁磁材料这时的相对磁导率 $\mu_r$ 是很大的。

(3) $bc$ 段：此段的斜率明显减小，即随着 $H$ 的加大，$B$ 增大缓慢。这是由于绝大部分磁畴这时已转向为外磁场方向，所以 $B$ 增大的空间不大。$b$ 点附近叫做 $B$-$H$ 曲线的膝部。在膝部可以用较小的电流(较小的 $H$)，获得较大的磁感应强度 $B$，所以电机、变压器的铁芯常设计在膝部工作，以便用小电流产生较强的磁场。

(4) $d$ 点后随着 $H$ 加大，$B$ 几乎不再增大。这是由于几乎所有磁畴都已转向为外磁场方向，即使 $H$ 加大，附加磁场也不可能再增大。这个现象叫铁磁性物质的磁饱和，$d$ 点以后的区域叫饱和区，这时，铁磁材料的磁导率 $\mu$ 降低到近似等于 $\mu_0$。

磁化曲线是非线性的说明了：

(1)铁磁材料具有"磁饱和性"，表现在磁感应强度 $B$ 不会随磁场强度 $H$ 的增强而无限增强，当磁场强度 $H$ 增大到一定值时，磁感应强度就不再增大。

(2)铁磁材料的磁导率 $\mu$ 不是常数，它会随磁饱和程度的增大而减小。见图 2-10(c)。

### 2.4.3　磁滞回线

磁化曲线只反映了铁磁物质在外磁场($H$)由零逐步增加的磁化过程。在很多实际应用中，外磁场($H$)的大小和方向是不断变化的，即铁磁性物质受到交变磁化(反复磁化)，实验表明交变磁化时的 $B$-$H$ 曲线如图 2-11 所示，这是一个回线，称磁滞回线。

此回线表示，当铁磁性物质沿起始点 $O$ 磁化到 $a$ 点后，若减小电流($H$ 减小)，$B$ 也随之减小，但 $B$ 不是沿原磁化曲线轨迹减小，而是沿另一路径 $ab$ 减小，且当 $I=0(H=0)$ 时，$B$ 并不为零而是 $B=B_0$，$B_0$ 称"剩磁"，这种现象叫磁滞。磁滞现象是铁磁性物质所特有的，要消除剩磁(常称为去磁)，需反向加大 $H$，也就是 $bc$ 段，当 $H=-H_c(Oc)$ 段时，$B=0$，剩磁才被消除，此时的 $H_C$ 叫材料的"矫顽力"。$H_c$ 的大小反映了材料保持剩磁的能力。

如果我们继续反向加大 $H$，使 $H=-H_m$，$B=-B_m$，再让 $H$ 减小到零($de$ 段)，再加大 $H$

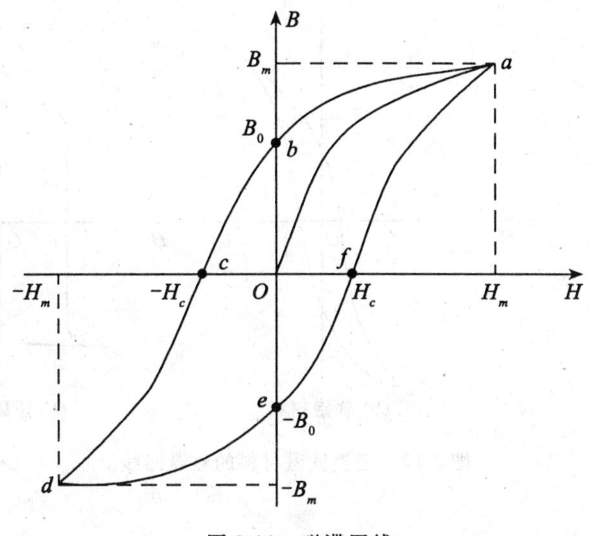


图 2-11　磁滞回线

到 $Hm$，使 $B=-B_m$（$efa$ 段）。反复改变电流方向，得到的闭合曲线 $abcdefa$，叫做铁磁物质的磁滞回线，它说明了铁磁材料具有“磁滞性”，因为 $B$ 的变化总是滞后于 $H$ 的变化，如图 2-11 所示。

## 2.4.4　铁磁性材料的分类

不同的铁磁材料具有不同的磁滞回线，剩磁和矫顽力也不相同。因此，它们的用途也不同，一般将铁磁性材料分为三类。

**1. 硬磁材料**

硬磁材料的特点是需要较强的外磁场才能使其磁化，但一经磁化，就不易退磁。反映在磁滞回线上是剩磁较大，矫顽力较大，磁滞回线较宽。如图 2-12（a）所示。这类材料在磁化后能保持很强的剩磁，适宜制作永久磁铁。常用的有铁镍钴合金、镍钢、钴钢、镍铁氧体等。在磁电式仪表、扬声器、永磁发电机等设备中所用的永磁铁就是用硬磁材料制作的。

**2. 软磁材料**

软磁材料的特点是比较容易磁化，但撤去外磁场后，磁性大部分消失。反映在磁滞回线上是剩磁很小，矫顽力很小，磁滞回线窄而陡。如图 2-12（b）所示。软磁材料又可分为用于低频和高频两类。常用的低频软磁材料有硅钢、坡莫合金等，电机、变压器等各种电力设备中的铁芯多用硅钢片制成，录音机中的磁头铁芯多用坡莫合金制成；常用的高频软磁材料有铁氧体等，如收音机中的磁棒、无线电设备中的中周变压器铁芯，都是用铁氧体制成的。

**3. 矩磁材料**

矩磁材料的特点是只要在很小的外磁场作用下，就能被磁化，并且达到磁饱和。当撤

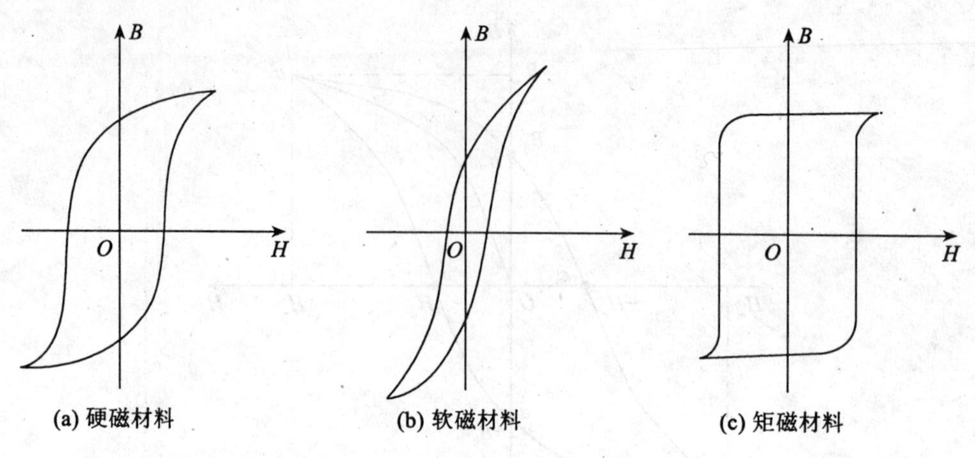


图 2-12　三类铁磁材料的磁滞回线

掉外磁场后，磁性仍然保持与磁饱和状态相同。反映在磁滞回线上是一条矩形闭合曲线，所以称为矩磁材料，如图 2-12(c)所示。目前使用较多的是锰-镁铁氧化体、锂-锰铁氧体。矩磁材料可用来制造计算机中存储元件的环形磁芯。

### 2.4.5　磁滞损耗

在交流电的作用下，铁心中的磁畴不断的改变转向，引起能量损耗。在一般的电力设备中，因为磁场是交变的，所以在每个交变周期中都要消耗能量。这种能量消耗主要表现为铁磁材料中的热损耗，也被称为磁滞损耗。磁滞损耗 $P_h$ 由下式给出

$$P_h = kvfB_m^n$$

式中，$k$ 为磁滞系数，$v$ 为铁心的体积，$n$ 为施泰因梅茨指数，取值范围为 1.6 ~ 2.2，典型值为 1.7，$f$ 为产生磁通的交流电频率，$B_m$ 为材料的最大磁感应强度。

**【练习四】**

**一、填空题**

1. 铁磁材料能够被磁化的原因是因为其内部存在大量的__________。

2. 在没有外界磁场作用时，铁磁物质内部的磁畴______的排列，对外不显示______。在外磁场作用下，磁畴都趋向于沿外磁场方向________地排列，对外呈现__________。

3. 铁磁物质在磁化过程中 $B$ 与 $H$ 之间的关系曲线称为________曲线。

4. 铁磁材料被反复磁化，所得闭合的 $B$ 与 $H$ 关系曲线称________。

5. 剩磁与矫顽力都大的铁磁材料称__________材料，这类材料适宜制作__________。剩磁与矫顽力都小的铁磁材料叫__________材料，这类材料中的__________可用来制做电机与变压器的铁芯。

二、判断题

1. 铁磁材料的磁导率与真空磁导率都是常数。(　　)

2. 与软磁材料相比，硬磁材料的剩磁较大。(　　)

3. 磁饱和是指铁磁性材料中，已经没有和外磁场方向不一致的磁畴了。(　　)

4. 恒定磁通穿过铁磁材料时要产生铁损耗。(　　)

三、选择题

1. 通电的空心线圈被插入铁心后(　　)。

A. 磁性将大大增强　B. 磁性基本不变　C. 磁性将减弱　D. 铁心与磁性无关

2. 为了减小剩磁，电器的铁心应采用(　　)。

A. 硬磁材料　B. 软磁材料　C. 矩磁材料　D. 非磁性材料

3. 磁化现象的正确解释是(　　)。

A. 磁畴在外磁场的作用下转向形成附加磁场

B. 磁化过程是磁畴回到原始杂乱无章的状态

C. 磁畴存在与否与磁化现象无关

D. 各种材料的磁畴数目基本相同，只是有的不易于转向形成附加磁场

4. 铁磁材料的磁性能主要表现在(　　)。

A. 低导磁性、磁饱和性　B. 高导磁性、磁饱和性、磁滞性

C. 磁饱和性　D. 高导磁性

## 2.5　磁路及磁路欧姆定律

### 2.5.1　*磁路*

铁磁材料不但在被磁化后能产生附加磁场，而且还能够把绝大部分磁通约束在一定的闭合路径上。由铁心制成使磁通集中通过的闭合路径称为“磁路”。如图 2-13 所示为几种常见磁路形式。

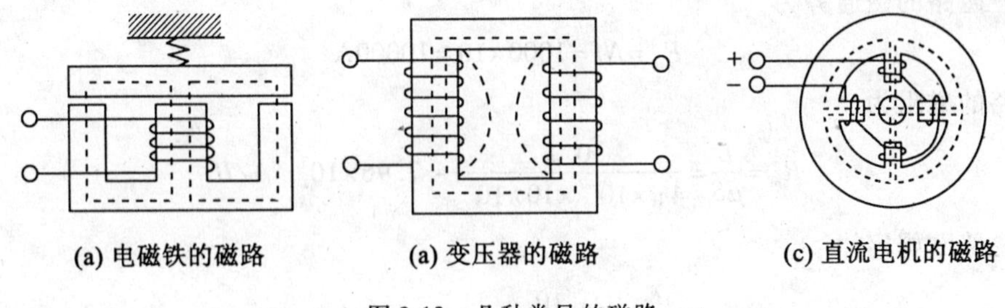


(a) 电磁铁的磁路　(a) 变压器的磁路　(c) 直流电机的磁路

图 2-13　几种常见的磁路

利用铁磁材料可以尽可能地将磁通集中在磁路中，与电路相比，漏磁现象比漏电现象

严重的多。全部在磁路内部闭合的磁通叫做“主磁通”。部分经过磁路，部分经过磁路周围介质的闭合磁通叫做“漏磁通”。为了计算简便，在漏磁不严重的情况下可将其忽略，只计算主磁通。

### 2.5.2 磁路欧姆定律

图2-14是简单的无分支磁路，设绕在铁芯上的线圈匝数为 $N$，通以恒定电流 $I$，铁芯横截面积为 $S$，磁路的平均长度为 $L$，通过数学计算可得

$$\Phi=\frac{F_m}{R_m} \tag{2.5.1}$$

式中，$F_m=NI$，是产生磁通的原动力，称磁通势，单位是安(A)。它相当于电路中的电动势。

$R_m=\frac{L}{\mu S}$，称为磁阻，单位为1/亨(1/H)，它表征铁磁材料对磁通的阻力，相当于电路中的电阻。磁阻的大小只与磁路的尺寸($L$、$S$)及物质的磁导率 $\mu$ 有关。

式(2.5.1)表明，磁路中的磁通 $\Phi$ 与磁通势 $F_m$ 成正比，与磁阻 $R_m$ 成反比。这和电路中的欧姆定律很相似，所以把它叫做磁路欧姆定律。

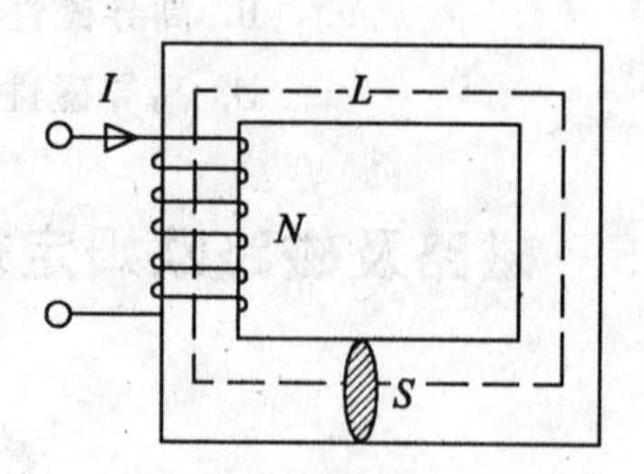

图2-14 无分支磁路

**【例2-4】** 空心圆环形螺旋线圈，平均长度为 $L=10\text{cm}$，横截面积 $S=10\text{cm}^2$，匝数 $N=1000$，通入电流为 $I=10\text{A}$，求螺旋线圈内产生的磁通 $\Phi$。

解：磁路的磁通势为

$$F_m=NI=1000\times10=10000\text{A}$$

磁路的磁阻为

$$R_m=\frac{L}{\mu S}=\frac{0.1}{4\pi\times10^{-7}\times10\times10^{-4}}\approx7.96\times10^{7}\quad 1/H$$

由磁路欧姆定律

$$\Phi=\frac{F_m}{R_m}=\frac{10^4}{7.96\times10^7}=1.2\times10^{-4}\text{wb}$$

**【练习五】**

**一、填空题**

1. 由铁心制成使__________集中通过的闭合路径称为磁路。

2. 磁路欧姆定律的数学表达式为 $\Phi=$__________。

3. 磁通势 $F_m=$__________，它是产生__________的原动力。磁阻 $R_m=$__________，它表征铁磁材料对磁通的__________。磁阻的大小只与磁路的尺寸($L$, $S$)及物质的__________有关。

**二、判断题**

1. 两线圈磁路尺寸完全相同，一为木制，另一个为铁制，如两线圈的磁通势相等，则其 $H$ 值和 $B$ 值都应该对应相等。(　　)

2. 一个线圈的磁通势大小与其通过的电流成正比。(　　)

3. 一个线圈磁通势的大小与线圈匝数无关。(　　)

4. 同一材料长度相同，横截面大则磁阻小。(　　)

5. 磁路中气隙加大时磁阻加大，要产生同样的磁通就需要较大的磁通势。(　　)

**三、计算题**

1. 有一个环状铁心线圈，流过的电流 $I=5\text{A}$，要使磁通势 $F_m=2000\text{A}$，求线圈的匝数 $N$。

2. 有一个圆环形螺旋线圈，其平均半径 $r=10\text{cm}$，线圈匝数 $N=1000$ 匝，通有 $I=5\text{A}$ 的电流，求线圈内分别是空气($\mu=\mu_0=4\pi\times10^{-7}\text{H/m}$)和软铁($\mu_r=700$)时的磁通 $\Phi_1$ 与 $\Phi_2$。

## 2.6 磁场对电流的作用

磁场中的通电导体要受到力的作用，磁场对通电导体具有力的作用是磁场的重要特性。本节将研究磁场对电流的作用。

### 2.6.1 *磁场对通电直导体的作用*

电流可以产生磁场，磁场也会对通电导体产生力的作用。在本章第二节讲述磁感应强度时曾经讲述过，将一通电直导体放置在均匀磁场中，导体与磁场方向垂直，则该处磁感应强度为

$$B=\frac{F}{IL}$$

则通电直导体在磁场中所受电磁力的大小为

$$F=BIL$$

如果通电直导体与磁感应强度的方向(磁感线方向)平行，那么通电导体不受力，如图 2-15(a)所示。如果通电直导体与磁感应强度方向成 $\alpha$ 角，如图 2-15(b)所示，由于磁感应强度 $B$ 是矢量，可将 $B$ 分解成与通电直导体垂直的 $B_1$ 和与通电直导体平行的 $B_2$ 两个

分量，如图 2-15(c)所示，则 $B_1 = B\sin\alpha$，$B_2 = B\cos\alpha$，$B_2$对通电直导体的作用力为零，$B_1$对通电直导体的作用力为

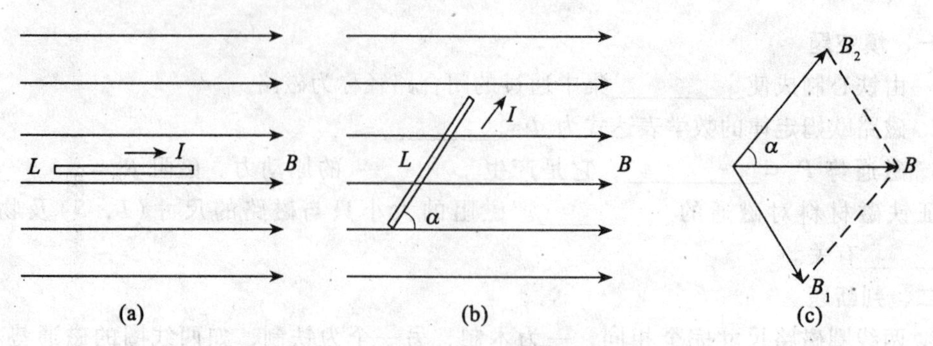


图 2-15　通电直导体在磁场中受力分析

$$F = B_1 IL = BIL\sin\alpha \tag{2.6.1}$$

式中：$B$——均匀磁场的磁感应强度，单位特斯拉，符号为 T。

$I$——通电直导体中的电流，单位是安培，符号为 A。

$L$——导体在磁场中的有效长度，单位是米，符号为 m。

$\alpha$——通电导体与磁感线的夹角。

$F$——导体受到的电磁力，单位是牛顿，符号为 N。

通电直导体在磁场中受电磁力的方向可以用左手定则来判定。如图 2-16 所示。

左手定则的内容是：伸出左手，让拇指和其余四指垂直，使磁感线垂直穿过掌心，则四指指向电流方向，拇指指向就是通电直导体所受的电磁力方向。电流、磁感线和通电直导体受力方向，三者互成直角。

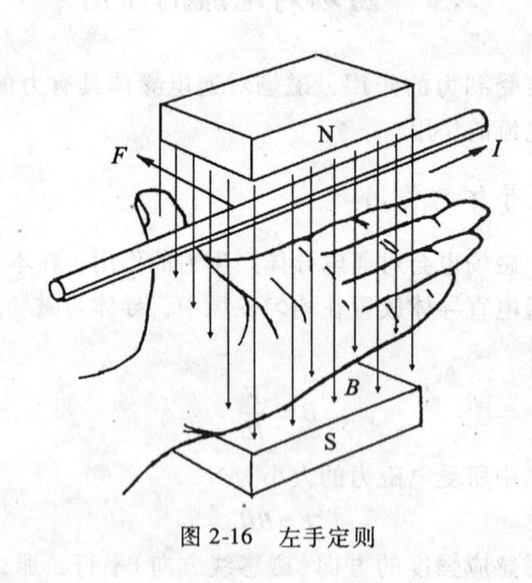


图 2-16　左手定则

【例 2-5】　在磁感应强度为 $B = 0.5$T 的均匀磁场中，有一长度 $L = 60$cm 的导线，导线

中的电流 $I=10\text{A}$，导线与磁感线的夹角 $\alpha$ 分别为 0°、30°、90°，求导体各受多大的电磁力？

解：通电直导体在磁场中受电磁力的大小为

$$F=BIL\sin\alpha$$

(1) $\alpha_1=0°$

$$F_1=BIL\sin\alpha_1=0.5\times10\times0.6\times0=0\text{N}$$

(2) $\alpha_2=30°$

$$F_2=BIL\sin\alpha_2=0.5\times10\times0.6\times\frac{1}{2}=1.5\text{N}$$

(3) $\alpha_3=90°$

$$F_3=BIL\sin\alpha_3=0.5\times10\times0.6\times1=3\text{N}$$

可见，当 $\alpha=0°$，即导体与磁感线平行时，$F=0$，通电导体不受力，当 $\alpha=90°$，即导体与磁感线垂直时，$F=BIL$，通电导体受到的电磁力最大。

### 2.6.2 平行通电导体间的相互作用力

我们知道，通电导体周围存在磁场。图 2-17 是两根平行的通有电流的导体。由于每根通电导体周围都产生磁场，两根导体又相互平行，所以每根导体都是处在另一根导体周围的磁场中，并且与磁感线方向垂直，因此，这两根通电导体都要受到电磁力的作用，电磁力的方向可由左手定则确定。

当两根平行通电导体中的电流方向相同时，导体就相互吸引；电流方向相反时，导体就相互排斥。如图 2-17 所示。

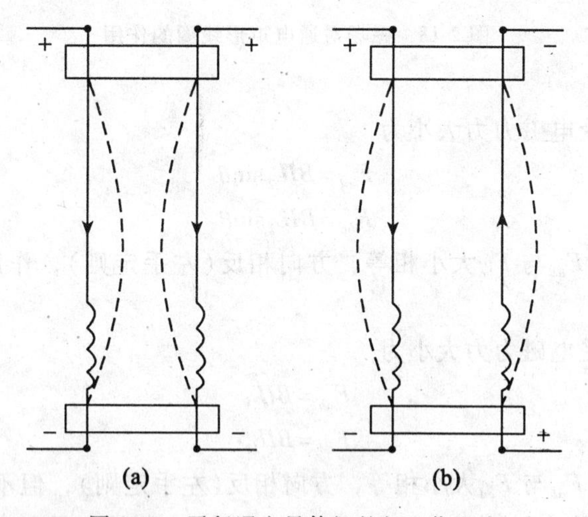


图 2-17　平行通电导体间的相互作用力

发电厂和变电所的母线(汇流排)就是这种互相平行的通电导体。互相平行的二排或三排母线之间，经常作用着推力或吸力，电路出现短路故障时，电流可增大到正常时几十倍，这时两排母线间的作用力极大，会使母线受损。为此，每间隔一定距离就需安装一个支持母线的绝缘子，这样可以提高母线的机械强度。

### 2.6.3 磁场对通电矩形线圈的作用

磁场对通电直导体有作用力，对通电矩形线圈同样有作用力。直流电压表、电流表、直流电动机都是应用这一原理制成的。

在磁感应强度为 $B$ 的均匀磁场中，放置一个矩形线圈 $abcd$，其中，$ab$ 边长 $L_1$，$ad$ 边长为 $L_2$，线圈中的电流为 $I$，线圈平面的法向 $n$(垂直平面方向)与磁感应强度 $B$ 的方向夹角为 $\alpha$，线圈平面与磁感应强度 $B$ 的方向夹角为 $\theta$，轴线 $EF$ 与磁感线垂直，$EF$ 与 $ab$ 边平行，其主视图如图 2-18(a)所示，俯视图如图 2-18(b)所示。

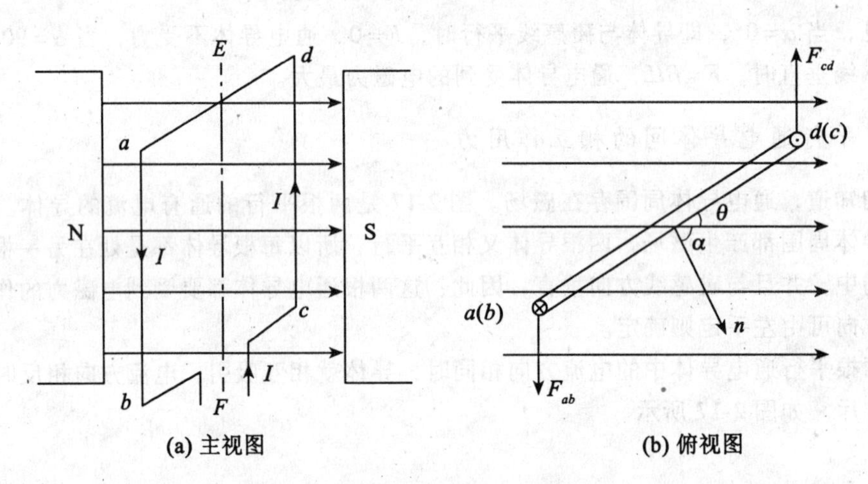


图 2-18 磁场对通电矩形线圈的作用

$ad$ 边与 $bc$ 边所受电磁力力大小为

$$F_{ad}=BIL_2\sin\theta$$

$$F_{bc}=BIL_2\sin\theta$$

由图 2-18 可知：$F_{ad}$与 $F_{bc}$大小相等，方向相反(左手定则)，作用在一条直线上，是一对平衡力。

$ab$ 边与 $cd$ 边所受电磁力力大小为

$$F_{ab}=BIL_1$$

$$F_{cd}=BIL_1$$

由图 2-18 可知：$F_{ab}$与 $F_{cd}$大小相等，方向相反(左手定则)，但不作用在同一直线上，形成一对力偶，它们的力偶臂为 $L_2\sin\alpha$。线圈 $abcd$ 在力偶矩的作用下，绕转轴 $EF$ 转动。引起线圈转动的力偶矩，其大小为

$$M=F_{ab}\times L_2\sin\alpha=BIL_1L_2\sin\alpha=BIS\sin\alpha$$

式中：$B$——均匀磁场的磁感应强度，单位特斯拉，符号为 T。

$I$——线圈中的电流，单位是安培，符号为 A。

$S$——线圈所包围的面积，单位是平方米，符号为 $m^2$。

$\alpha$——磁感应强度方向与线圈平面法线方向夹角。

$M$——线圈的力偶矩，单位是牛顿米，符号为 N·m。

如果线圈的匝数为 $N$，则总力偶矩为

$$M = NBIS\sin\alpha \tag{2.6.2}$$

说明：两个力的大小相等，方向相反，但不作用在一条直线上，这样的一对力称"力偶"。"力偶矩"等于其中任何一个力的大小与两力作用线之间的垂直距离（力偶臂）的乘积，它决定了力偶的转动效应。

**【例 2-6】** 如图 2-19 所示，在磁感应强度 $B=0.1$T 的均匀磁场中，放置一个矩形线圈，匝数 $N=20$，通电电流 $I=5$A，线圈长 30cm，宽 20cm，分别求线圈平面法线方向与磁感应强度方向为 0°、30°、90°时的力偶矩 $M$。

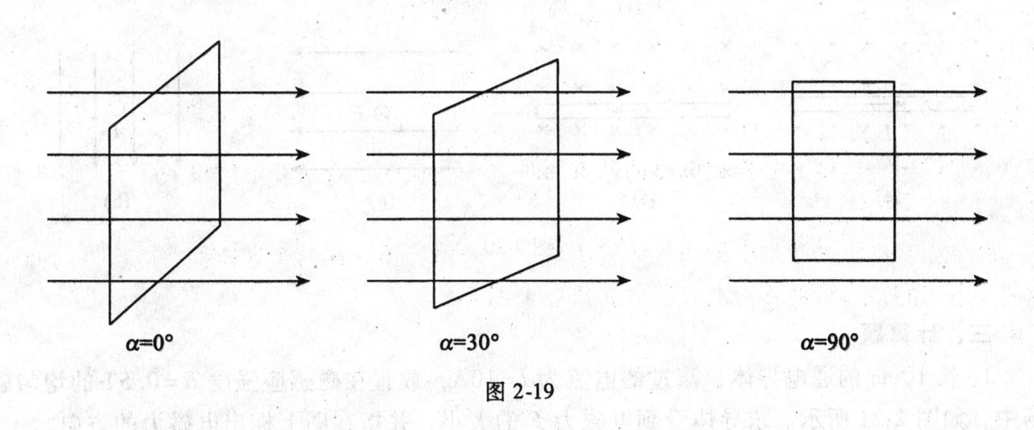


图 2-19

解：矩形线圈在磁场中的力偶矩为

$$M = NBIS\sin\alpha$$

(1) $\alpha_1 = 0°$

$$M_1 = NBIS\sin\alpha_1 = 20\times0.1\times5\times0.3\times0.2\times0 = 0\text{N}\cdot\text{m}$$

(2) $\alpha_2 = 30°$

$$M_2 = NBIS\sin\alpha_2 = 20\times0.1\times5\times0.3\times0.2\times0.5 = 0.3\text{N}\cdot\text{m}$$

(3) $\alpha_3 = 90°$

$$M_3 = NBIS\sin\alpha_3 = 20\times0.1\times5\times0.3\times0.2\times1 = 0.6\text{N}\cdot\text{m}$$

可见，当 $\alpha=0°$时，线圈平面与磁场方向垂直，线圈受到的力偶矩为零。当 $\alpha=90°$时，线圈平面与磁场方向平行，线圈受到的力偶矩最大。

## 【练习六】

### 一、填空题

1. 通电直导体在磁场中受到的电磁力方向用__________定则来判断，其大小可用公式 $F=$__________来计算。

2. 左手定则的内容是：伸出左手，让拇指和其余四指__________，使磁感线垂直__________掌心，则四指指向__________方向，拇指指向就是直导体所受的__________方向。

3. 当两根平行通电导体中的电流方向相同时，导体就相互__________；电流方向相反时，导体就相互__________。

4. 通电矩形线圈在磁场中产生的力偶矩 $M=$__________。

**二、判断题**

判断如图 2-20 所示磁场中，通电导体的受力方向。

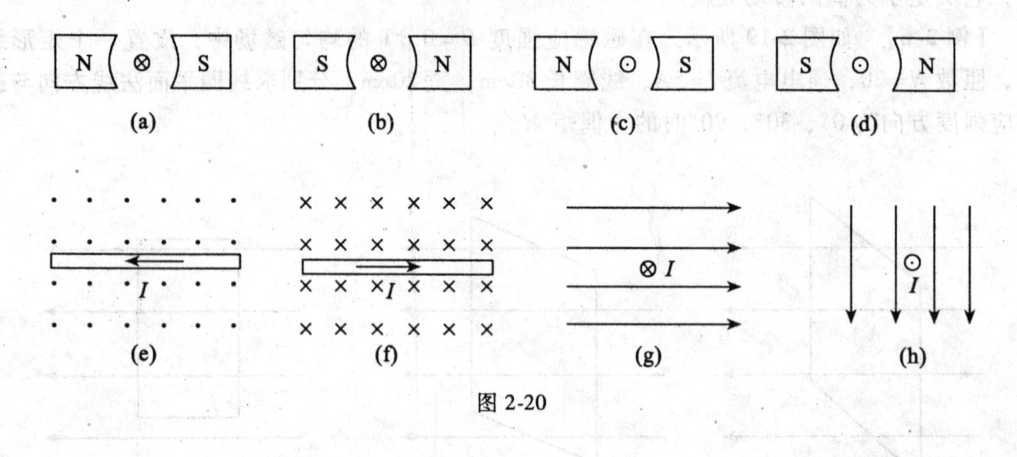


图 2-20

**三、计算题**

1. 长 10cm 的通电导体，流过的电流为 $I=10$A，放置在磁感应强度 $B=0.5$T 的均匀磁场中，如图 2-21 所示。求导体受到电磁力 $F$ 的大小，并指在图上标出电磁力的方向。

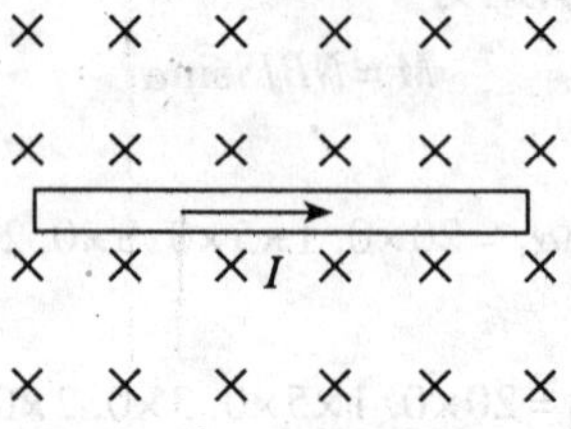

图 2-21

2. 在磁感应强度 $B=0.2$T 的均匀磁场中，放置一个长 40cm，宽 20cm 的矩形线圈，线圈匝数 $N=100$ 匝，线圈中的电流 $I=2$A，线圈平面与磁场方向平行，求线圈所受到的最大力偶矩 $M$。

## 本章小结

**一、电流的磁效应**

通电导体周围存在着磁场，电流与其产生磁场的方向可用右手螺旋法则来判断。要特别注意拇指与四指所指方向的意义。

1. 通电长直导线产生的磁场方向

右手握住导线并把拇指伸开，用拇指指向电流方向，那么四指环绕的方向就是磁场方向(磁感线方向)。

2. 通电螺线管产生的磁场方向

右手握住螺线管并把拇指伸开，弯曲的四指指向电流方向，拇指所指方向就是磁场的N极方向。

**二、描述磁场的基本物理量**

1. 磁感应强度 $B$

磁感应强度 $B$ 是矢量，它表示磁场中任意一点磁场的强弱与方向。其方向与磁感线方向相同，磁场中某点磁感应强度的大小

$$B=\frac{F}{IL}$$

值得注意的是，导线与磁感应强度方向垂直时，上式才成立。$B$ 的单位是特斯拉，符号为 $T$。

2. 磁通 $\Phi$

磁感应强度 $B$ 和与它垂直方向的某一截面积 $S$ 的乘积，叫做通过该面积 $S$ 的磁通。在均匀磁场中，$B$ 是常数，则磁通的数学式为

$$\Phi=BS$$

磁通的单位是韦伯，符号为 Wb。

3. 磁导率 $\mu$

磁导率是用来表示物质对磁场影响程度的物理量，也就是衡量物质导磁性能强弱的物理量。其单位是亨利/米，符号为 H/m。非铁磁物质的 $\mu$ 是常数，而铁磁物质的 $\mu$ 不是常数。

以真空中的磁导率 $\mu_0$ 为基准，将其他物质的磁导率 $\mu$ 与 $\mu_0$ 比较，其比值叫相对磁导率，用 $\mu_r$ 表示，即

$$\mu_r=\frac{\mu}{\mu_0} \quad 或 \quad \mu=\mu_0\mu_r$$

4. 磁场强度 $H$

磁场强度是为便于分析计算磁场而引用的辅助量。磁场中某点的磁场强度的大小为

$$H=\frac{B}{\mu}$$

磁场强度的单位是安/米，符号为 A/m，它的方向与该点 $B$ 的方向相同。通电螺线管中的磁场强度

$$H=\frac{NI}{L}$$

磁场强度 $H$ 只与产生磁场的电流有关，而与磁场中的介质无关。而 $B(B=\mu H)$ 却与磁场中的介质有关。

**三、铁磁材料的磁性能**

铁磁材料的磁性能主要表现在高导磁性、磁饱和性、磁滞性三个方面。

1. 高导磁性

铁磁物质在外磁场作用下会呈现磁性的这种现象，称铁磁物质被“磁化”。铁磁物质具有很强的磁化作用，将它置于磁场中，会大大加强原磁场。这说明铁磁物质具有高导磁性，其相对磁导率 $\mu_r$ 可达 $10^2 \sim 10^4$。

2. 磁饱和性

铁磁物质在磁化过程中 $B$ 与 $H$ 之间的关系曲线称为磁化曲线，又叫 $B$-$H$ 曲线。磁化曲线是非线性的说明：铁磁材料具有磁饱和性，即 $B$ 不会随 $H$ 的增加而无限增加，$H$ 增大到一定值时，$B$ 就不再增大。这是由于铁磁物质的磁导率 $\mu$ 不是常数，它会随磁饱和程度的增大而减小。

3. 磁滞性

铁磁性物质受到反复磁化时的 $B$-$H$ 曲线称磁滞回线。磁滞回线说明，铁磁材料具有磁滞性，即 $B$ 的变化总是滞后于 $H$ 的变化。

铁磁性材料分为以下三类：

(1)硬磁材料：这类材料在磁化后能保持很强的剩磁，且一经磁化，就不易退磁。反映在磁滞回线上是剩磁较大，矫顽力较大，磁滞回线较宽。适宜制作永久磁铁。

(2)软磁材料：其特点是比较容易磁化，但撤去外磁场后，磁性大部分消失。反映在磁滞回线上是剩磁很小，矫顽力很小，磁滞回线窄而陡。电机、变压器等各种电力设备中的铁芯多用软磁材料硅钢片制成。

(3)矩磁材料：其特点是只要在很小的外磁场作用下，就能被磁化，并且达到磁饱和。当撤掉外磁场后，磁性仍然保持与磁饱和状态相同。反映在磁滞回线上是一条矩形闭合曲线。矩磁材料可用来制造计算机中存储元件的环形磁芯。

4. 磁滞损耗

在交流电的作用下，铁心中的磁畴不断的改变转向，引起能量消耗。这种能量消耗主要表现为铁磁材料中的热损耗，称为磁滞损耗。

**四、磁路欧姆定律**

1. 磁路

由铁心制成使磁通集中通过的闭合路径称为磁路。

2. 磁路欧姆定律

磁路中的磁通 $\Phi$ 与磁通势 $F_m$ 成正比，与磁阻 $R_m$ 成反比。即

$$\Phi = \frac{F_m}{R_m}$$

式中：$F_m = NI$，是产生磁通的原动力，称磁通势，单位是安(A)。

$R_m = \dfrac{L}{\mu S}$，称为磁阻，单位为 1/亨(1/H)，它表征铁磁材料对磁通的阻力，相当于电路中的电阻。

**五、磁场对电流的作用**

1. 磁场对通电直导体的作用

通电直导体在磁场中所受电磁力的方向用左手定则判定。电磁力的大小为

$$F=BIL\sin\alpha$$

式中：$\alpha$ 为通电直导体与磁感线的夹角。当 $\alpha=0°$，即导体与磁感线平行时，$F=0$，当 $\alpha=90°$，即导体与磁感线垂直时，$F=BIL$，通电导体受到的电磁力最大。

左手定则的内容是：伸出左手，让拇指和其余四指垂直，使磁感线垂直穿过掌心，则四指指向电流方向，拇指指向就是直导体所受的电磁力方向。

2. 平行通电导体间的相互作用力

当两根平行通电导体中的电流方向相同时，导体就相互吸引；电流方向相反时，导体就相互排斥。

3. 磁场对通电矩形线圈的作用

磁场对通电矩形线圈要产生一个使线圈旋转的力偶矩，其大小为

$$M=NBIS\sin\alpha$$

式中，$N$ 为线圈匝数，$\alpha$ 为线圈平面的法线方向与磁感应强度方向间的夹角。当 $\alpha=90°$，即线圈平面与磁感应强度方向平行时，$\sin 90°=1$，线圈所受到的力偶矩最大。

# 第3章 电磁感应

从上一章我们已经知道，电流能够产生磁场，磁场对电流有作用力。这一章我们将讨论变动的磁场能够产生电动势和电流的问题，也就是“动磁生电”的问题。

法拉第于1831年发现：当导体对磁场作相对运动而切割磁感应线时，导体中便有感应电动势产生；又当与回路交链的磁通发生变化时，回路中也会有感应电动势产生。这两种本质上一样，但在不同条件下产生感应电动势的现象，统称为电磁感应。电磁感应是一切电机工作的理论基础。由于发现和掌握了电磁感应的规律，直流、交流电机和变压器等重要的电气设备才相继发明，使大规模生产和输送电能成为可能，从而奠定了生产电气化的基础。

在这一章里，我们将讨论如何确定感应电动势的大小和方向。

## 3.1 直导线中的感应电动势

将一根直导线放在均匀磁场中，导线和一个检流计接成闭合回路。当导线在磁场中沿着与磁感应线垂直的方向向前移动时(如图3-1所示)，我们可以看到检流计的指针向左偏转，这说明导线中出现了电流，或者说，导线中产生了感应电动势。

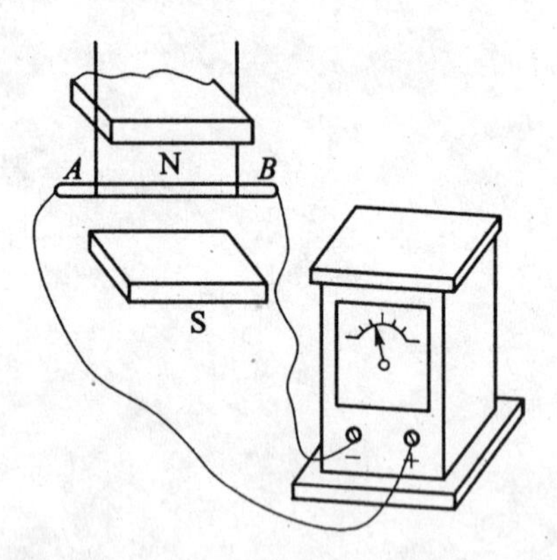


图3-1　导线切割磁路就会产生电动势

如果让导线自前而后移动，那么就可以看到检流计的指针向右偏转，这说明导线中也产生了感应电动势，不过，它的方向相反。如果导线不动，而使磁场前后移动，我们发现，磁场向前移动时和导线向后移动的结果相同(即检流计指针向右偏转)，磁场向后移动和导线向前移动的结果相同(即检流计指针向左偏转)。这个现象说明，只要导线和磁场发生相对运动，或者说导线切割了磁感应线，在导线中就会产生感应电动势。所以，这种电动势又叫感应电动势。

当导线在磁场中运动因切割磁感应线而产生了感应电动势时，导线便成了电源，若把它与外电路接通，它就输出一定的电能，这个过程也就是借助于磁场把机械能转换为电能的过程，这是一切发电机工作的理论基础。在这个过程中因线路闭合而产生的电流叫做感应电流。

感应电动势的方向可以用右手定则来确定，如图 3-2 所示。平摊右手，拇指与其余四指垂直，使磁感应线垂直穿过手掌心，拇指的方向表示导线运动的方向，其余四个手指的指向就是感应电动势的方向。

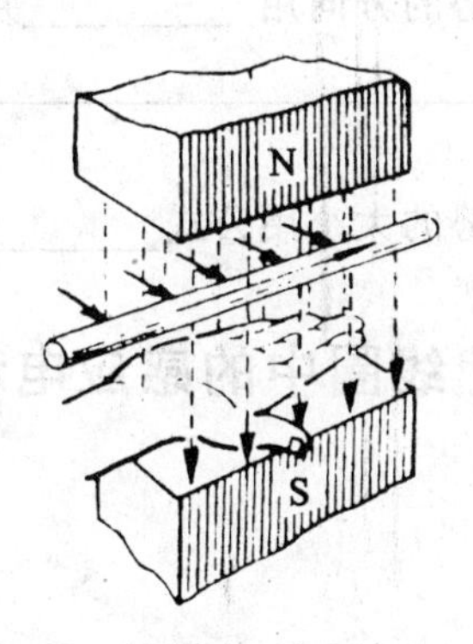


图 3-2　右手定则

通过进一步的实验可以知道，当导线在磁场中运动时，所产生的感应电动势的大小和以下几个因素有关：

(1)导线的有效长度 $l$(即在磁场中切割磁感应线的导线长度)。$l$ 愈长，所产生的感应电动势愈大。

(2)导线的运动速度 $v$(也就是导线在垂直于磁场的方向上切割磁感应线的速度)。$v$ 愈大，所产生的感应电动势愈大。

(3)磁感应强度 $B$。$B$ 愈大，所产生的感应电动势愈大。

(4)导线的运动方向与磁感应线垂直时，感应电动势最大；导线的运动方向与磁感应线相平行时，感应电动势为零，因为这时导线并不切割磁感应线。

上述实验结果可归纳为：当导线在均匀磁场中(即磁场中各点的磁感应强度相等)沿着与磁感应线垂直的方向运动时，所产生的感应电动势的大小，与导线的有效长度 $l$、导线的运动速度 $v$、磁感应强度 $B$ 成正比。即

$$e = Blv \tag{3.1.1}$$

式中：$e$——感应电动势，单位是伏。

$B$——磁感应强度，单位是特斯拉。

$l$——导线的有效长度，单位是米。

$v$——导线在垂直于磁感应线的方向上运动的速度，单位是米/秒。

如果导体运动的方向与磁感应线方向有一夹角 $\alpha$，则导线中的感应电动势为

$$e = Blv\sin\alpha \tag{3.1.2}$$

**【练习一】**

**一、判断题**

1. 产生感应电流的唯一条件是导体切割磁感应线运动或线圈中的磁通发生变化。(  )
2. 当磁通发生变化时，导线或线圈中就会有感应电流产生。(  )

**二、填空题**

1. 直导体中产生的感应电动势的方向用__________判断。
2. 右手定则的内容是：______________________________________________________________________________________。
3. 直导体中产生的感应电动势的大小用公式____________________来计算。

## 3.2 线圈中的感应电动势

### 3.2.1 楞次定律

把一个螺线管线圈和一个检流计接成闭合回路，然后把一根条形磁铁插入线圈。当磁铁向线圈中插入时，检流计的指针发生偏转，这说明线圈中产生了感应电动势和感应电流，如图 3-3(a)所示。如果磁铁放在线圈中停止不动，则检流计指示为零，如图 3-3(b)所示。当将磁铁从线圈中拔出时，可以看到检流计的指针反向偏转，说明线圈中产生了反向的感应电动势和感应电流，如图 3-3(c)所示。

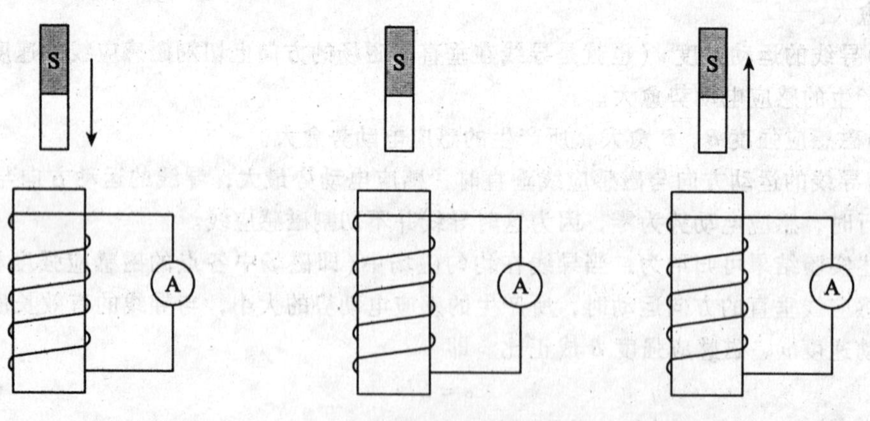


(a) 插入时检流计指针偏转　(b) 静止时检流计指针不动　(c) 拔出时检流计指针反向偏转

图 3-3

进一步分析实验现象，可以发现，当磁铁插入线圈时，穿过线圈的磁通增加，线圈中产生的感应电流时检流计的指针向右偏转；当磁铁拔出时，穿过线圈的磁通减少，线圈中又产生感应电流，使检流计的指针向左偏转。这说明：线圈中感应电动势的方向与穿过线圈的磁通是增加还是减少有关。那么究竟怎样来确定线圈中的感应电动势的方向呢？

大量实验证明，线圈中感应电动势的方向总是企图使它所产生的感应电流反抗原有磁通的变化。也就是说，当磁通要增加时，感应电流要产生新的磁通反抗它的增加；当磁通要减少时，感应电流要产生新的磁通去反抗它的减少。这个规律就叫做楞次定律。即：感应电流产生的磁通总是阻碍原磁通的变化。

我们要注意，感应电流所产生的磁场总是反抗磁铁磁场的变化，而不是反抗磁铁磁场的存在。例如，在图 3-4(a)中，当磁铁插入线圈时，线圈中的磁通就要增加。根据楞次定律，感应电流所产生的磁通要阻碍原来磁通的增加，也就是说，线圈中感应电流的磁场极性应该和磁通的极性相反。所以，感应电流所产生的磁场一定是下面是 N 极，上面是 S 极。根据右手定则可知，要产生这样一个磁场，感应电流的方向必定是自下而上。检流计指针向右偏转。

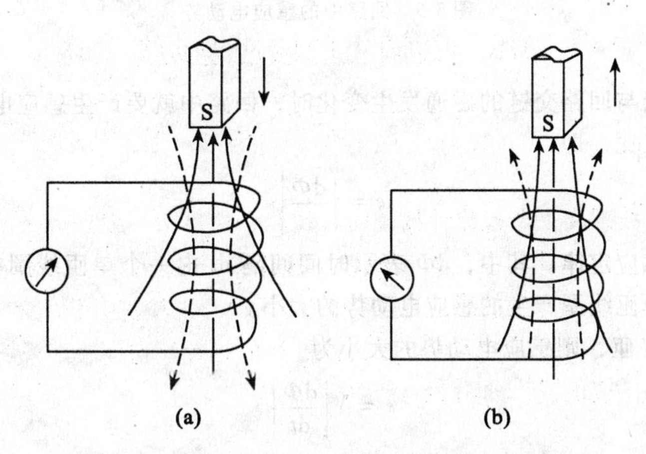


图 3-4　磁铁插入和拔出线圈时感应电流的方向

当把磁铁拔出时，在图 3-4(b)中，线圈中的磁通就要减少，根据楞次定律，感应电流所产生的磁通要阻碍原来磁通的减少，也就是感应电流所产生的磁场与磁铁所产生的磁场方向一致，下面是 S 极上面是 N 极。根据线圈的右手定则可以判断，这时感应电流的方向应该是自上而下，检流计指针向左偏转。

由此可见，当穿过线圈的磁通发生变化时，线圈中产生的感应电动势的方向，可以根据楞次定律应用右手定则来确定。

### 3.2.2　法拉第电磁感应定律

上面讨论了线圈中所产生的感应电动势的方向，那么这个电动势的大小和哪些因素有关呢？

如图 3-5 所示，当条形磁铁插入线圈或从线圈中取出时，接在线圈回路中的检流计就会向不同的方向偏转。磁铁插入或取出得愈快时，则检流计的偏转角度也就愈大。上述现象不仅表明当与线圈交链的磁通发生变化时，线圈回路中便要产生感应电动势，而且还指出电动势的方向和大小与磁通的变化情况有关。

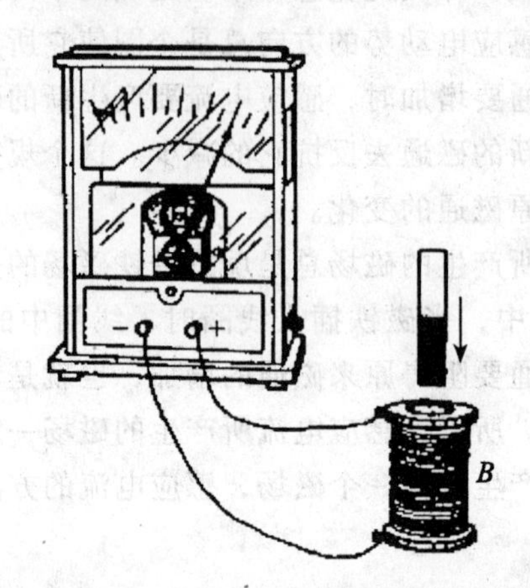


图 3-5　回路中的感应电动势

由此可见，当与回路交链的磁通发生变化时，回路中就要产生感应电动势，其大小与磁通的变化率成正比，即

$$e = \left|\frac{d\Phi}{dt}\right|$$

此即法拉第电磁感应定律。其中，$d\Phi$ 表示时间间隔 $dt$ 内一个单匝线圈中的磁通变化量，上述公式是一个单匝线圈产生的感应电动势的大小。

如果线圈有 $N$ 匝，则感应电动势的大小为

$$e = N\left|\frac{d\Phi}{dt}\right| \tag{3.2.1}$$

## 【练习二】

**一、判断题**

1. 感应磁场的方向总是和原磁场的方向相反。(　　)

2. 感应电流的方向总是和感应电动势的方向相反。(　　)

3. 通过线圈中的磁通越大，产生的感应电动势就越大。(　　)

**二、填空题**

1. 楞次定律的内容是：________________________________。

2. 在电磁感应中，用__________定律判别感应电动势的方向，用__________定律计算感应电动势的大小，其表达式为__________________。

3. 如果在 1s 内，通过 1 匝线圈的磁通变化 1Wb，则单匝回路中的感应电动势为__________V，线圈共 20 匝，1s 内线圈的感应电动势为__________V。

三、计算

1. 矩形线圈平面垂直磁感应线，其面积为 $4\text{cm}^2$，共有 80 匝。若线圈在 0.025s 内从 $B=1.2\text{T}$ 的均匀磁场中移出，问线圈两端的感应电动势为多大？

2. 如图 3-6 所示，导体 $MN$ 在导电轨道 $CD$、$EF$ 上垂直磁场滑动。(1)试在图中标出感应电流的方向；(2)$M$ 端和 $N$ 端的电位哪端高？(3)若 $B=0.6\text{T}$，$v=10\text{m/s}$，$MN$ 的有效长度为 10cm，整个导电回路的等效电阻 $R=0.2\Omega$，则感应电流为多大？(4)磁场作用在导体上的电磁力为多大？方向如何？

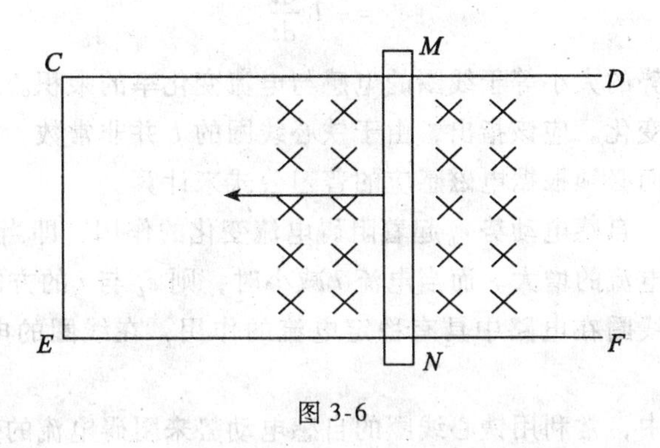


图 3-6

## 3.3 自感和自感电动势

我们从上一章已经知道，如果在线圈中通过电流，在线圈周围就会产生磁场。磁场的强弱和电流的大小成正比，电流愈大，磁场愈强。磁场的强弱跟随着电流的大小而变化。从这一章前面几节的讨论我们又知道，当穿过线圈的磁通量发生变化时，在线圈中要产生感应电动势，如果线圈是一个闭合回路，就会出现感应电流。

同样道理，当线圈中的电流大小发生变化时，由这个电流产生的穿过线圈的磁通量也要跟着变化。这个变动的磁通反过来又在线圈中引起感应电动势。这个感应电动势是由线圈本身所通过的电流变化而产生的，所以叫做自感电动势，用 $e_L$ 表示。

线圈中的自感电动势同样可以用电磁感应的普遍公式

$$e_L = N\left|\frac{\mathrm{d}\Phi}{\mathrm{d}t}\right|$$

来计算。但前面已经指出，自感电动势是由于通过线圈本身的电流发生变化而引起的，故找出 $e_L$ 与 $i$ 之间的关系，对以后分析研究交流电路具有很重要的意义。

为了找出 $e_L$ 与 $i$ 之间的关系，，可先分析 $\Phi$ 和 $i$ 之间的关系。如前所述，线圈中的磁通 $\Phi=\mu NiA/l$，若两边各乘以 $N$，则得 $N\Phi=\mu N^2 iA/l$。$N\Phi$ 表示线圈的磁通和它所铰链的匝数的乘积，称为线圈的磁通链，用 $\Psi$ 表示。对空心线圈而言，其磁通链和电流之比总是一常数，即

$$L=\frac{\Psi}{i}=\frac{\mu A}{l}N^2=\frac{N^2}{R_m} \tag{3.3.1}$$

式中 $L$ 称为线圈的自感系数或电感，它和线圈的匝数 $N^2$ 成正比，而和磁阻 $R_m$ 成反比。由于电感 $L$ 仅与线圈的几何形状以及磁导率有关，所以电感L是表征线圈本身结构的物理量。

电感的电位是亨利，简称亨(H)，较小的单位是毫亨(mH)，$1\text{mH}=10^{-3}\text{H}$。

把 $N\Phi = Li$ 的关系代入电磁感应的普遍公式，若线圈的芯子为非铁磁材料，则得

$$e_L = -\frac{\mathrm{d}N\Phi}{\mathrm{d}t} = -\frac{\mathrm{d}Li}{\mathrm{d}t}$$

即

$$e_L = -L\frac{\mathrm{d}i}{\mathrm{d}t} \tag{3.3.2}$$

上式表明，自感电动势的大小等于线圈的电感与电流变化率的乘积。式中的负号表明，自感电动势反抗电流的变化。应该指出，由于铁心线圈的 $L$ 并非常数，故不能用上述的公式来计算自感电动势，而必须根据电磁感应的普遍公式来计算。

由楞次定律可知，自感电动势 $e_L$ 起着阻碍电流变化的作用，即当电流 $i$ 增大时，$e_L$ 与 $i$ 的方向相反，以阻碍电流的增大。而当电流 $i$ 减小时，则 $e_L$ 与 $i$ 的方向相同，以阻碍电流的减小，因此，电感线圈在电路中具有稳定电流的作用，在线圈的电阻一定时，电感越大，稳流作用越强。

在有些电工设备中，常利用铁心线圈的自感电动势来阻碍电流的变化，以达到稳定电流的目的，如整流器中的扼流线圈即为一例。

综上所述，可得到如下结论：

(1)自感电动势 $e_L$ 是由于通过线圈本身的电流发生变化而引起的，它起阻碍电流变化的作用。

(2)当电感 $L$ 为常数时，自感电动势的大小等于电感 $L$ 和电流变化率的乘积。

## 【练习三】

**一、判断**

1. 自感电动势是由于线圈中流过恒定电流而引起的。(　　)

2. 自感电流的方向总是与外电流的方向相反。(　　)

**二、填空题**

1. 自感现象是________________的一种，它是由线圈本身__________而引起的。自感电动势用__________表示。

2. 自感系数用符号__________表示，它的单位是________________。

**三、计算**

1. 在电感为10mH的线圈中，要产生200V的自感电动势，问线圈中电流变化率为多大？

2. 有一电感为0.5H的线圈，如果在0.05s内电流由30A减少到15A，试求线圈中的自感电动势，并确定其方向。

3. 在 $L=0.8\text{mH}$ 的线性电感中通入一线性变换的电流。已知 $t=0$ 时的电流为零，

$t=5\mu s$时电流为2.5A，试求线圈产生的自感电动势的大小。

## 3.4 互感和互感电动势

我们可以通过如图3-7所示的实验来研究互感现象。线圈$A$和滑动变阻器RP、开关$S$串联起来以后接到电源$E$上。线圈$B$的两端分别和灵敏电流计的两个接线柱联接。当开关$S$闭合或断开时的瞬间，电流计的指针发生偏转，并且指针偏转的方向相反，说明电流方向相反。

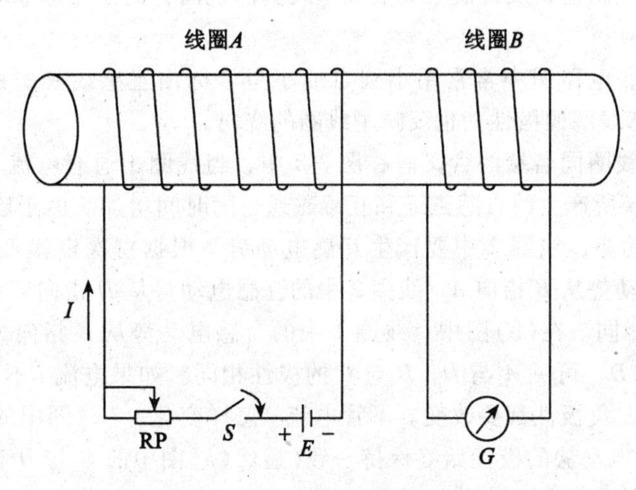


图3-7 互感实验电路

实验表明线圈$A$中的电流发生变化时，电流产生的磁场也要发生变化，通过线圈的磁通也要随之变化，其中必然要有一部分磁通通过线圈$B$，这部分磁通叫做互感磁通。互感磁通同样随着线圈$A$中电流的变化而变化，因此，线圈$B$中要产生感应电动势。同样，如果线圈$B$中的电流发生变化时，也会使线圈$A$中产生感应电动势。这种现象叫做互感现象，所产生的感应电动势叫做互感电动势，用$e_M$来表示。

$A$、$B$两线圈是通过磁通来联系的，这种联系叫做磁耦合。与电源相连接的线圈叫做原线圈(如线圈$A$)；与负载(如图中的灵敏电流计)相连接的线圈叫做副线圈(如线圈$B$)。各种变压器、互感器都是根据互感的原理制成的。互感现象也是一种电磁感应现象，不过引起线圈中互感电动势的磁通是由另外一个线圈中的电流产生的。

互感电动势的大小不仅与线圈$A$中的电流变化率的大小有关，而且还与两个线圈的结构以及它们之间的相对位置有关。理论和实验证明互感电动势的大小为

$$e_M = M\frac{\mathrm{d}i}{\mathrm{d}t} \tag{3.4.1}$$

式中：d$i$——线圈$A$中电流的变化量，单位是A。

d$t$——线圈$A$中电流变化了d$i$所用的时间，单位是s。

$M$——互感系数，简称互感，单位是H。由这两个线圈的几何形状、尺寸、匝数以

及它们之间的相对位置决定，与线圈中电流的大小无关。

$e_M$ ——互感电动势，单位是 V。

当两个线圈相互垂直时，互感电动势最小。当两个线圈相互平行，且第一个线圈的磁通变化全部影响到第二个线圈，这时也称为全耦合，互感电动势最大。

互感电动势的方向用楞次定律判定。

应用互感可以很方便地将能量或信号由一个线圈传递到另一个线圈，但两个或两个以上线圈彼此耦合时，常常需要知道互感电动势的极性。例如，电力变压器用规定好的字母标出原、副线圈间的极性关系。在知道线圈绕向的情况下，当然可以用楞次定律来判断，但对已经制造好的互感器，从外观上无法知道线圈的绕向，判断互感电动势的极性就困难了。

为了工作方便，电路图中常常用小圆点或小星号标出互感线圈的极性，称为“同名端”，它反映出互感线圈的极性，也反映了线圈的绕向。

下面说明互感线圈同名端的含义。在图 3-8 中，当线圈 1 通有电流 $i$，并且电流随着时间增加时，电流 $i$ 所产生的自感磁通和互感磁通也随时间增加。由于磁通的变化，线圈 1 中要产生自感电动势，线圈 2 中要产生互感电动势。根据楞次定律可知，在(a)图中，线圈 1 中的自感电动势从 $B$ 指向 $A$，线圈 2 中的互感电动势从 $D$ 指向 $C$。由此可见，$A$ 与 $C$，$B$ 与 $D$ 的极性相同。在(b)图中，线圈 1 中的自感电动势从 $B$ 指向 $A$，线圈 2 中的互感电动势从 $C$ 指向 $D$，可见 $A$ 与 $D$，$B$ 与 $C$ 的极性相同。如果电流 $i$ 不是增大而是减小，那么各个端点的正、负极性都要改变。不管电流 $i$ 怎样变化，(a)图中的 $A$ 与 $C$ 和(b)图中的 $A$ 与 $D$ 的感应电动势的极性始终保持一致(显然(a)图中的 $B$ 与 $D$ 和(b)图中的 $B$ 与 $C$ 的极性始终也保持一致)。此外，无论电流从哪个线圈的哪个端点流入，(a)图中的 $A$ 与 $C$，$B$ 与 $D$；(b)图中的 $A$ 与 $D$，$B$ 与 $C$ 的极性均保持一致。

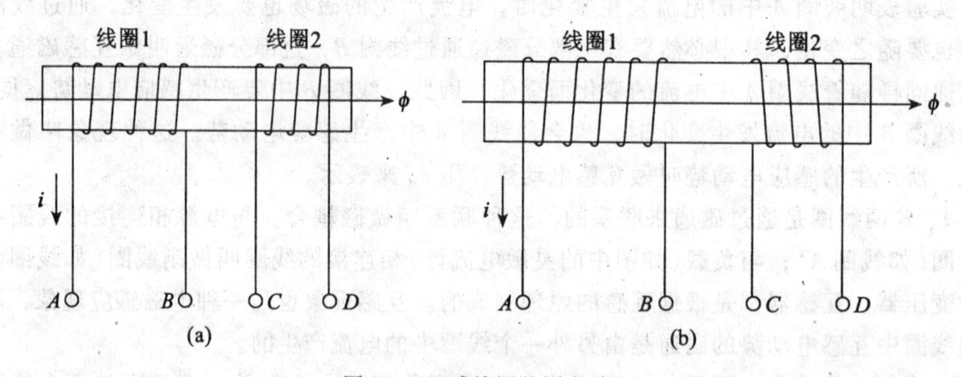


图 3-8 互感线圈的同名端

互感线圈由电流变化所产生的自感与互感电动势极性始终保持一致的端点，叫做同名端，反之叫做异名端。(a)图中的 $A$ 与 $C$，$B$ 与 $D$ 是同名端；$A$ 与 $D$，$B$ 与 $C$ 是异名端。

**【练习四】**

**一、填空题**

1. 由于一个线圈中的电流产生变化而在________________中产生电磁感应的现象叫互感现象。

2. 当两个线圈相互__________时，互感系数最大；当两个线圈相互__________时，互感系数最小。

**二、计算**

线圈 $A$ 与线圈 $B$ 之间的互感系数 $M$ 为 0.36H，如果线圈 $A$ 中的电流变化率为 5A/s，求线圈 $B$ 中的互感电动势。

# 本章小结

1. 产生感应电动势的条件是导线相对磁场运动而切割磁感应线，或者线圈中的磁通发生变化。

2. 直导体切割磁感应线产生的感应电动势的方向由右手定则来判断。其大小用公式 $e = Blv\sin\alpha$ 来计算。

3. 楞次定律：感应电流产生的磁场总是阻碍原磁通的变化。楞次定律是用来判断感应电动势的方向的。

4. 法拉第电磁感应定律：线圈中感应电动势的大小与磁通的变化率成正比。即

$$e = N\left|\frac{d\Phi}{dt}\right|$$

5. 由于线圈本身电流变化而引起的电磁感应叫自感。自感电动势的大小用公式 $e_L = -L\frac{di}{dt}$ 来计算。

6. 一个线圈中电流的变化而在另一个线圈中引起的电磁感应现象叫互感。互感电动势的大小用公式 $e_M = M\frac{di}{dt}$ 来计算。

# 第4章 电 容 器

电容器是电工和电子技术中的基本元件之一，它的用途非常广泛，如在电力系统中，利用它可以提高系统的功率因数；在电子技术中，利用它可以起到滤波、耦合、调谐、旁路和选频等作用；在机械加工工艺中，利用它可以进行电火花加工等。

## 4.1 电容器简介

### 4.1.1 电容器

电容器简称电容，是构成电路的基本元件之一，在电子产品和电气设备中有广泛的应用。

两个相互绝缘又靠得很近的导体就组成了一个电容器。这两个导体称为电容器的两个极板，中间的绝缘材料称为电容器的介质。如图 4-1 所示。

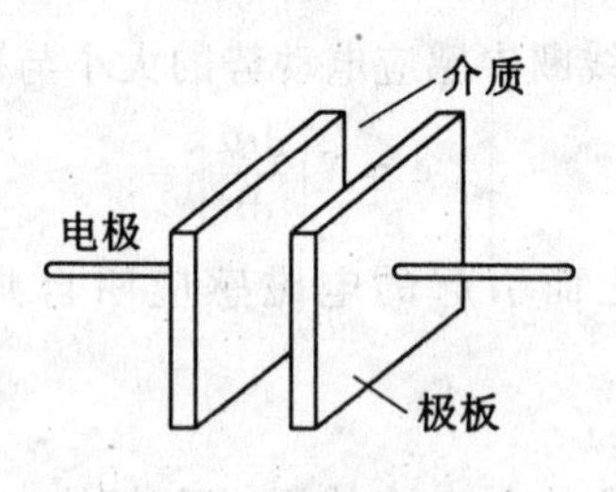


图 4-1 电容器的结构

电容器是储存和容纳电荷的装置，也是储存电场能量的装置。电容器每个极板上所储存的电荷的量叫电容器的电量。

将电容器两极板分别接到电源的正负极上，使电容器两极板分别带上等量异号电荷，这个过程叫电容器的充电过程。

电容器充电后，极板间有电场和电压。因此，电容器在储存了一定量电荷的同时也储存了电能。

充电后的电容器失去电荷的过程称为电容器的放电过程。用一根导线把电容器的两极接通，两极上的电荷相互中和，电容器就不带电了。电容器失去电荷的同时，也释放了它储存的电能。

由于电容器的两个极板之间是绝缘的，所以直流电不能通过电容器，电容器的这一特性称为“隔直”特性。

在电路中使用的电容器，切断电源后，电容器中仍有剩余电荷，因此，在检测电容器之前必须先将其放电，以免损坏测试设备，或对操作者造成电击。

电容器除人为制造的以外，还有在电路里和设备中自然形成的。例如两根架空导线和其间的空气就形成了线间的分布电容，一般情况下可以忽略不计，当输电线的电压很高和输电线距离很长时，就需考虑它的影响。又如变压器绕组的每匝间、绕组与地(壳)之间都会形成电容，在研究变压器的过电压时需要考虑它们的作用。还有在电子电路中，晶体管的电极之间，导线与机壳之间也存在电容，当电路频率很高时，它们的影响也是不容忽视的。

### 4.1.2 电容

电容器的基本性能是储存电荷并产生电场。电容器的储存电荷的能力如何表示呢？

如图 4-2 所示，如果将电容器的两个极板分别连接到直流电源正负极上，电容器的两极板间便有电压 $U$，在电场力的作用下，自由电子定向运动，使得 $A$ 板带有正电荷，$B$ 板带有等量的负电荷。电荷的移动直到两极板间的电压与电源电动势相等时为止。这样，在两个极板间的介质中建立了电场，电容器储存了一定量的电荷和电场能量。实验证明，对于某一电容器来说，当它的介质、几何尺寸确定后，电容器极板上所带的电量 $Q$ 增加或减少时，两极板间的电压 $U$ 也随之增加或减少，但 $Q$ 与 $U$ 的比值是一个恒量，不同的电容器，$Q/U$ 的值不同。由此可见，这个比值表征了电容器的特性，我们把电容器任一极板上的带电量与两极板之间的电压的比值称为电容量，简称电容，用 C 表示。即：

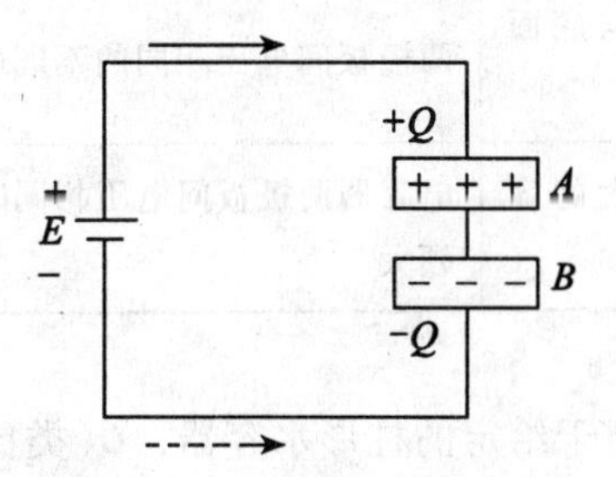


图 4-2　与电源相连的电容

$$C = \frac{Q}{U} \tag{4.1.1}$$

式中：$Q$——任一极板上的电量 C；

$U$——两极板间的电压 V；

$C$——电容量 F。

电容量在数值上等于电容器两极板间的电压为 1V 时，电容器所带的电荷量。电容量数值越大，表示电容器储存电荷的能力越大。电容器储存电荷的情形可以用直筒容器盛水的情形来类比。如图 4-3 所示。

对于底面积相同的容器来说，容器贮存的水量与贮水高度成正比(贮水高度越大，水

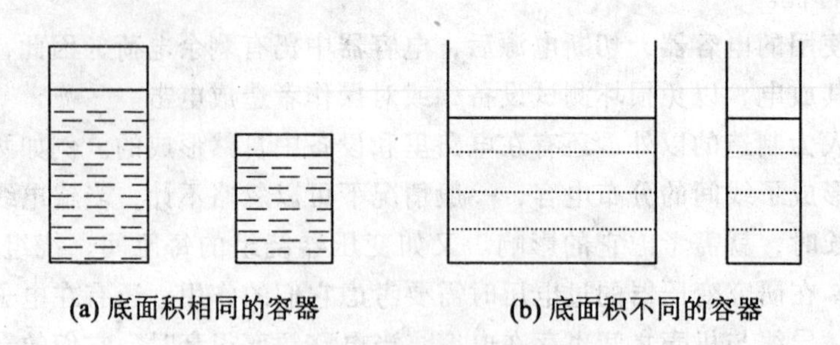

(a) 底面积相同的容器　　　　(b) 底面积不同的容器

图 4-3　不同容积的容器盛水

对底面积产生的压力越大）；对于底面积不同的容器来说，贮水高度相同时贮水量与底面积成正比，底面积大的容器贮水本领大。

容器的贮水量就相当于电容器的电容量，贮水高度对底面积的压力就相当于电容器极板间的电压，容器的贮水本领大小就相当于电容器的电容量。它们之间的关系如表 4-1 所示。

表 4-1　水容器与电容器的类比

| 种类 | 水容器 | 电容器 |
|---|---|---|
| 1 | 底面积相同的容器贮水量与贮水高度成正比 | 电容量完全相同的电容器的带电量与电容两极板间的电压成正比 |
| 2 | 贮水高度相同时贮水量与底面积成正比 | 两极板间电压相同的不同电容器带的电量不同 |
| 3 | 贮水高度相同时底面积大的容器贮水本领大 | 电容器两极板间电压相同时，带电量多的那个电容器贮电本领大 |

对于给定的电容器，相当于给定的柱形水容器，$C$(类比于横截面积)不变。随着电势差的变化，电量 $Q$ 也随之增大，对同一个电容器，$Q/U$ 是一个与电量、电势差无关的常量，对同一个电容器 $Q/U$ 一定，即

$$\frac{Q}{U}=\frac{2Q}{2U}=\frac{3Q}{3U}=\cdots$$

对不同的电容器，电势差增加 1 伏所需要增加的电量是不同的，也就是 $Q/U$ 是不同的常数，因此，我们认为 $Q/U$ 能够反映电容器储存电荷的能力。

电容反映了电容器储存电荷能力的大小，它只与电容本身的性质有关，与电容器所带的电量及电容器两极板间的电压无关。

电容的国际单位是法拉(F)，简称法，常用单位还有微法(μF)、皮法(pF)，它们之间的关系为

$$1\,\text{F}=10^{6}\,\mu\text{F}=10^{12}\,\text{pF}$$

【例 4-1】 将一个电容为 6.8 μF 的电容器接到电动势为 1000V 的直流电源上，充电结束后，求电容器极板上所带的电量。

解：根据 $C=\dfrac{Q}{U}$ 可得：

$$Q=CU=6.8\times10^{-6}\times1000=6.8\times10^{-3}\text{库仑}$$

### 4.1.3 平行板电容器的电容

平行板电容器是最常见的电容器。由两块平行靠近又相互绝缘的导体板(金属板)组成，它是最简单的电容器。其结构如图 4-4 所示。

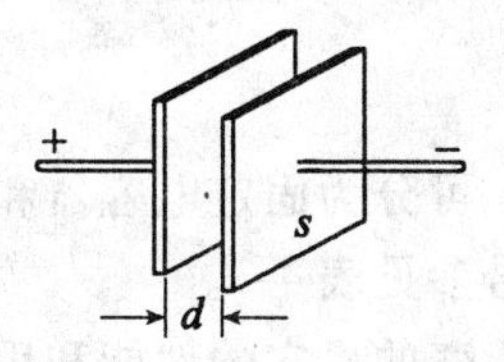


图 4-4 平行板电容器

由实验和理论推导可以得出：平行板电容器的电容 $C$，跟介电常数 $\varepsilon$ 成正比，跟两极板正对的面积 $S$ 成正比，跟极板间的距离 $d$ 成反比，即

$$C=\frac{\varepsilon S}{d} \tag{4.1.2}$$

式中，介电常数 $\varepsilon$ 由介质的性质决定，单位是 F/m。真空介电常数为

$$\varepsilon_0\approx8.86\times10^{-12}\text{F/m。}$$

某种介质的介电常数 $\varepsilon$ 与真空介电常数 $\varepsilon_0$之比，叫做该介质的相对介电常数，用 $\varepsilon_r$ 表示，即

$$\varepsilon_r=\varepsilon/\varepsilon_0$$

表 4-2 给出了几种常用介质的相对介电常数。

表 4-2 几种常用介质的相对介电常数

| 介质名称 | 相对介电常数 | 介质名称 | 相对介电常数 |
|---|---|---|---|
| 石英 | 4.2 | 聚苯乙烯 | 2.2 |
| 空气 | 1.0 | 三氧化二铝 | 8.5 |
| 硬橡胶 | 3.5 | 无线电瓷 | 6~6.5 |
| 酒精 | 35 | 超高频瓷 | 7~8.5 |
| 纯水 | 80 | 五氧化二钽 | 11.6 |
| 云母 | 7.0 | | |

【例 4-2】 有一真空电容器，其电容是 8.2 μF，将两极板间距离增大一倍后，其间充

满云母介质，求云母电容器的电容。

解：查表 4-2 可知云母的相对介电常数 $\varepsilon_r = 7$，则真空电容器的电容为

$$C_1 = \varepsilon_0 \frac{S}{d}$$

云母电容器的电容为

$$C_2 = \varepsilon_r \varepsilon_0 \frac{S}{2d}$$

比较两式可得

$$C_2 = \frac{\varepsilon_r}{2} C_1 = \frac{7}{2} \times 8.2 = 28.7\mu F$$

### 4.1.4 电容器的类型

电容器按其电容量是否可变，可分为固定电容器和可变电容器，可变电容器还包括半可变电容器，它们在电路中的符号参见表 4-3。

固定电容器的电容量是固定不变的，它的性能和用途与两极板间的介质有关。一般常用的介质有云母、陶瓷、金属氧化膜、纸介质、铝电解质等。

电解电容器是有正负极之分的，使用时不可将极性接反或接到交流电路中，否则会将电解电容器击穿。

表 4-3 电容器在电路中的符号

| 名称 | 电容器 | 电解电容器 | 半可变电容器 | 可变电容器 | 双连可变电容器 |
| --- | --- | --- | --- | --- | --- |
| 图形符号 | | + (有极性)<br>(无极性) | | | |

固定电容器的电容量是固定不变的，它的性能和用途与两极板间的介质有关。一般常用的介质有云母、陶瓷、金属氧化膜、纸介质、铝电解质等。

电解电容器是有正负极之分的，使用时不可将极性接反或接到交流电路中，否则会将电解电容器击穿。

电容量在一定范围内可调的电容器叫可变电容器。半可变电容器又叫微调电容。

常用的电容器如图 4-5 所示。

### 4.1.5 电容的主要参数

电容器种类繁多，不同种类电容器的性能、用途不同；同一类电容也有很多规格。要合理选择和使用电容器，必须对电容的种类和参数有充分的认识。

**1. 额定工作电压**

一般叫做耐压，它是指电容器长期正常工作时所能承受的最大电压。

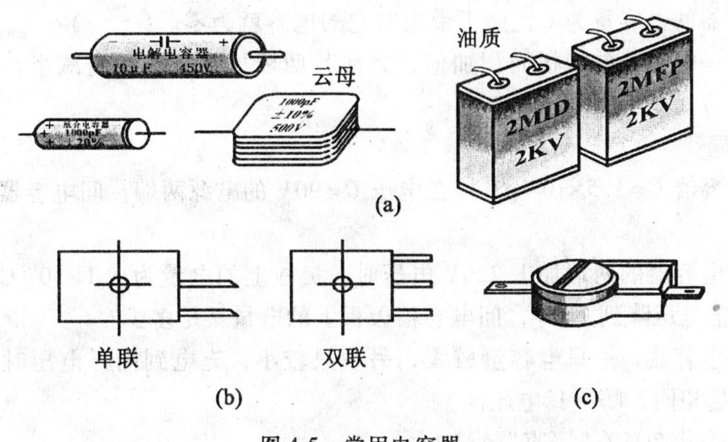


图 4-5 常用电容器

必须保证电容器的额定工作电压低于工作电压的最大值(交流电路，考虑交流电压的峰值)。

**2. 标称容量和允许误差**

电容器上所标明的电容量的值叫做标称容量。

批量生产中，不可避免的，实际电容值与标称电容值之间总是有一定误差。国家对不同的电容器，规定了不同的误差范围，在此范围之内误差叫做允许误差。

大多数电容器的电容量都直接标在电容器的表面上。瓷介电容器体积较小，往往只标数值不标单位。通常数值为几十、几百、几千时，单位均为 pF。如：3300 表示 3300pF，22 表示 22pF。

当数值小于 1 时，单位均为 μF。如：0.1 表示 0.1μF，0.047 表示 0.047μF。

还有一些瓷介电容器用第三位数字表示，前两位表示电容器的有效数字，最后一位数字表示有效数字后加多少个零，单位是 pF。如：102 表示 1000pF，331 表示 330pF。

**3. 介质损耗**

电容器的绝缘介质在交变电压的作用下产生的能量消耗，称为介质损耗。

**4. 绝缘电阻**

由于电容两极之间的介质并不是绝对不导电的。因此，它的电阻不是无限大，而是一个有限的数值，一般在千兆欧以上。电容两极之间的电阻叫做绝缘电阻，或者叫做漏电电阻。漏电电阻越小，漏电越严重。电容漏电会引起能量损耗，这种损耗不仅影响电容的寿命，而且会影响电路的工作。因此，漏电电阻越大越好。

## 【练习一】

**一、判断题**

1. 电容器的电容量要随它所带的电荷量的多少而发生变化。(　　)

2. 平行板电容器的电容量只跟极板的正对面积和极板之间的距离有关，而与其他因

素均无关。(　　)

3. 某电容器的电容量为 $C$，如不带电时它的电容就为零。(　　)

4. 如果把一电容器的极板面积加倍，并使其两极板之间的距离减半，则电容量将增大4倍。(　　)

二、综合题

1. 一个电容器 $C=1.5\times10^{-4}\ \mu F$ 接在电压 $U=90V$ 的电源两端，问电容器所带的电量是多少？

2. 在一个电容器的两端加上220V电压时，极板上的电量为 $1.1\times10^{-5}C$，求电容器的电容量。如果把电压降到110V，问电容器极板上的电量又是多少？

3. 有两只电容器，一只电容量较大，另一只较小，充电到同样电压时，哪一只带电多？如果带电量相同，哪一只电压高？

4. 电容器为什么具有"隔直"特性？

5. 电容器按其电容量是否可变？可分为哪几种？

6. 电容器的额定参数有哪些？

7. 有一真空电容器，其电容是 $8.2\ \mu F$，将两极板间距离增大一倍后，其间充满云母介质，求云母电容器的电容。

## 4.2 电容器的连接

### 4.2.1 电容器的串联

把几个电容器首尾相接连成一个无分支的电路，称为电容器的串联，如图4-6所示。

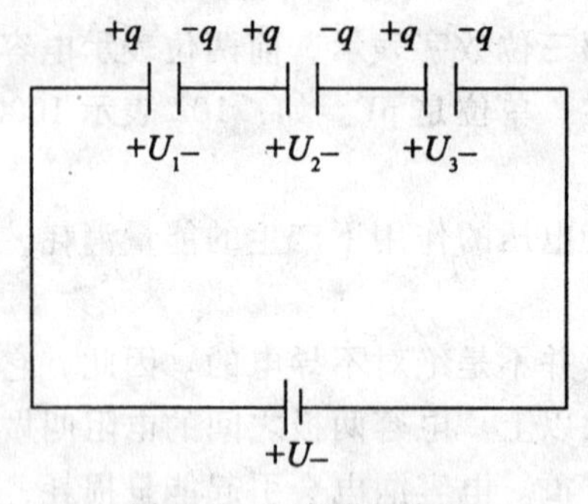


图4-6 电容器的串联

串联时每个极板上的电荷量都是 $q$。

设每个电容器的电容分别为 $C_1$、$C_2$、$C_3$，电压分别为 $U_1$、$U_2$、$U_3$，则

$$U_1=\frac{q}{C_1},\quad U_2=\frac{q}{C_2},\quad U_3=\frac{q}{C_3}$$

总电压 $U$ 等于各个电容器上的电压之和，所以

$$U = U_1 + U_2 + U_3 = q\left(\frac{1}{C_1} + \frac{1}{C_2} + \frac{1}{C_3}\right)$$

设串联总电容(等效电容)为 $C$，则由 $C = \frac{q}{U}$，可得

$$\frac{1}{C} = \frac{1}{C_1} + \frac{1}{C_2} + \frac{1}{C_3}$$

即：串联电容器总电容的倒数等于各电容器电容的倒数之和。

每个串联电容器实际分配的电压与其电容量成反比，即：容量大的分配的电压小，容量小的分配的电压大。若每个串联电容都相等，则每个电容器上分配的电压也相等。若有两只电容参与串联，每只电容器上分配的电压，可用以下公式计算：

$$U_1 = \frac{C_2}{C_1 + C_2}U \qquad U_2 = \frac{C_1}{C_1 + C_2}U$$

式中：$U$——总电压；

$U_1$——$C_1$上分配的电压；

$U_2$——$C_2$上分配的电压。

**【例 4-3】** 在图 4-6 中，$C_1 = C_2 = C_3 = C_0 = 200\ \mu F$，额定工作电压为 50V，电源电压 $U = 120V$，求这组串联电容器的等效电容是多大？每只电容器两端的电压是多大？在此电压下工作是否安全？

解：三只电容串联后的等效电容为

$$C = \frac{C_0}{3} = \frac{200}{3} \approx 66.67\mu F$$

每只电容器上所带的电荷量为

$$q = q_1 = q_2 = q_3 = CU = 66.67 \times 10^{-6} \times 120 \approx 8 \times 10^{-3} C$$

每只电容上的电压为

$$U_1 = U_2 = U_3 = \frac{q}{C} = \frac{8 \times 10^{-3}}{200 \times 10^{-6}} = 40V$$

电容器上的电压小于它的额定电压，因此电容在这种情况下工作是安全的。

**【例 4-4】** 现有两只电容器，其中一只电容器的电容为 $C_1 = 2\ \mu F$，额定工作电压为 160V，另一只电容器的电容为 $C_2 = 10\ \mu F$，额定工作电压为 250V，若将这两个电容器串联起来，接在 300V 的直流电源上，如图 4-7 所示，问每只电容器上的电压是多少？这样使用是否安全？

解：两只电容器串联后的等效电容为

$$C = \frac{C_1 C_2}{C_1 + C_2} = \frac{2 \times 10}{2 + 10} \approx 1.67\mu F$$

各电容的电容量为

$$q_1 = q_2 = CU = 1.67 \times 10^{-6} \times 300 \approx 5 \times 10^{-4} C$$

各电容器上的电压为

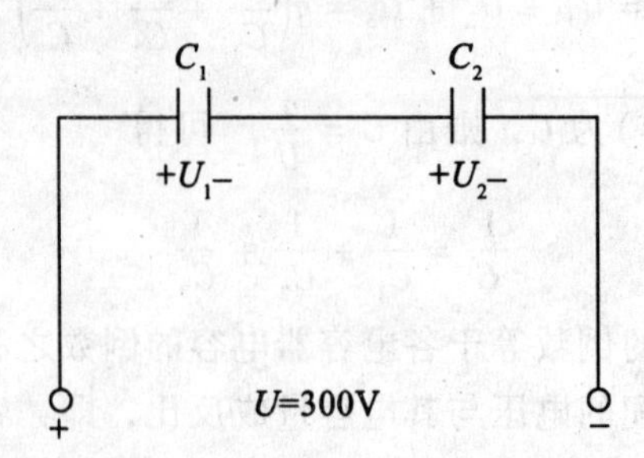


图 4-7　例题 4-4 图

$$U_1 = \frac{q_1}{C_1} = \frac{5 \times 10^{-4}}{2 \times 10^{-6}} = 250\text{V}$$

$$U_2 = \frac{q_2}{C_2} = \frac{5 \times 10^{-4}}{10 \times 10^{-6}} = 50\text{V}$$

由于电容器 $C_1$ 的额定电压是 160V，而实际加在它上面的电压是 250V，远大于它的额定电压，所以电容器 $C_1$ 可能会被击穿；当 $C_1$ 被击穿后，300V 的电压将全部加在 $C_2$ 上，这一电压也大于它的额定电压，因而也可能被击穿。由此可见，这样使用是不安全的。本题中，每个电容器允许充入的电荷量分别为

$$q_1 = 2 \times 10^{-6} \times 160 = 3.2 \times 10^{-4}\text{C}$$

$$q_2 = 10 \times 10^{-6} \times 250 = 2.5 \times 10^{-3}\text{C}$$

为了使 $C_1$ 上的电荷量不超过 $3.2 \times 10^{-4}$C，外加总电压应不超过

$$U = \frac{3.2 \times 10^{-4}}{1.67 \times 10^{-6}} \approx 192\text{V}$$

电容值不等的电容器串联使用时，每个电容上分配的电压与其电容成反比。

### 4.2.2　电容器的并联

如图 4-8 所示，把几个电容器的一端连在一起，另一端也连在一起的连接方式，叫电容器的并联。

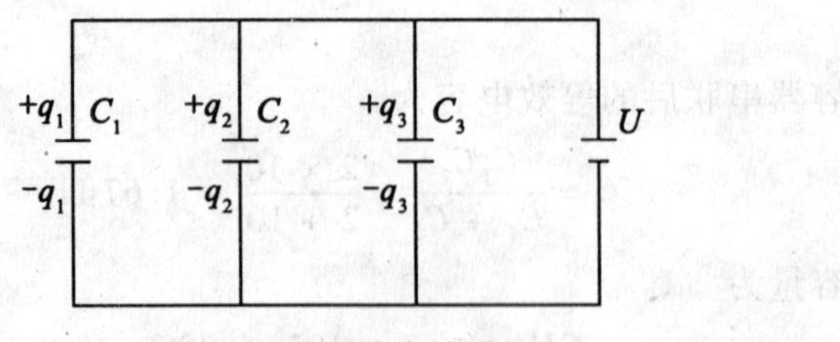


图 4-8　电容器的并联

电容器并联时，加在每个电容器上的电压都相等。

设电容器的电容分别为 $C_1$、$C_2$、$C_3$，所带的电量分别为 $q_1$、$q_2$、$q_3$，则

$$q_1 = C_1U,\ \ q_2 = C_2U,\ \ q_3 = C_3U$$

电容器组储存的总电量 $q$ 等于各个电容器所带电量之和，即

$$q_1 + q_2 + q_3 = (C_1 + C_2 + C_3)U$$

设并联电容器的总电容(等效电容)为 $C$，由

$$q = CU$$

得

$$C = C_1 + C_2 + C_3$$

即并联电容器的总电容等于各个电容器的电容之和。

由此可见，电容器并联时总容量增大了。并联电容器的数目越多，其等效电容越大。应当注意，并联时每个电容器直接承受外加电压，因此，工程上每只电容器的耐压都必须大于外加电压。

**【例 4-5】** 电容器 A 的电容为 10 μF，充电后电压为 30V，电容器 B 的电容为 20 μF，充电后电压为 15V，把它们并联在一起，其电压是多少？

解：电容器 A、B 连接前的带电量分别为

$$q_1 = C_1U_1 = 10 \times 10^{-6} \times 30 = 3 \times 10^{-4}\text{C}$$

$$q_2 = C_2U_2 = 20 \times 10^{-6} \times 15 = 3 \times 10^{-4}\text{C}$$

它们的总电荷量为

$$q = q_1 + q_2 = 6 \times 10^{-4}\text{C}$$

并联后的总电容为

$$C = C_1 + C_2 = 3 \times 10^{-5}\mu\text{F}$$

连接后的共同电压为

$$U = \frac{q}{C} = \frac{6 \times 10^{-4}}{3 \times 10^{-5}} = 20\text{V}$$

### 4.2.3 电容的混联

实际应用中，既有电容器的串联，又有电容器的并联，把这种连接方式称为电容器的混联。然而不管混联的形式如何，始终依据串、并联电容的特点解决问题。

**【例 4-6】** 已知有 $C_1 = C_4 = 0.2\mu\text{F}$，$C_2 = C_3 = 0.6\mu\text{F}$ 的四个电容器，其连接如图 4-9 所示。分别求 S 断开和接通时的 $C_{ab}$。

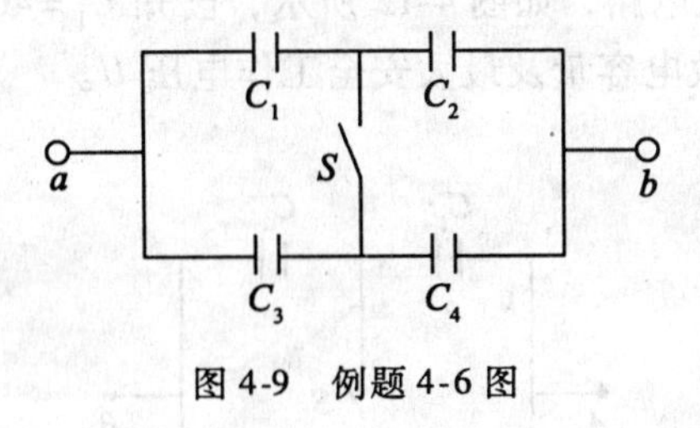


图 4-9 例题 4-6 图

解：(1) $S$ 断开时，$C_1$ 与 $C_2$ 串联，$C_3$ 与 $C_4$ 串联，它们串联后的等效电容分别为：

$$C_{12}=\frac{C_1C_2}{C_1+C_2}=\frac{0.2\times0.6}{0.2+0.6}=0.15\mu F$$

$$C_{34}=\frac{C_3C_4}{C_3+C_4}=\frac{0.2\times0.6}{0.2+0.6}=0.15\mu F$$

$C_{12}$与$C_{34}$并联，总的等效电容为：

$$C_{ab}=C_{12}+C_{34}=0.15+0.15=0.3\mu F$$

(2)S闭合时，C1与C3并联，C2与C4并联，它们并联后的等效电容为：

$$C_{13}=C_1+C_3=0.2+0.6=0.8\mu F$$

$$C_{24}=C_2+C_4=0.2+0.6=0.8\mu F$$

$C_{13}$与$C_{24}$串联，总的等效电容为：

$$C_{ab}=\frac{1}{\frac{1}{C_{13}}+\frac{1}{C_{24}}}=\frac{1}{\frac{1}{0.8}+\frac{1}{0.8}}=0.4\mu F$$

## 【练习二】

### 一、判断题

1. 几个电容串联后，接在直流电源上，那么各个电容器所带的电荷量均相等。(　　)

2. 将“10μF、50V”和“5μF、50V”的两个电容串联，那么电容器组的额定工作电压应为100V。(　　)

3. 将“10μF、50V”和“5μF、50V”的两个电容并联，那么电容器组的额定工作电压应为50V。(　　)

### 二、计算题

1. 如图4-10所示，$C_1=5\mu F$，$C_2=10\mu F$，$C_3=30\mu F$，$C_4=15\mu F$，求$A$、$B$间的等效电容。

2. 四个电容器的电容量分别为$C_1=C_4=0.4\mu F$，$C_2=C_3=0.6\mu F$，连接如图4-11所示，试分别求开关$S$打开时、开关$S$闭合时$A$、$B$两点间的等效电容。

3. 有两个电容器，一个电容器为10μF、450V，另一个为50μF、300V。现将它们串联后接到600V直流电路中，问这样使用是否安全？为什么？

4. 三个电容器接成混联电路，如图4-12所示，已知$C_1=40\mu F$，$C_2=C_3=20\mu F$，它们的耐压都是100V，试求等效电容量及最大安全工作电压$U$。

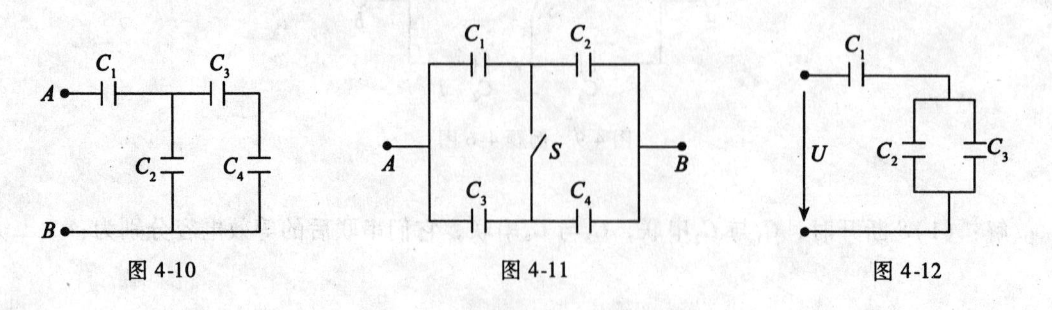


图4-10　　图4-11　　图4-12

5. 某设备中需要一个 6000μF、50V 的电容器。而现有若干个 2000μF、50V 的电容器。根据现有条件，应采用何种方法才能满足要求？

6. 有两个金属膜电容器，其中一个电容为 0.25μF、250V，另一个电容为 0.5μF、300V，试求它们串联后的总耐压值。若将它们并联后，总耐压值又是多少？

## 4.3 电容器的充电和放电

### 4.3.1 电容器的充电

如图 4-13(a)所示为电容器充放电实验电路，图中 E 为直流电源，$PA_1$ 和 $PA_2$ 为直流电流表，PV 是直流电压表，S 为单刀双掷开关，HL 为灯泡。

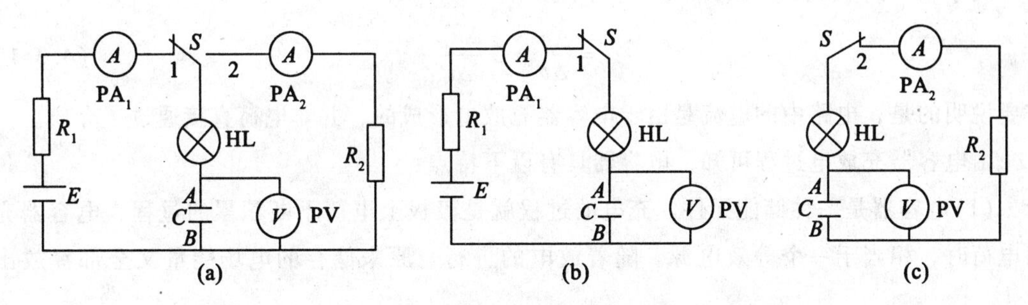


图 4-13　电容器充放电实验电路

实验前电容器上没有电荷，当开关置于“1”时，构成充电电路，如图 4-13(b)所示，此时电源向电容器充电。开始时灯泡较亮，然后逐渐变暗，说明电路中电流在变化，从电流表 $PA_1$ 可观察到充电电流由大逐渐减小到零；而从电压表 PV 观察到电容器上的电压 $U_C$ 由小到大的变化。经过短短一段时间，$PA_1$ 指针回到零位，电压表的指示值上升至电源电压，即 $U_C \approx E$。

为什么电容器在充电过程中，电流会由最大降到零，而电容器上的电压却由零逐渐增大，并经过一段时间，近似等于电源电压呢？这是因为，当开关 $S$ 置于“1”的瞬间，由于电容器 $A$ 极板电位为零，它与电源正极间存在着较大的电位差(等于电源电压)。所以，开始充电电流最大，灯泡最亮。随着充电的进行，电容器上的电压逐渐上升，与电源正极间的电位差随之减少，充电电流也就越来越小。当电容器 $A$ 极板与电源正极的电位相等时，充电电流为零，充电即告结束，此时电容器电压 $U_C \approx E$。

### 4.3.2 电容器的放电

当电容器充电结束后，电容器上建立了电压 $U_C$，并且等于 $E$。此时，将开关 $S$ 置于“2”，就构成了电容器的放电电路，如图 4-13(c)所示。现在的电容器可看成一个等效电源，并通过电阻 $R_2$ 放电。

从电流表 $PA_2$ 观察到，电路中有电流流过，而且由大逐渐减小直至为零，灯泡 HL 逐渐由亮变暗，最后熄灭。由电压表 PV 观察到，电容器上的电压也逐渐下降，经过一段时间后下降到零，表示放电结束。

产生这种现象是因为放电时在电容器两极板间电场力的作用下，$B$ 极板的负电荷不断移出并与 $A$ 极板的正电荷不断中和。因此，电容器上的电压随着放电而下降，直至两极板上电荷完全中和，$U_C$为零。这时，电容器充电时储存的电荷完全消失。

### 4.3.3 电容器充放电电流

充放电过程中，电容器极板上储存的电荷发生了变化，电路中有电流产生。其电流大小为

$$i = \frac{\Delta q}{\Delta t}$$

由 $q = Cu_C$， 可得 $\Delta q = C\Delta u_C$。所以

$$i = \frac{\Delta q}{\Delta t} = C\frac{\Delta u_C}{\Delta t} \tag{4.3.1}$$

需要说明的是，电路中的电流是由于电容器充放电形成的，并非电荷直接通过了介质。

由电容器充放电过程可知，电容器具有以下特点：

(1)电容器是一种储能元件。充电的过程就是极板上电荷不断积累的过程，电容器充满电荷时，相当于一个等效电源。随着放电的进行，原来储存的电场能量又全部释放出来。

(2)电容器能够隔直流、通交流。电容器接通直流电源时，仅仅在刚接通的短暂时间内发生充电过程，$i_C = C\frac{\Delta u_C}{\Delta t} = 0$ 即只有短暂的电流。充电结束后，$U_C \approx E$，电路电流为零，电路处于开路状态，这就是电容器具有的隔直流作用，通常把这一作用简称“隔直”。

当电容器接通交流电源时，由于交流电的大小和方向不断交替变化，致使电容器反复进行充、放电，其结果在电路中出现连续的交流电流，这就是电容器具有的通过交流电的作用，简称“通交”。但必须指出，这里所指的交流电是电容器反复充、放电而形成的，并非电荷能够直接通过电容器的介质。

### 4.3.4 电容器质量的判别

利用电容器的充放电作用，可用万用表的电阻挡来判别较大容量电容器的质量。

将万用表的表棒分别与电容器的两端接触，若指针偏转后又很快回到接近于起始位置的地方，则说明电容器的质量很好，漏电很小；若指针回不到起始位置，停在标度盘某处，说明电容器漏电严重，这时指针所指处的电阻数值即表示该电容的漏电阻值；若指针偏转到零欧位置后不再回去，说明电容器内部短路；若指针根本不偏转，则说明电容器内部可能断路。

**【练习三】**

**一、填空**

1. 电容器和电阻器都是电路中的基本元件，但它们在电路中的作用却是不同的。从能量上看，电容器是一种__________元件，而电阻器则是__________元件。

2. 电容器充电的过程中，电容两个极板上的电压__________变化，充电电流________________变化，电容器的电容量__________变化。

**二、综合题**

1. 在电容器充、放电的过程中，为什么电路里会出现电流？这个电流和电容器的端电压有没有关系？

2. 在电容器充电电路中，已知电容 $C=1\mu F$，在时间间隔为 0.01s 内，电容器上的电压从 2V 升高到 12V，在这段时间内电容器的充电电流为多少？如果在时间间隔 0.1s 内，电容器上电压升高 10V，则充电电流又为多少？

## 4.4 电容器中的电场能量

### 4.4.1 电容器中的电场能量

上面提到，断电后电容器可使小灯泡发光，说明电容器在释放能量。实际上当电容器充电时，两个极板上的正、负电荷不断积累，两极板间就形成了电场，电容器在储存了电荷的同时也储存了能量。

电容器充电时，极板上的电荷量 $q$ 逐渐增加，两板间电压 $u_C$ 也在逐渐增加，电压与电荷量成正比，即 $q=Cu_C$，如图 4-14 所示。

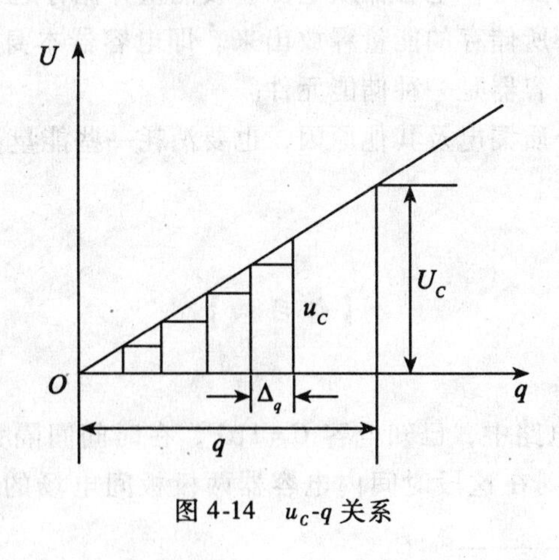


图 4-14 $u_C$-$q$ 关系

把充入电容器的总电量 $q$ 分成许多小等分，每一等分的电荷量为 $\Delta q$ 表示在某个很短

的时间内电容器极板上增加的电量，在这段时间内，可认为电容器两端的电压为 $u_C$，此时电源运送电荷做功为

$$\Delta W_C = u_C \Delta q$$

即为这段时间内电容器所储存的能量增加的数值。

当充电结束时，电容器两极板间的电压达到稳定值 $U_C$，此时，电容器所储存的电场能量应为整个充电过程中电源运送电荷所做的功之和，即把图中每一小段所做的功都加起来。利用积分的方法可得。

理论分析和实验证明，充电电容器中储存的电场能可用下式表示：

$$W_C = \frac{1}{2}qU_C = \frac{1}{2}CU_C^2 \tag{4.4.1}$$

式中：$W_C$——电容器中储存的电场能 J；

$C$——电容器中的电容 F；

$U_C$——电容器两极板间的电压 V；

$Q$——电荷量 C。

上式说明，电容器中储存的电场能量与电容器的电容成正比，所以电容反映了电容器储存电场能量的能力。

当电容器充电，电容器两端电压增加时，电容器便从电源吸收能量并储存起来，而当电容器放电，两端电压降低时，它便把原来储存的电场能量释放出来。可见电容器只与电源进行能量的转换，它本身并不消耗能量，所以说电容器是一种储能元件。

电容器两端电压的变化，反映了电容器中电场能量的变化。电容器中电场能量的积累和释放都是一个逐渐变化的过程，它只能从一种稳定状态逐渐变化到另一种稳定状态。因此，电容器两端的电压绝不会发生突变，也只能是一个逐渐变化的过程。

### 4.4.2　电容器在电路中的作用

当电容器两端电压增加时，电容器从电源吸收能量并储存起来；当电容器两端电压降低时，电容器便把它原来所储存的能量释放出来。即电容器本身只与电源进行能量交换，而并不损耗能量，因此电容器是一种储能元件。

实际的电容器由于介质漏电及其他原因，也要消耗一些能量，使电容器发热，这种能量消耗称为电容器的损耗。

## 【练习四】

**一、填空题**

1. 在电容器充电的电路中，已知电容 $C=1\mu F$，在时间间隔为 0.01s 内，电容器上的电压从 2V 上升到 12V，则在这段时间内电容器两极板间电场的能量增加了__________，电容器的充电电流为__________。

2. 电容器中的电场能量与__________和__________有关。

## 二、计算题

1. 一个电容为 100μF 的电容器，接到电压为 100 伏的电源上，充电结束后，电容器极板上所带的电荷量为多少？电容器储存的能量为多少？

2. 一个电容为 10μF 的电容器，当它的极板上带了 $36\times10^{-6}$ 库仑电荷量时，电容器两极板间的电压是多少？电容器储存的电场能量为多少？

# 本 章 小 结

## 一、电容器

1. 任何两个相互靠近有彼此绝缘的导体，都可看成是一个电容器。

2. 平行板电容器是最简单的电容器，由两块相互绝缘，彼此靠得很近的平行金属板组成。

3. 电容器是储能元件。充电时把能量储存起来，放电时把储存的能量释放出去。储存在电容器中的电场能量为

$$W_C = \frac{1}{2}qU_C = \frac{1}{2}CU_C^2$$

若电容器极板上所储存的电荷量不变，则电路中没有电流流过；当电容器极板上的所带的电量发生变化时，电路中就有电流流过，其电流大小为

$$i = \frac{\Delta q}{\Delta t} = C\frac{\Delta u_C}{\Delta t}$$

4. 加在电容器两端的电压不能超过它的额定电压，否则电容器将有可能被击穿。

## 二、电容

1. 电容器所带的电量与它的两极板间的电压的比值，称为电容器的电容。

$$C = \frac{Q}{U}$$

2. 电容是电容器的固有特性，外界条件变化、电容器是否带电或带电多少都不会使电容改变。平行板电容器的电容是由两极板的正对面积、极板间距离以及两板间的介质所决定的。即

$$C = \frac{\varepsilon S}{d} = \varepsilon_r\varepsilon_0\frac{S}{d}$$

3. 电容反映了电容器储存电荷的能力。

## 三、电容器的连接

1. 电容器的连接方法有串联、并联和混联三种。

2. 电容器串联的特点为：

(1) 总电压等于各电容上电压之和，即 $U=U_1+U_2+U_3$。

(2) 每个电容器都带有相等的电荷量，即 $Q=Q_1=Q_2=Q_3$。

(3) 总电容的倒数等于各电容器电容的倒数之和，即 $\frac{1}{C}=\frac{1}{C_1}+\frac{1}{C_2}+\frac{1}{C_3}$。

(4) 各电容器上的电压与它的电容成反比。

3. 电容器并联的特点为：

(1)加在各电容上的电压相等，即 $U=U_1=U_2=U_3$。

(2)总电荷量等于各电容所带电荷量之和，即 $Q=Q_1+Q_2+Q_3$。

(3)总电容等于各电容器电容之和，即 $C=C_1+C_2+C_3$。

# 第5章　交　流　电

## 5.1　概　　述

大小和方向都随时间作周期性变化的电动势、电压和电流分别称为交变电动势、交变电压和交变电流，统称为交流电，在交流电作用下的电路称为交流电路。

交流电有极广泛的应用，这是与它具有许多优点分不开的。例如，可以利用变压器把某一数值的交流电压变化成同频率的另一数值的交流电压。这样就解决了高压输电和低压配电之间的矛盾。现代发电厂发出的电能基本都是交流的，所以在照明、动力、电热等方面的绝大多数设备都是取用交流电，即使某些需要直流电的工业，如电镀、电解等，也是采用整流设备把交流电转换成直流电的。

直流电和交流电的基本区别在于，直流电的方向不随时间而变化，交流电的大小和方向则是随着时间不断变化的。因此，牢固地建立有关交流电路的基本概念，是非常重要的。由于交流电流(以及交流电压和交流电动势)的大小和方向都随着时间不断变化，所以建立电路的分析计算要比直流电路复杂得多，千万不要轻易地把直流电路中的规律套用在交流电路中。交流电路的计算和分析我们将在以后各章中详细讨论。

在这一章中，我们将讨论正弦交流电的产生以及正弦交流电的特点，作为分析正弦交流电路的基础。

图 5-1 是几个交流电的波形图。如果交流电的变化是按正弦规律变化的，我们就把这样的交流电称为正弦交流电。

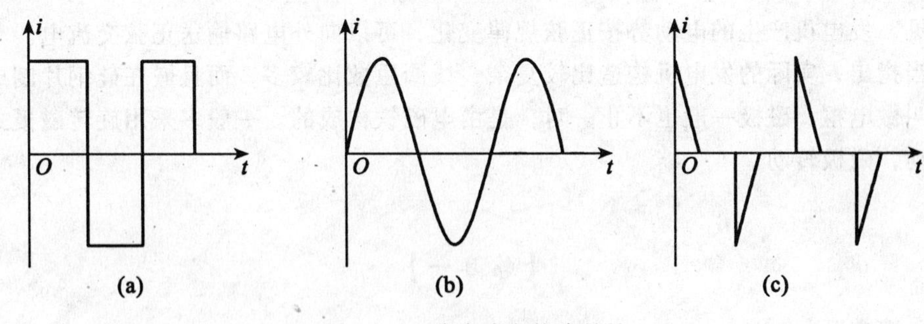


图 5-1　几个交流电的波形图

正弦交变电动势通常是由交流发电机产生的。图 5-2 是最简单的交流发电机的原理示意图，可用来说明交流发电机工作的基本原理。

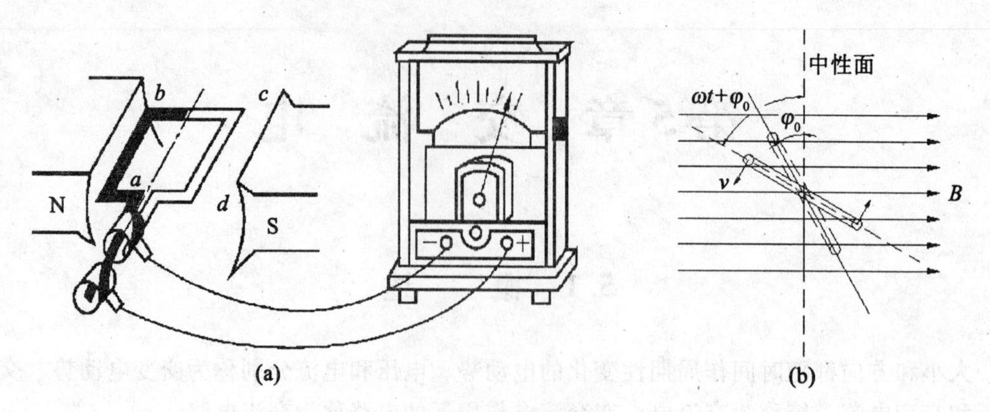


图 5-2　交流发电机的原理示意图

在图 5-2(a)中，将一个可以绕固定转动轴转动的单匝线圈 $abcd$ 放置在均匀磁场中，为了避免在线圈转动过程中，两根引出的导线扭绞到一起，把线圈的两根引线分别接到与线圈一起转动的两个铜环上，铜环通过电刷与外电路联接。当线圈 $abcd$ 在外力作用下，在均匀磁场中以角速度 $\omega$ 匀速转动时，线圈的 $ad$ 边和 $bc$ 边做切割磁感应线运动，线圈中产生感应电动势。如果外电路是闭合的，闭合回路中将产生感应电流。

如图 5-2(b)所示的是转动线圈的截面图。线圈 $abcd$ 以角速度 $\omega$ 逆时针匀速转动。设在起始时刻，线圈平面与中性面的夹角为 $\varphi_0$，$t$ 时刻线圈平面与中性面夹角为 $\omega t+\varphi_0$。从图中可以看出，$cd$ 边运动速度 $v$ 与磁感应线方向的夹角也是 $\omega t+\varphi_0$，设 $cd$ 边的长度为 $L$，磁场的磁感应强度为 $B$，则由于 $cd$ 边作切割磁感应线运动所产生的感应电动势为

$$e_{cd}=BLv\sin(\omega t+\varphi_0)$$

同样的道理，$ab$ 边产生的感应电动势为

$$e_{ab}=BLv\sin(\omega t+\varphi_0)$$

由于这两个感应电动势是串联的，所以整个线圈产生的感应电动势为

$$e=e_{ab}+e_{cd}=2BLv\sin(\omega t+\varphi_0)=E_m\sin(\omega t+\varphi_0)$$

可见，发电机产生的电动势按正弦规律变化，可以向外电路输送正弦交流电。

应当指出，实际的发电机构造比较复杂，线圈匝数比较多，而且嵌在硅钢片制成的铁心上，叫做电枢；磁极一般也不止一对，是由电磁铁构成的。一般多采用旋转磁极式，即电枢不动，磁极转动。

## 【练习一】

**一、填空题。**

1. 交流电与直流电的区别在于________________。

2. 直流电的方向________________的变化而变化；交流电的方向____________的变化而变化。

## 5.2　正弦交流电的基本概念

### 5.2.1　正弦交流电的周期、频率和角频率

**1. 周期**

交流电每重复变化一次所需要的时间称为周期，用符号 $T$ 表示，单位是秒。

**2. 频率**

交流电在单位时间内(1s)完成周期性变化的次数，叫做频率。用字母 $f$ 表示，单位是赫兹，符号是 Hz。频率常用的单位还有千赫(kHz)和兆赫(MHz)。

$$1\text{kHz} = 10^3\text{Hz}$$

$$1\text{MHz} = 10^6\text{Hz}$$

如果交流电的频率是 50Hz，即每秒钟做 50 次周期性变化，那么完成一次周期性变化所用的时间是$\frac{1}{50}$s，所以周期是$\frac{1}{50}$s。显然，周期和频率之间有倒数关系，即

$$T = \frac{1}{f} \tag{5.2.1}$$

我国发电厂发出交流电的频率都是 50Hz，习惯上称为“工频”。

**3. 角频率**

在仅有一对磁极的情况下，线圈转动一周，线圈中的感应电动势也变化一周，也就是电动势的电角度变化了 $2\pi$ 弧度。正弦交流电每秒内变化的电角度称为角频率，用符号 $\omega$ 表示，单位是弧度每秒，符号是 rad/s。角频率与周期、频率有如下关系：

$$\omega = 2\pi f = \frac{2\pi}{T} \tag{5.2.2}$$

引入角频率 $\omega$ 后，相应正弦交流电波形的横坐标也就用 $\omega t$ 表示。

### 5.2.2　正弦交流电的瞬时值、最大值和有效值

**1. 瞬时值**

因为正弦交流电的大小时时刻刻都在变化，我们把正弦交流电在某一瞬间的数值称为瞬时值，规定用小写字母来表示，例如 $i$、$u$、$e$ 分别表示交变电流、电压、电动势的瞬时值。

**2. 最大值**

正弦交流电在一个周期内所能达到的最大瞬时值称为最大值(又称峰值、幅值)。分别用 $I_m$、$U_m$、$E_m$ 来表示。

**3. 有效值**

因为交流电的大小是随时间变化的，所以在研究交流电时，采用最大值就不够方便，通常用有效值来表示。交流电的有效值是根据其热效应来确定的。

若把一交变电流 $i$ 和一直流 $I$ 分别通过两个阻值相同的电阻 $R$，如果在一个周期内，

它们各自在电阻上产生的热量彼此相等，则此直流值叫做该交变电流的有效值。因此，交变电流的有效值实际上就是在热效应方面同它相当的直流值。

直流 $I$ 通过电阻 $R$，在时间 $T$ 内所产生的热量为

$$Q_{DC} = RI^2 T$$

而交变电流 $i$ 时刻在改变，设在无限短的时间 $dt$ 内电流的变动极小，可以近似认为不变。因此，交变电流 $i$ 通过电阻 $R$，在时间 $dt$ 内所产生的热量为

$$dQ_{AC} = Ri^2 dt$$

一个周期内所产生的热量为

$$Q_{AC} = \int_0^T dQ_{AC} \int_0^T Ri^2 dt$$

当 $Q_{DC} = Q_{AC}$ 时，得

$$RI^2 T = R\int_0^T i^2 dt$$

故交变电流的有效值为

$$I = \sqrt{\frac{1}{T}\int_0^T i^2 dt}$$

把 $i = I_m \sin\omega t$ 代入上式，即得

$$I = \sqrt{\frac{I_m^2}{T}\int_0^T \sin^2\omega t dt}$$

因为 $$\int_0^T \sin^2\omega t dt = \int_0^T \frac{1-\cos 2\omega t}{2} dt = \int_0^T \frac{1}{2} dt - \int_0^T \frac{\cos 2\omega t}{2} dt = \frac{T}{2} - 0 = \frac{T}{2}$$

所以 $$I = \sqrt{\frac{I_m^2}{T}\frac{T}{2}} = \frac{I_m}{\sqrt{2}}$$

由此可见，正弦交变电流的有效值等于最大值的 $\frac{1}{\sqrt{2}}$ 倍。对于正弦电动势、正弦电压也可类似地分别推出它们的有效值与最大值之间的关系为

$$I = \frac{I_m}{\sqrt{2}}、E = \frac{E_m}{\sqrt{2}}、U = \frac{U_m}{\sqrt{2}} \tag{5.2.3}$$

在交流电路中，通常都是计算其有效值。电机、电器等的额定电流、额定电压也都用有效值来表示。交流伏特表和安培表的刻度也都是有效值来表示的。

### 5.2.3 正弦交流电的相位与相位差

如果有两个正弦电动势，尽管他们的频率相等，最大值也一样，但由于交变的起点不同，则它们在各个瞬间的数值和变化步调也不一致，如图 5-3 所示。但交变起点的先后是由其相位来决定的。

由公式 $e = E_m\sin(\omega t + \varphi_0)$ 中可知，电动势的瞬时值 $e$ 是由最大值 $E_m$ 和正弦函数 $\sin(\omega t + \varphi_0)$ 共同决定的。$T$ 时刻线圈平面与中性面的夹角为 $(\omega t + \varphi_0)$ 叫交流电的相位。因为 $(\omega t + \varphi_0)$ 里含有时间 $t$，所以相位是随时间变化的量。当 $t=0$ 时，相位 $\alpha = \varphi_0$，$\varphi_0$

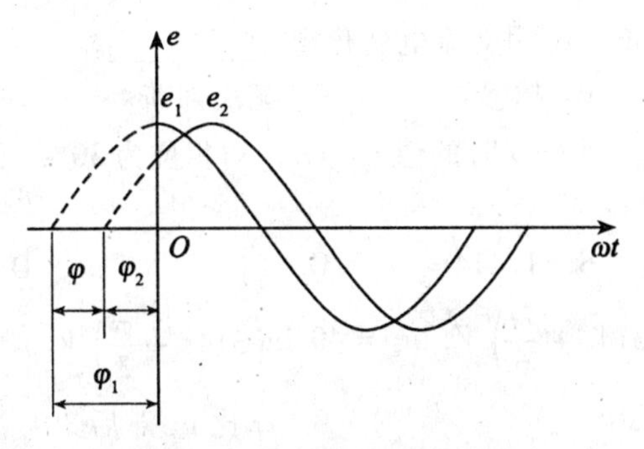


图 5-3　两个相位不同的电动势

叫做初相位，它反映了正弦交流电起始时刻的状态。

初相的大小和时间起点的选择有关，习惯上初相位的绝对值用小于 $\pi$ 的角表示，凡大于 $\pi$ 弧度的正角就改用负角表示，例如 240° 改用 −120°；同理，绝对值大于 $\pi$ 弧度的负角就改用正角表示。

两个同频率交流电的相位之差叫做相位差，用 $\varphi$ 表示，即

$$\varphi=(\omega t+\varphi_1)-(\omega t+\varphi_2)=\varphi_1-\varphi_2 \tag{5.2.4}$$

由此可见，两个同频率交流电的相位差就等于它们的初相之差。当 $\varphi_1-\varphi_2>0$，即 $e_1$ 的初相大于 $e_2$ 的初相时，$e_1$ 的变化比 $e_2$ 领先，这种情况叫做 $e_1$ 的相位超前于 $e_2$，或 $e_2$ 的相位滞后于 $e_1$。如果 $\varphi_1-\varphi_2=0$，则 $e_1$ 与 $e_2$ 同时到达正的最大值或零值或负的最大值等，这种情况叫做 $e_1$ 与 $e_2$ 同相位。可见，两个同频率的交流电之间存在着某一相位差，其实质也就是它们彼此间到达正的最大值或零值或负的最大值等有一段时间差。

综上所述，正弦交流电的交变情况，主要取决于以下三个方面：一是交变的快慢，二是交变的幅度，三是交变的起点。我们可以分别用角频率来反映交变的快慢，用最大值来反映交变的幅度，用初相位来反映交变的起点，或起始状态。知道了这三个量就可以唯一确定一个交流电，写出其瞬时值的表示式，因此常把最大值、角频率和初相位称为正弦交流电的三要素。

## 【练习二】

**一、填空题**

1. 正弦交流电的三要素是________、________、________。

2. 我国动力和照明用电的标准频率为________赫兹，习惯上称为工频。

3. 有效值与最大值之间的关系是____________。在交流电路中通常用________值进行计算。

4. 已知一正弦交流电 $i=2\sin\left(314t-\frac{\pi}{4}\right)A$，则该交流电的最大值为________，有效值为________，频率为________，周期为________，初相角为________。

**二、选择题**

1. 交流电的周期越长，说明交流电变化得__________。

A. 越快　　B. 越慢　　C. 无法判断

2. 已知一交流电流，当 $t=0$ 时的值 $i_0=1\text{A}$，初相位为30°，则这个交流电的有效值为__________。

A. 0.5　　B. 1.414　　C. 1　　D. 2

3. 已知 $u_1=20\sin\left(314t+\dfrac{\pi}{6}\right)V$，$u_2=40\sin\left(314t-\dfrac{\pi}{3}\right)V$，则__________。

A. $u_1$ 比 $u_2$ 超前30°　　B. $u_1$ 比 $u_2$ 滞后30°

C. $u_1$ 比 $u_2$ 超前90°　　D. 不能判断相位差

4. 通常所说的交流电压220伏或380伏，是指它的__________。

A. 最大值　　B. 有效值　　C. 瞬时值　　D. 平均值

**三、计算题**

1. 我国第一颗人造卫星发出的《东方红》乐曲声的信号频率为20MHz，试求相应的周期和角频率。

2. 已知某交流电的角频率为628rad/s，试求相应的周期和频率。

3. 某交直流通用电容器的直流耐压为220V，若把它接到交流220V电源中使用，是否安全？

4. 已知交流电动势为 $e=155\sin\left(377t-\dfrac{2}{3}\pi\right)$ V，试求 $E_m$、$E$、$\omega$、$f$、$T$ 和 $\varphi$ 各为多少？

5. 写出下列各组交流电动势的相位差，指出哪个超前，哪个滞后？

(1) $e_1=380\sqrt{2}\sin 314t\text{V}$　　$e_2=380\sqrt{2}\sin\left(314t-\dfrac{2}{3}\pi\right)$ V

(2) $e_1=380\sqrt{2}\sin\left(314t-\dfrac{2}{3}\pi\right)$ V　　$e_2=380\sqrt{2}\sin\left(314t+\dfrac{2}{3}\pi\right)$ V

(3) $e_1=220\sqrt{2}\sin\left(314t-\dfrac{\pi}{2}\right)$ V　　$e_2=220\sqrt{2}\sin\left(314t-\dfrac{\pi}{6}\right)$ V

(4) $e_1=220\sqrt{2}\sin\left(314t+\dfrac{\pi}{2}\right)$ V　　$e_2=220\sqrt{2}\sin\left(314t-\dfrac{2}{3}\pi\right)$ V

(5) $e_1=380\sqrt{2}\sin\left(314t-\dfrac{4}{3}\pi\right)$ V　　$e_2=380\sqrt{2}\sin\left(314t-\dfrac{2}{3}\pi\right)$ V

## 5.3 正弦交流电的三种表示法

正弦交流电的三种表示法分别是：解析法、曲线法和旋转矢量法。

### 5.3.1 解析法

用三角函数式表示正弦交流电随时间变化关系的方法叫解析法。正弦交流电动势、电

压和电流的解析式分别是

$$e = E_m \sin(\omega t + \varphi_e)$$
$$u = U_m \sin(\omega t + \varphi_u)$$
$$i = I_m \sin(\omega t + \varphi_i)$$

只要给出时间 $t$ 的数值，就可以求出该时刻 $e$ 、$u$ 、$i$ 相应的值。

### 5.3.2 曲线法

在平面直角坐标系中，将 $t$ 作为横坐标，与之对应的 $e$ 、$u$ 、$i$ 的值作为纵坐标，作出 $e$、$u$、$i$ 随时间 $t$ 变化的曲线，这种方法叫做曲线法。这种曲线叫交流电的波形图，它的优点是可以直观地看出交流电的变化规律。

对正弦量进行加、减运算，无论是解析法还是曲线法，都非常麻烦。为此，引入正弦量的旋转矢量表示法。

### 5.3.3 旋转矢量法

所谓旋转矢量法，就是用一个在直角坐标中绕原点做逆时针不断旋转的矢量，来表示正弦交流电的方法。如图 5-4 所示。

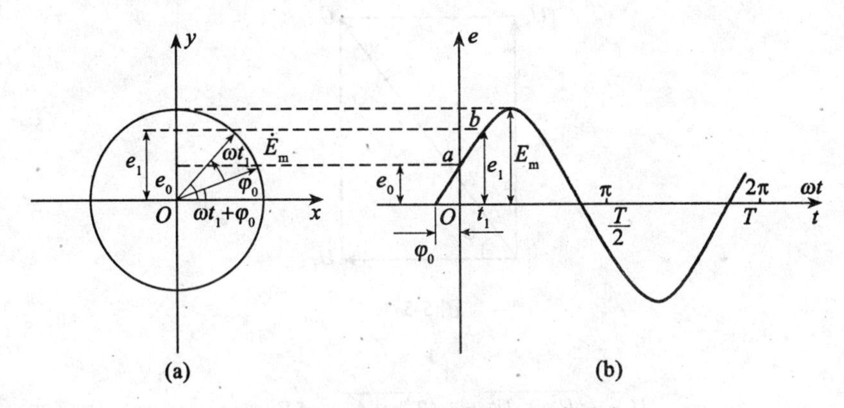


图 5-4 正弦交流电的旋转矢量表示法

在力学中，曾经学习过速度矢量、力矢量等，它们都是既有大小，又有方向的量，并且服从几何加、减法则(平行四边形法则)，一般称为空间矢量。旋转矢量不同于力学中的矢量，它是相位随时间变化的相量，它的加、减运算服从平行四边形法则。

如何用旋转矢量表示正弦量?

(1)旋转矢量常用 $\overline{E}_m$ 、$\overline{U}_m$ 、$\overline{I}_m$ 来表示。其长度代表正弦交流电的最大值。最大值矢量任意瞬间在纵轴上的投影，就是该瞬间正弦交流电的瞬时值。

(2)旋转矢量沿逆时针方向旋转的角速度等于正弦交流电的角频率。

(3)旋转矢量起始时与 $x$ 轴正方向的夹角代表正弦交流电的初相角。

虽然正弦交流电本身不是矢量，但它是时间的函数，又因为旋转矢量的三个特征(长度、转速、与横坐标的夹角)可以分别表示正弦交流电的三个要素(最大值、角频率和初相角)，所以可以借助旋转矢量按一定的法则来表示正弦交流电。

应该指出，旋转矢量法只适用于同频率正弦交流电的加减。因为用旋转矢量法作出的各矢量都以相同的角频率 $\omega$ 作逆时针旋转，在旋转过程中，各矢量间的夹角(即正弦交流电的相位差)保持不变，适用只需要画出起始时($t=0$ 时)每个矢量的位置就可以进行全部计算。

在实际工作中，往往采用有效值矢量图来计算同频率正弦交流电的有效值和它们间的相位差，有效值矢量图简称矢量图，它具有以下几个特点：

(1)矢量的长度表示正弦交流电的有效值，其长度是旋转矢量长度的 $\frac{1}{\sqrt{2}}$。

(2)矢量与水平正方向的夹角仍代表正弦交流电的初相角，沿逆时针方向转动的角度为正，反之为负。

(3)有效值矢量的符号是：$\bar{E}$、$\bar{U}$、$\bar{I}$。

例题：已知 $u_1 = 3\sqrt{2}\sin 314t\text{V}$，$u_2 = 4\sqrt{2}\sin(314t + 90°)\text{V}$，求 $u = u_1 + u_2$ 的瞬时值表达式。

解：矢量图见图 5-5。

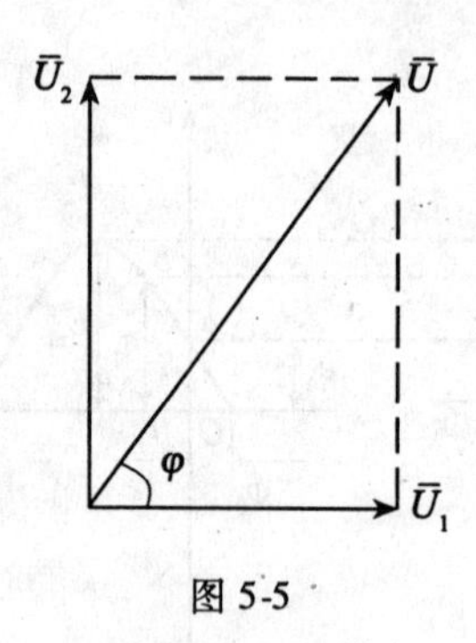


图 5-5

因为 $$U = \sqrt{U_1^2 + U_2^2} = \sqrt{3^2 + 4^2} = 5\text{V}$$

$$\varphi = \text{tg}^{-1}\frac{U_2}{U_1} = \text{tg}^{-1}\frac{4}{3} \approx 53°$$

$$U_m = 5\sqrt{2}\text{V}、\omega = 314\text{rad/s}、\varphi = 53°$$

所以 $$u = 5\sqrt{2}\sin(314t + 53°)\text{V}$$

## 【练习三】

### 一、填空题

1. 正弦交流电的三种表示法是__________、__________、__________。

2. 做相量图时，通常取__________(顺、逆)时针转动的角度为正，同一相量图中，各正弦交流电的__________应相同。

3. 用相量表示正弦交流电后，它们的加、减运算可按________法则进行。

**二、画图题**

1. 已知三个正弦电压 $u_1$、$u_2$、$u_3$ 的有效值都为 380V，初相分别为 $\varphi_1 = 0$，$\varphi_2 = -120°$、$\varphi_2 = 120°$，角频率都为 314rad/s，试写出三个电压的瞬时值表达式，并画出上述三个电压的矢量图。

2. 用作图法求下列各组正弦电压的和与差的瞬时值表达式。

(1) $u_1 = 3\sin(314t + 60°)\text{V}$　　$u_2 = 3\sin(314t - 60°)\text{V}$

(2) $u_1 = 120\sin(100\pi t + 120°)\text{V}$　　$u_2 = 70\sin(100\pi t + 30°)\text{V}$

(3) $u_1 = 8\sqrt{2}\sin(\omega t + 30°)\text{V}$　　$u_2 = 8\sqrt{2}\sin(\omega t - 60°)\text{V}$

## 本章小结

1. 交流电是交变电动势、电压和电流的总称。按正弦规律变化的交流电叫正弦交流电。

2. 正弦交流电动势、电压和电流的瞬时值分别以 $e$、$u$ 和 $i$ 表示；最大值分别用 $E_m$、$U_m$ 和 $I_m$ 表示；有效值分别以 $E$、$U$ 和 $I$ 表示。各种交流电气设备的铭牌数据及交流测量仪表所测得的电压和电流，都是有效值，有效值是最大值的 $\frac{1}{\sqrt{2}}$。

3. 正弦交流电的三要素是最大值、角频率和初相角。最大值反映了正弦交流电的变化范围；角频率反映了正弦交流电变化的快慢；初相角反映了正弦交流电的初始状态，通常以小于 180° 的角度表示。

4. 如果几个同频率正弦交流电的初相角相同，就叫它们同相；若初相角相差 180°，就叫它们反相；若初相角既不相同又不相差 180°，则初相角大的正弦交流电为超前量，反之为滞后量。

5. 由于交流电路与直流电路的主要不同在于：直流电路只需要研究各量的数量关系，而交流电路，除需研究各量的数量关系，还需研究各有关量的相位关系。而且只有首先研究相位关系才能得出各有关量的正确数量关系。所以，在交流电路中要特别注意相位概念。

6. 正弦交流电常见的三种表示法：解析法、曲线法和旋转矢量法。

7. 旋转矢量是时间矢量。由于它在纵轴上的投影是按正弦规律变化的，而且旋转矢量的三个特征(长度、转速及与横轴的夹角)可以表示正弦交流电的三要素，所以可以用旋转矢量来表示正弦交流电，但正弦交流电绝不是矢量。在实际工作中常用有效值矢量。

8. 只有频率相同的正弦交流电才能用矢量进行加减。

# 第6章　单相交流电路

由交流电源，用电器，联接导线和开关等组成的电路称交流电路。若电源中只有一个交变电动势，则称单相交流电路。交流负载一般是电阻、电感，电容或它们的不同组合。我们把负载中只有电阻的交流电路称为纯电阻电路，只有电感的电路称为纯电感电路，只有电容的电路称为纯电容电路。严格地讲，几乎没有单一参数的纯电路存在，但为分析交流电路的方便，常常先从分析纯电路所具有的特点着手。

## 6.1　纯电阻电路

由白炽灯、电烙铁、电阻炉或电阻器组成的交流电路都可以近似看成是纯电阻电路，如图6-1(a)所示，因为这些电路中，当外加电压一定时，影响电流大小的主要因素是电阻 $R$。

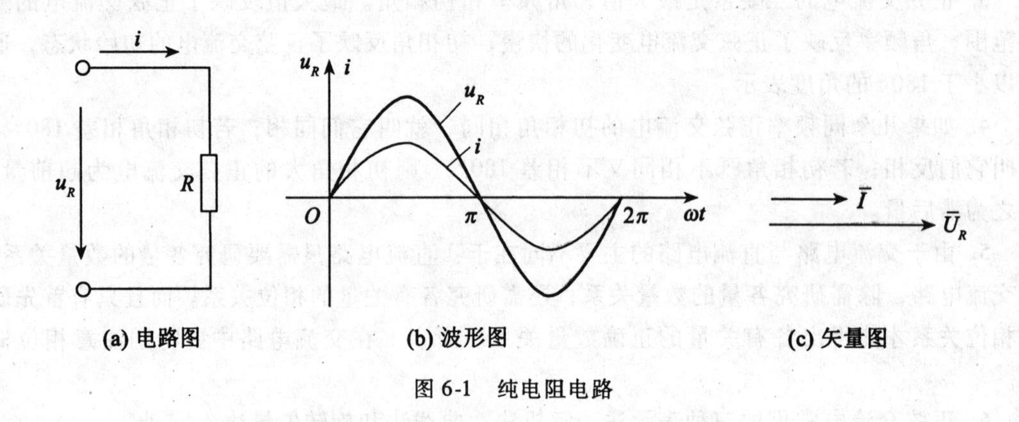


图6-1　纯电阻电路

### 6.1.1　纯电阻电路中电压与电流的关系

**1. 电压与电流的数量关系**

如图6-1(a)所示为一纯电阻电路。在电阻两端加上交流电压 $u_R$ 时，电阻中就有电流 $i$ 通过。根据欧姆定律，电阻元件两端的电压和通过它的电流成正比，对于交流电路来说，这一关系在任何一瞬间都是成立的，即：

$$u_R = iR$$

设加在电阻两端的电压为：

$$u_R = U_{Rm}\sin\omega t$$

则通过电阻的电流为:

$$i = \frac{u_R}{R} = \frac{U_{Rm}}{R}\sin\omega t = I_m\sin\omega t$$

式中: $I_m = \dfrac{U_{Rm}}{R}$ 是电流的最大值。

将等式 $I_m = \dfrac{U_{Rm}}{R}$ 两边各除以 $\sqrt{2}$, 则得电压与电流有效值之间的关系为:

$$I = \frac{U_R}{R} \quad 或 \quad U_R = IR \tag{6.1.1}$$

可见，在纯电阻交流电路中，电压与电流的数量关系，不管用瞬时值、最大值或有效值来表达，都符合欧姆定律。

**2. 电压与电流的频率关系与相位关系**

电压、电流的波形图如图 6-1(b)所示，其矢量图如图 6-1(c)所示。波形图、矢量图和电压、电流的瞬时值表达式都表明在纯电阻电路中:

(1)电压与电流的频率相同。

(2)电压与电流的相位相同(即电压 $u_R$ 与电流 $i$ 的初相角相同, $\varphi_u = \varphi_i$)。

**【例 6-1】** 一个 $R=11\Omega$ 的电阻，接到 $u=220\sqrt{2}\sin(314t+30°)$ V 的电源上，求流过电阻的电流瞬时值表达式，并画出电压、电流的相量图。

解
$$I = \frac{U}{R} = \frac{220}{11} = 2A$$

$$i = 2\sqrt{2}\sin(314t+30°)\,\text{A}$$

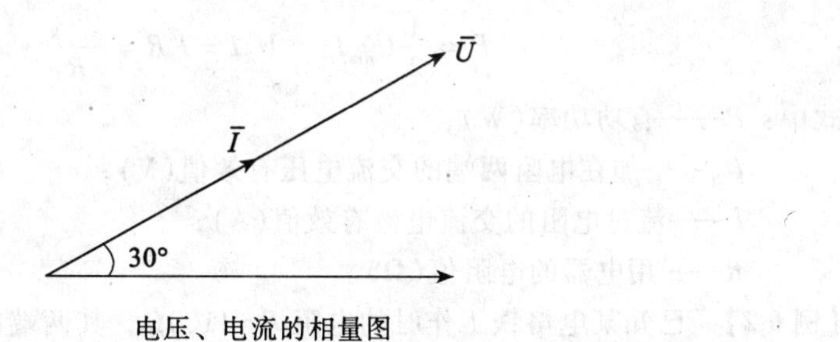


电压、电流的相量图

## 6.1.2 纯电阻电路中的电功率

**1. 瞬时功率**

由于电阻两端的电压和电阻中的电流都在不断变化，所以电阻消耗的功率也在不断变化。我们把电压瞬时值和电流瞬时值的乘积叫做瞬时功率，即:

$$p = u_R i = U_{Rm}\sin\omega t I_m\sin\omega t = U_{Rm}I_m\sin^2\omega t = U_R I(1 - \cos^2\omega t) \tag{6.1.2}$$

根据式(6.1.2)，将电压和电流同一瞬间的数值逐点相乘，即可画出如图 6-2 所示的瞬时功率曲线。由于在前半周内电压和电流都为正值，则功率也为正值，在后半周内虽然电压和电流都是负值，但二者的乘积仍为正值，所以瞬时功率曲线都为正值。

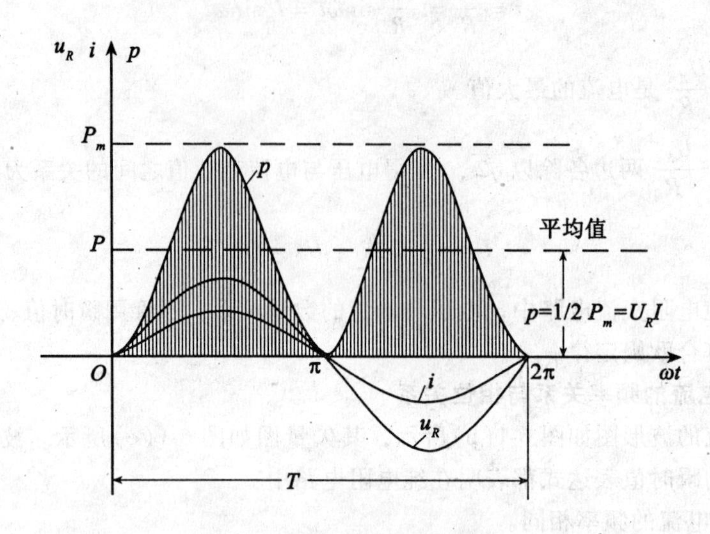


图 6-2　纯电阻电路的功率曲线

**2. 有功功率**

由于瞬时功率的测量和计算都不方便，通常用电阻在交流电一个周期内平均消耗的功率来表示功率的大小，叫做平均功率。又因为电阻消耗电能说明电流做了功，从做功的角度讲又把平均功率叫做“有功功率”，以 $P$ 表示，单位仍是瓦(W)。经数学证明，有功功率等于最大瞬时功率的一半，即

$$P = \frac{1}{2}U_{Rm}I_m = U_RI = I^2R = \frac{U^2{}_R}{R} \tag{6.1.3}$$

式中：$P$——有功功率(W)；

$U_R$——加在电阻两端的交流电压有效值(V)；

$I$——流过电阻的交流电流有效值(A)；

$R$——用电器的电阻值(Ω)。

【例 6-2】　已知某电烙铁工作时的电阻 $R=1100\Omega$，其两端电压为 $u=311\sin314t\text{V}$。试求：(1)电流有效值 $I$ 并写出电流的瞬时值表达式；(2)电烙铁的有功功率 $P$。

解：(1)由 $u=311\sin314t\text{V}$ 可知，交流电压的有效值为：

$$U = \frac{U_m}{\sqrt{2}} = \frac{311}{\sqrt{2}} = 220\text{V}$$

则电流有效值为　$I = \frac{U}{R} = \frac{220}{1100} = 0.2\text{A}$

又因电烙铁可视为纯电阻，电流与电压初相角相同，所以电流的瞬时值表达式为：

$$i = 0.2\sqrt{2}\sin314t\text{A}$$

(2)由式(6.1.3)可直接求得电烙铁的有功功率为：

$$P=UI=220\times0.2=44\text{W}$$

**【练习一】**

**一、填空题**

1. 在纯电阻交流电路中，电压与电流的数量关系，不管用瞬时值、最大值或有效值来表达，都符合__________定律。即 $u_R=$__________ $R$、$U_R=$__________ $R$、$U_{Rm}=$__________ $R$。

2. 在纯电阻交流电路中，电压与电流的频率__________。电压与电流的相位__________，即电压 $u_R$ 与电流 $i$ 的初相角相同。

3. 在纯电阻交流电路中，有功功率等于瞬时功率最大值的一半，即 $P=$______ $U_{Rm}I_m=$______ $I=$______ $R=$______ $/R$。

**二、计算题**

1. 室内装有两个灯泡，一个标明 220V/100W，另一个标明 220V/40W，将它们并接到 220V 的电源上，两个灯泡都正常发光时，线路中的总电流是多少?

2. 一个额定值为 220V/500W 的电阻丝，接到 $u=220\sqrt{2}\sin(314t-120°)$ V 的电源上，求流过电阻丝的电流瞬时值表达式，并画出电压、电流的相量图。

## 6.2 纯电感电路

电感也是交流电路的参数之一。一般来说，任何电路都有电感，只是大小不同而已。如果电路的外加电压一定时，影响电流大小的决定因素是电感，而电阻、电容的影响可以忽略不计，则此电路叫做纯电感电路，如图 6-3(a)所示。当一个线圈的电阻小到可以忽略不计的程度时，这个线圈就可以看成是纯电感线圈。

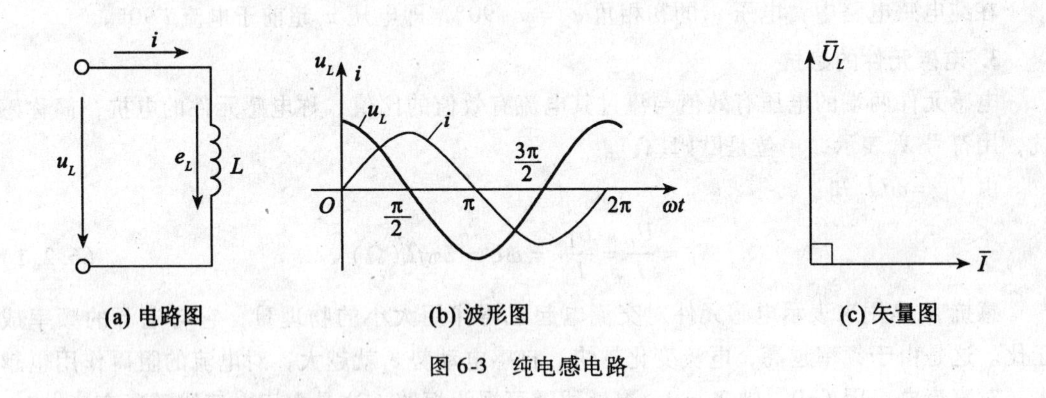


图 6-3 纯电感电路

### 6.2.1 纯电感电路中电压和电流的关系

在纯电感电路中，交流电流 $i$ 通过电感 $L$ 两端时，要产生一自感电动势 $e_L$，有：

$$e_L = -L\frac{\mathrm{d}i}{\mathrm{d}t}$$

式中，负号表示电流增大时 $\left(\frac{\mathrm{d}i}{\mathrm{d}t} > 0\right)$，自感电动势 $e_L$为负值，反之同样成立，即自感电动势的方向永远和外电流的变化趋势相反。$L$ 为线圈的电感，它是个衡量线圈产生自感磁通本领大小的物理量，单位为亨(H)。

当选定 $u_L$的参考方向与 $e_L$的参考方向相同时，有：

$$u_L = -e_L = L\frac{\mathrm{d}i}{\mathrm{d}t}$$

由上式看出，电压的大小与电流的变化率成正比而不是与电流成正比。

设流过电感元件的正弦电流初相角为零，即：

$$i = I_m \sin\omega t$$

则电感元件两端的电压为：

$$u_L = L\frac{\mathrm{d}i}{\mathrm{d}t} = L\frac{\mathrm{d}}{\mathrm{d}t}(I_m \sin\omega t) = \omega L I_m \cos\omega t = \omega L I_m \sin(\omega t + 90°)$$

$$= U_{Lm}\sin(\omega t + 90°)$$

式中：

$$U_{Lm} = \omega L I_m$$

电压、电流的波形图如图 6-3(b)所示，其矢量图如图 6-3(c)所示。根据电压、电流的瞬时值表达式及波形图、矢量图，能说明下述问题。

**1. 电压与电流的频率关系**

在纯电感电路中，电压 $u_L$与电流 $i$ 是相同频率的正弦量。

**2. 电压与电流的相位关系**

在纯电感电路中，电压 $u_L$的初相角 $\varphi_u = \varphi_i + 90°$，即电压 $u_L$超前于电流 $i$ 90°。

**3. 电感元件的感抗**

电感元件两端的电压有效值与流过其电流有效值的比值，称电感元件的电抗，简称感抗，用符号 $X_L$表示，单位是欧姆(Ω)。

由 $U_{Lm} = \omega L I_m$ 知：

$$X_L = \frac{U_L}{I} = \frac{U_{Lm}}{I_m} = \omega L = 2\pi f L(\Omega) \tag{6.2.1}$$

感抗 $X_L$是用来表示电感元件对交流电起阻碍作用大小的物理量，它与电源的频率成正比。这是由于频率越高，电流变化越快，自感电动势 $e_L$就越大，对电流的阻碍作用也越大。对直流电，因 $f=0$，则 $X_L=0$，电感线圈可视为短路，这是由于电感线圈通直流电时，不能产生自感电动势的缘故。

值得注意的是，虽然感抗 $X_L$的作用和电阻 $R$ 相当，但感抗只有在交流电路中才有意义，而且感抗只能代表电压和电流最大值或有效值的比值，不能代表电压和电流瞬时值的比值，即：$X_L \neq u_L/i$，这是因为 $u_L$和 $i$ 的初相角不同的缘故。

**4. 电压与电流的数量关系**

由式(6.2.1)得：

$$I = \frac{U_L}{X_L} \quad 或 \quad U_L = IX_L \tag{6.2.2}$$

可见，在纯电感交流电路中，电压、电流有效值和感抗三者的数量关系仍符合欧姆定律。

**【例 6-3】** 将电压有效值为 $U=220$，$f=50\text{Hz}$ 的正弦交流电接到的 $L=0.75\text{H}$ 纯电感上，试计算电感器的感抗 $X_L$及流过它的电流 $I$。

解：感抗为 $$X_L = 2\pi fL = 2\times3.14\times50\times0.75 = 235.6\Omega$$

电流为 $$I = \frac{U}{X_L} = \frac{220}{235.6} = 0.93\text{A}$$

## 6.2.2 纯电感电路中的电功率

**1. 瞬时功率**

在纯电感电路中，电压瞬时值与电流瞬时值的乘积，称为瞬时功率，即：

$$p = u_L i$$

将电流、电压瞬时值表达式代入上式得：

$$\begin{aligned} p_L &= U_{Lm}\sin(\omega t + 90°) I_m \sin\omega t = U_{Lm} I_m \sin\omega t\cos\omega t = \frac{1}{2}U_{Lm}I_m\sin2\omega t \\ &= U_L I\sin2\omega t \end{aligned} \tag{6.2.3}$$

根据式(6.2.3)，将电压、电流同一瞬间的数值逐点相乘，即可画出如图 6-4 所示的瞬时功率曲线。

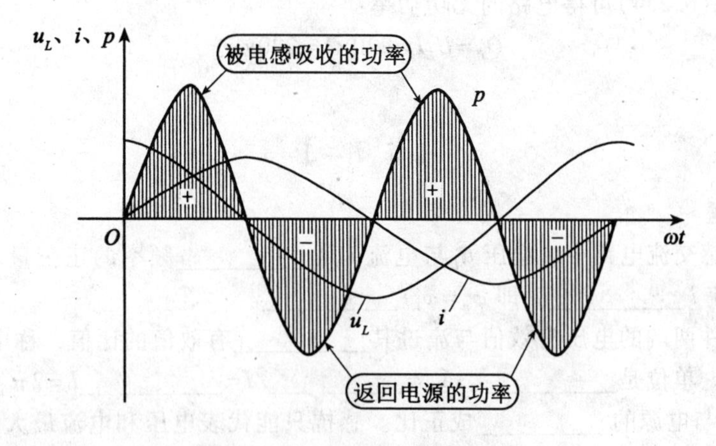


图 6-4　纯电感电路的瞬时功率

**2. 有功功率**

由图 6-4 可知，瞬时功率 $p$ 在一个周期内的平均值为零，即纯电感电路的有功功率为零($P_L=0$)。这说明电感在交流电路中不消耗电能，但电感与电源间却进行着能量交换。

**3. 无功功率**

由于纯电感电路的瞬时功率的频率是电压和电流频率的两倍，则在第一个及第三个1/4周期内，$p$为正值，这表示电感吸收电源能量并以磁能形式储存于线圈中；在第二个及第四个1/4周期内，$p$为负值，这表示电感把储存的能量送回电源。不同的电感，与电源交换能量的规模不同，人们用瞬时功率的最大值来反映电感元件与电源间进行能量交换的规模，并把它叫做电路的无功功率，用$Q_L$表示，单位称乏(var)，数学式为：

$$Q_L=U_LI=I^2X_L=\frac{U^2{}_L}{X_L} \tag{6.2.4}$$

必须指出，“无功”的含义是“交换”而不是“消耗”，它是相对“有功”而言的，决不能理解为“无用”。事实上无功功率在生产实践中占有很重要的地位。具有电感性质的变压器，电动机等设备都是靠电磁转换工作，因此，若没有无功功率，这些设备就无法工作。

**【例6-4】** 有一电阻可以忽略，$L=0.7$H的电感线圈接在$u=220\sqrt{2}\sin(314t+30°)$V的交流电源上，求：(1)线圈的感抗$X_L$；(2)流过线圈电流的有效值$I$及瞬时值表达式；(3)电路的无功功率$Q_L$。

解：(1)线圈的感抗：$X_L=\omega L=314\times0.7\approx220\Omega$。

(2)电压有效值$U=220$V，则流过线圈的电流有效值：

$$I=\frac{U_L}{X_L}=\frac{220}{220}=1\text{A}。$$

因电流滞后电压90°，而电压的初相角为30°，则电流的初相角为：

$$\varphi_i=\varphi_u-90°=30°-90°=-60°。$$

所以流过线圈电流的瞬时值表达式为：

$$i=\sqrt{2}\sin(314t-60°)\text{A}$$

(3)根据式(6.2.4)可得电路的无功功率：

$$Q_L=U_LI=220\times1=220\text{var}$$

## 【练习二】

**一、填空题**

1. 在纯电感交流电路中，电压$u_L$与电流$i$是__________频率的正弦量。电压$u_L$在相位上超前于电流$i$__________。即$\varphi_u=\varphi_i+$__________。

2. 电感元件两端的电压有效值与流过其__________有效值的比值，称电感元件感抗，用符号$X_L$表示，单位是__________。$X_L=$__________$/I=$__________ $L=2\pi$__________。

3. 感抗$X_L$与电源的__________成正比。感抗只能代表电压和电流最大值或有效值的比值，不能代表电压和电流__________值的比值。

4. 在纯电感交流电路中，电压、电流有效值和感抗三者的数量关系符合__________定律。即$U_L=I$__________。

5. 纯电感电路的有功功率$P_L=$__________。这说明电感在交流电路中不__________

电能，但电感与电源间却进行着能量__________。

6. 人们用瞬时功率的__________值来反映电感元件与电源间进行能量交换的规模，并把它叫做电路的__________功率，用 $Q_L$ 表示，单位称______，$Q_L=$______ $I=I^2$______ = ______$/X_L$。

**二、计算题**

1. 把电感为 $L=1/\pi H$，电阻可忽略不计的电感线圈接到 $u=220\sqrt{2}\sin(100\pi t+30°)$ V 的电源上，试求：

(1) 线圈的感抗 $X_L$。

(2) 流过线圈电流的有效值 $I$。

(3) 写出电流的瞬时值表达式。

(4) 画出电压和电流相应的相量图。

(5) 无功功率 $Q_L$。

2. 已知一电感线圈通过 50Hz 的电流时，其感抗为 10Ω，$u_L$ 与 $i$ 相位差为 90°，试问：若电压有效值不变，当频率升高到 5000Hz 时，其感抗是多少？$u_L$ 与 $i$ 的相位差是多少？

## 6.3 纯电容电路

因为电容器的损耗是很小的，所以一般情况下可将电容器看成是一个纯电容，纯电容电路如图 6-5(a)所示。

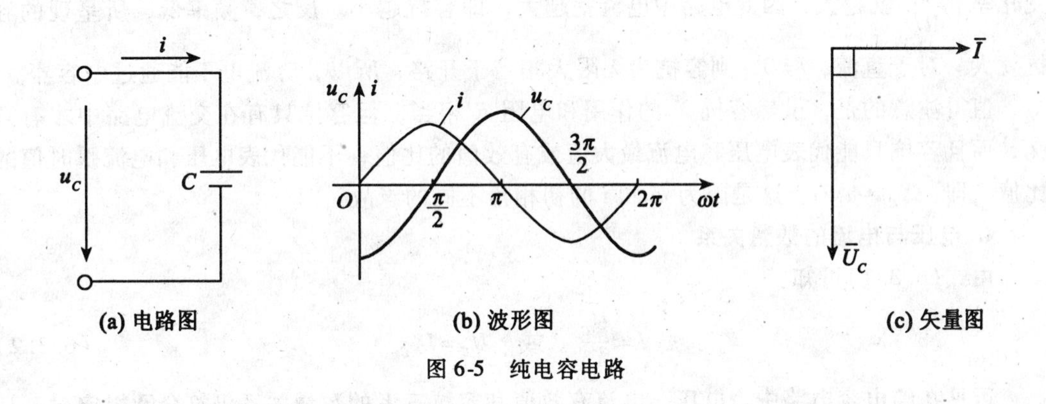


图 6-5 纯电容电路

### 6.3.1 纯电容电路中电压和电流的关系

由 $C=q/u_C$，得 $q=Cu_C$，则 $i=\frac{dq}{dt}=C\frac{du_C}{dt}$

设加在电容器两端的正弦电压为：

$$u_C=U_{Cm}\sin\omega t$$

则通过电容器的电流为：

$$i = C\frac{du_C}{dt} = C\frac{d}{dt}(U_{Cm}\sin\omega t) = \omega CU_{Cm}\cos\omega t = \omega CU_{Cm}\sin(\omega t+90°)$$

$$= I_m\sin(\omega t+90°)$$

式中：$I_m = \omega CU_{Cm}$

电压、电流的波形图如图 6-5(b)所示，其矢量图如图 6-5(c)所示。根据电压、电流的瞬时值表达式及波形图、矢量图，能说明以下问题。

**1. 电压与电流的频率关系**

在纯电容电路中，电压 $u_C$与电流 $i$ 是相同频率的正弦量。

**2. 电压与电流的相位关系**

在纯电容电路中，电压 $u_C$的初相角 $\varphi_u = \varphi_i - 90°$，即电压 $u_C$滞后于电流 $i$90°。

**3. 电容元件的容抗**

电容器两端的电压与流过电容器电流有效值的比值，称电容元件的电抗，简称容抗，用符号 $X_C$表示，单位是欧姆(Ω)。

由 $I_m = \omega CU_{Cm}$知：

$$X_C = \frac{U_C}{I} = \frac{U_{cm}}{I_m} = \frac{1}{\omega C} = \frac{1}{2\pi fC}(\Omega) \qquad (6.3.1)$$

容抗 $X_C$是用来表示电容元件对交流电起阻碍作用大小的物理量，它与频率 $f$ 成反比。这是由于频率 $f$ 越高，则电压变化率 $\left(\frac{du_C}{dt}\right)$ 越大，所以在电容充放电过程中极板上电荷的变化率 $\left(\frac{dq}{dt}\right)$ 就越大，因此电路中电流就越大，即容抗越小。反之，频率低，所呈现的容抗就大。对于直流，$f=0$，则容抗为无限大相当于开路，所以，直流电不能通过电容器。

值得注意的是，虽然容抗 $X_C$的作用和电阻 $R$ 相当，但容抗只有在交流电路中才有意义，而且容抗只能代表电压和电流最大值或有效值的比值，不能代表电压和电流瞬时值的比值，即：$X_C \neq u_C/i$，这是因为 $u_C$和 $i$ 的初相角不同的缘故。

**4. 电压与电流的数量关系**

由式(6.3.1)可知：

$$I = \frac{U_C}{X_C} \quad \text{或} \quad U_C = IX_C \qquad (6.3.2)$$

可见在纯电容电路中，电压、电流有效值和容抗三者的数量关系仍符合欧姆定律。

**【例 6-5】** 某电容量 $C = (1/100\pi)F$ 的电容器接在 $U = 10V$，$f = 50Hz$ 的交流电源上，求电容器的容抗 $X_C$及通过电容器的电流 $I$。

解　容抗为

$$X_C = \frac{1}{2\pi fc} = \frac{1}{100\pi \times \frac{1}{100\pi}} = 1\Omega$$

电流为

$$I = \frac{U}{X_C} = \frac{10}{1} = 10A$$

## 6.3.2 纯电容电路中的电功率

**1. 瞬时功率**

在纯电容电路中，电压瞬时值与电流瞬时值的乘积，称为瞬时功率，即：

$$p=u_C i$$

将电流、电压瞬时值表达式代入上式得：

$$\begin{aligned} p &= U_{Cm}\sin\omega t I_m\sin(\omega t+90°)=U_{Cm}I_m\sin\omega t\cos\omega t=\frac{1}{2}U_{Cm}I_m\sin2\omega t \\ &= U_C I\sin2\omega t \end{aligned} \tag{6.3.3}$$

根据式(6.3.3)可画出如图6-6所示的瞬时功率曲线。

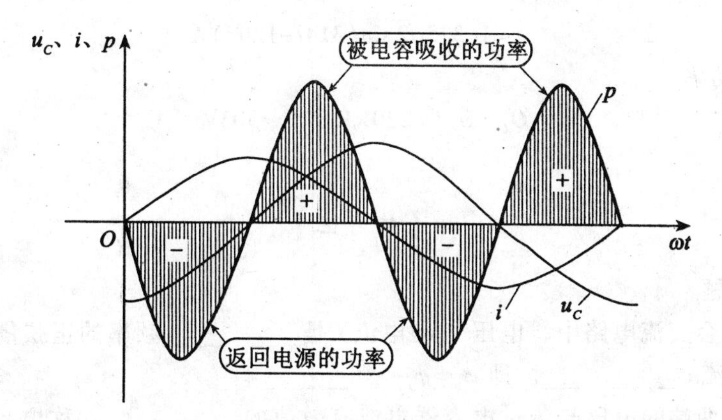


图6-6 纯电容电路的瞬时功率

**2. 有功功率**

由图6-6可知，瞬时功率在一个周期内的平均值为零，说明纯电容电路的有功功率为零($P_C=0$)。这表明电容在交流电路中不消耗电能，但在电容与电源间却进行着能量交换。

在第二个及第四个1/4周期内，$u_C$与$i$方向相同，电容在电源作用下进行充电，瞬时功率为正值，表明电源用充电方式向电容器输送能量，电容将吸取的能量转换为电场能量储存在电容器中；在第一个及第三个1/4周期内，$u_C$与$i$反方向，电容进行放电，$p$为负值，表明电容送出功率，将原来贮存在电容器中的能量送还给电源。所以，电容与电感一样，不消耗电源的能量，是个储能元件。

**3. 无功功率**

与纯电感电路相似，把纯电容电路中瞬时功率的最大值定义为无功功率，用以表示电容器与电源交换能量的规模。无功功率的数学式为

$$Q_C=U_C I=I^2X_C=\frac{U_C^2}{X_C}(\text{var}) \tag{6.3.4}$$

**【例6-6】** 将$C=20\mu F$的电容器接在$u=220\sqrt{2}\sin(314t+30°)V$的交流电源上，求：

(1)电容器的容抗 $X_C$。

(2)电流有效值 $I$ 及瞬时值表达式。

(3)电路的无功功率 $Q_C$。

解：(1)电容器的容抗 $X_C=\frac{1}{\omega C}=\frac{1}{314\times20\times10^{-6}}\approx160\Omega$

(2)电压有效值 $U=220V$，则流过电容的电流有效值为

$$I=\frac{U}{X_C}=\frac{220}{160}\approx1.375A$$

因电流超前电压90°，而电压的初相角 $\varphi_u=30°$，则电流的初相角为

$$\varphi_i=\varphi_u+90°=30°+90°=120°$$

所以电流的瞬时值表达式为

$$i=1.375\sqrt{2}\sin(314t+120°)A$$

(3)无功功率为

$$Q_C=U_CI=220\times1.375\approx303var$$

## 【练习三】

### 一、填空题

1. 在纯电容交流电路中，电压 $u_C$与电流 $i$ 是__________频率的正弦量。电压 $u_C$在相位上滞后于电流 $i$ __________。即 $\varphi_u=\varphi_i-$__________。

2. 电容器两端的电压与流过电容器电流有效值的__________，称电容器的容抗，用符号 $X_C$表示，单位是__________。$X_C=$______$/I=$\_\_\_\_\_\_$/\omega C=$\_\_\_\_\_\_$/2\pi fC$。

3. 容抗 $X_C$是用来表示电容元件对交流电起________作用大小的物理量，它与________成反比。

容抗只能代表电压和电流最大值或有效值的______________，不能代表电压和电流__________值的比值。

4. 在纯电容交流电路中，电压、电流有效值和容抗三者的数量关系符合__________定律。即 $U_C=I$ __________。

5. 纯电容电路的有功功率 $P_C=$__________。这说明电容在交流电路中不__________电能，是个储能元件。

6. 纯电容电路中__________功率的最大值定义为无功功率，用以表示电容器与电源交换能量的__________。用 $Q_C$ 表示，单位称__________，$Q_C=$______ $I=I^2$______ $=$______$/X_C$。

### 二、计算题

1. 把 $C=(1/1000\pi)F$ 的电容器接到 $u=220\sqrt{2}\sin(100\pi t+30°)V$ 的电源上，试求：

(1)流过电容器的电流有效值 $I$。

(2)写出电流的瞬时值表达式。

(3)画出电压和电流相应的相量图。

(4)无功功率 $Q_C$。

2. 已知一电容器通过 50Hz 的电流时，其容抗为 100Ω，$i$ 与 $u_C$ 相位差为 90°，试问：若电压有效值不变，当频率升高到 5000Hz 时，其容抗是多少？$i$ 与 $u_C$ 的相位差是多少？

## 6.4 电阻与电感的串联电路

前面所讲的是由单一参数(纯电阻、纯电感、纯电容)组成的正弦交流电路，这是一般正弦交流电路的特例，因为一般交流电路都是由电阻、电感和电容的不同组合而成的。本节要讨论的电阻和电感串联交流电路就是其中之一。在实际应用方面，如日光灯、电动机、变压器等，它们的简化等效电路都可以表示为电阻和电感元件串联的电路，如图 6-7(a)所示。

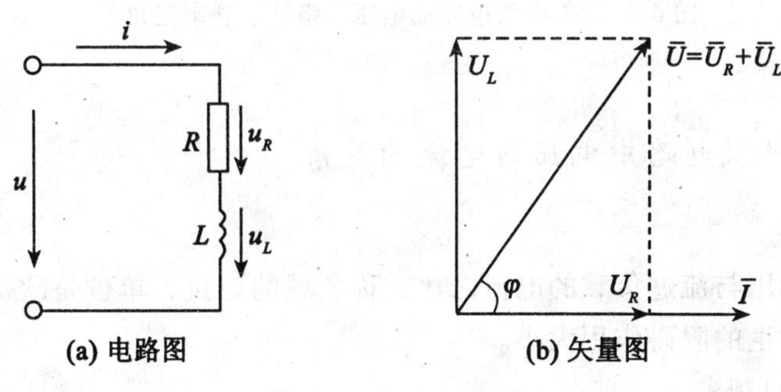


图 6-7 *R-L* 串联电路

在 *R-L* 串联电路中，通过各元件的电流相同，故取正弦电流为参考正弦量(即令其初相角为零)，设

$$i=I_m\sin\omega t=\sqrt{2}I\sin\omega t$$

根据前面对纯电阻及纯电感电路的分析结果，电阻上的电压 $u_R$ 是与电流 $i$ 同频率、同相位($\varphi_u=\varphi_i$)的正弦量，即

$$u_R=U_{Rm}\sin\omega t=\sqrt{2}U_R\sin\omega t$$

电压有效值：$U_R=IR$

电感上电压 $u_L$ 是初相角超前于电流 $i$ 90°($\varphi_u=\varphi_i+90°$)的同频正弦量，即

$$u_L=U_{Lm}\sin(\omega t+90°)=\sqrt{2}U_L\sin(\omega t+90°)$$

电压有效值：$U_L=IX_L$

根据上述各瞬时值表达式，可画出 *R-L* 串联电路的矢量图，如图 6-7(b)所示。作图时，因为串联时各部分电流相同，所以，一般以电流矢量 $\bar{I}$ 为参考矢量，并且首先画出来，接着作电阻上的电压矢量 $\bar{U}_R$ 与 $\bar{I}$ 同相，长度为 $IR$；再作电感上的电压矢量 $\bar{U}_L$ 超前 $\bar{I}$ 90°，长度为 $IX_L$，然后按平行四边形法则求出总电压矢量 $\bar{U}=\bar{U}_R+\bar{U}_L$。

电压矢量 $\bar{U}_R$、$\bar{U}_L$ 和 $\bar{U}$ 三者构成一个直角三角形关系，这个三角形称为“电压三角形”，如图6-8(a)所示。它的斜边是总电压矢量$\overline{U}$，两直角边分别是电阻电压矢量$\overline{U}_R$和电感电压矢量$\overline{U}_L$，而$\overline{U}$与$\overline{U}_R$(也就是$\overline{U}$与$\overline{I}$)的夹角就是总电压与电流的相位差$\varphi$。由电压三角形可求得电路的总电压有效值为

$$U=\sqrt{U_R^2+U_L^2}=\sqrt{(IR)^2+(IX_L)^2}=I\times\sqrt{R^2+X_L^2} \tag{6.4.1}$$

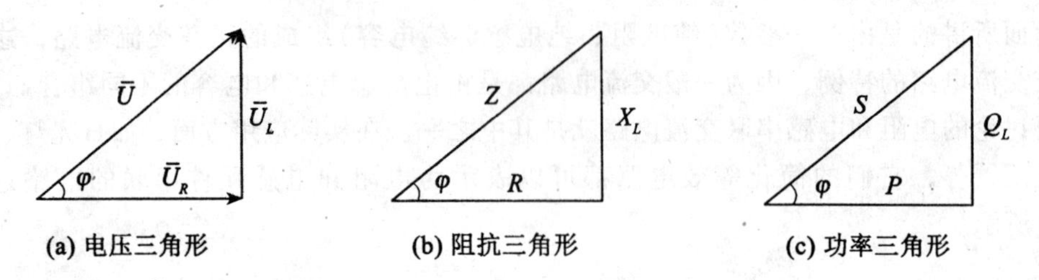


图6-8　*R-L*串联电路的电压、阻抗、功率三角形

## 6.4.1　在R-L串联电路中电压与电流的关系

**1. 负载的阻抗**

负载两端的电压与流过负载的电流之比，称负载的阻抗，单位是欧姆(Ω)。它表示电路的负载对电流产生的阻碍作用大小。

由式(6.4.1)可得：

$$Z=\frac{U}{I}=\frac{I\times\sqrt{R^2+X_L^2}}{I}=\sqrt{R^2+X_L^2} \tag{6.4.2}$$

*R-L*串联负载的阻抗，具有阻碍电流通过的性质。其大小决定于电路的参数(*R*、*L*)和电源的频率$f$，而与电压及电流的大小无关。

$Z=\sqrt{R^2+X_L^2}$表明阻抗$Z$与电阻$R$、感抗$X_L$构成一个直角三角形，称为“阻抗三角形”，如图6-8(b)所示，它的斜边是阻抗$Z$，两直角边分别是电阻$R$和感抗$X_L$。注意$Z\neq R+X_L$。

阻抗三角形可由电压三角形各边除以电流有效值$I$得到，因此，阻抗三角形与电压三角形是相似三角形。$Z$和$R$两个边的夹角就是总电压超前电流的相位角$\varphi$。必须注意，阻抗三角形只表示$Z$、$R$、$X_L$三者之间的数量关系，它们都不是正弦量，所以阻抗三角形不是矢量三角形。另外，阻抗只是电压和电流的有效值之比(或最大值之比)，而不是它们瞬时值之比($Z\neq u/i$)。

**2. 电压与电流的数量关系**

由式(6.4.2)可得：

$$U=IZ \tag{6.4.3}$$

$$U_R=IR \quad U_L=IX_L$$

**3. 电压与电流的频率关系**

由$i$、$u_R$、$u_L$的瞬时值表达式可知，在*R-L*串联电路中，电流与电压的频率相同。

**4. 电流与电压的相位关系**

由矢量图可知，$\varphi=\varphi_u-\varphi_i>0$，即总电压 $\overline{U}$ 超前于电流 $\overline{I}$ 一个角度 $\varphi$，且 $0<\varphi<90°$。通常把总电压超前电流的电路叫做感性电路，或者说负载是感性负载，有时也说电路呈感性。

总电压和电流的相位差 $\varphi$ 可由电压三角形或阻抗三角形计算出来，即：

$$\varphi=\arctan\frac{U_L}{U_R}=\arctan\frac{X_L}{R}=\arctan\frac{\omega L}{R} \tag{6.4.4}$$

上式说明，在 $R$-$L$ 串联电路中，总电压超前于电流的相位差 $\varphi$ 仅决定于电路参数（$R$、$L$）及电源频率 $f$，而与电压和电流的大小及初相角无关。角 $\varphi$ 也称为"阻抗角"。

## 6.4.2 R-L 串联电路的功率

由于 $R$、$L$ 分别是耗能元件和储能元件，所以在 $R$-$L$ 串联电路中，既有能量损耗，也有能量交换，也就是说既有有功功率，也有无功功率。

**1. 有功功率**

有功功率是电阻上消耗的功率：

$$P=U_RI=I^2R=UI\cos\varphi \tag{6.4.5}$$

**2. 无功功率**

无功功率代表了电感磁场能量与电源电能间相互转换的规模：

$$Q_L=U_LI=I^2X_L=UI\sin\varphi \tag{6.4.6}$$

**3. 视在功率**

电路中，总电压有效值 $U$ 与电流有效值 $I$ 的乘积，叫做视在功率，用符号 $S$ 表示，即：

$$S=UI \tag{6.4.7}$$

为和有功功率、无功功率的单位相区别，视在功率用伏安（VA）或千伏安（kVA）作单位。视在功率表示电源提供的总功率，即表示交流电源的容量大小。

若把电压三角形的各边分别乘以电流有效值 $I$ 就可得到"功率三角形"，见图 6-8（c）。它的斜边是视在功率 $S$，两直角边分别是有功功率 $P$ 和无功功率 $Q_L$。由于 $P$、$Q_L$、$S$ 不是正弦量，所以功率三角形也不是矢量三角形。

在功率三角形中，有：

$$S=\sqrt{P^2+Q_L^2} \tag{6.4.8}$$

**4. 功率因数**

把式（6.4.5）和式（6.4.6）中的 $UI$ 用 $S$ 表示，可得：

$$P=U_RI=I^2R=UI\cos\varphi=S\cos\varphi$$

$$Q_L=U_LI=I^2X_L=Ui\sin\varphi=SI\sin\varphi$$

可见，电源提供的功率不能被感性负载完全吸收。这样就存在电源功率的利用率问题。为了反映电源利用率，我们把有功功率与视在功率的比值称做功率因数（$\cos\varphi$）。由功率、电压、阻抗三角形可得：

$$\text{功率因数 } \cos\varphi=\frac{P}{S}=\frac{U_R}{U}=\frac{R}{Z} \tag{6.4.9}$$

上式表明，当电源容量(即视在功率)一定时，功率因数大就说明电路中用电设备的有功功率大、电源输出功率的利用率就高，这是人们所希望的。但工厂中的用电器(如交流电动机等)多数是感性负载，功率因数往往较低。对于提高功率因数的意义和方法将在后面介绍。

【例 6-7】 将电感 $L=25.5\text{mH}$、电阻 $R=6\Omega$ 的线圈接到电压有效值 $U=220\text{V}$，角频率 $\omega=314\text{rad/s}$ 的电源上，求：(1)线圈的 $X_L$、$Z$；(2)电路中的电流 $I$、$U_R$、$U_L$；(3)电路的 $P$、$Q_L$、$S$；(4)功率因数 $\cos\varphi$。

解：(1)

$$X_L=\omega L=314\times25.5\times10^{-3}\approx8\Omega$$

$$Z=\sqrt{R^2+X_L^2}=\sqrt{6^2+8^2}=10\Omega$$

(2)

$$I=\frac{U}{Z}=\frac{220}{10}=22\text{A}$$

$$U_R=IR=22\times6=132\text{V}$$

$$U_L=IX_L=22\times8=176\text{V}$$

(3)

$$P=I^2R=22\times22\times6=2904\text{W}$$

$$Q_L=I^2X_L=22\times22\times8=3872\text{var}$$

$$S=UI=220\times22=4840\text{V}\cdot\text{A}$$

(4)

$$\cos\varphi=\frac{P}{S}=\frac{R}{Z}=\frac{6}{8}=0.6$$

## 【练习四】

### 一、填空题

1. 负载两端的电压与流过负载的电流______，称负载的阻抗，单位是______。它表示电路的负载对电流产生的______作用大小。阻抗 $Z=U/I=$______。

2. 在 $R$-$L$ 串联电路中，电压与电流的数量关系为 $U=I$ ______，$U_R=I$ ______，$U_L=I$ ________。

3. 在 $R$-$L$ 串联电路中，电流与电压的相位关系为：总电压 $\bar{U}$ ________于电流 $\bar{I}$ 一个角度 $\varphi$，且 $0<\varphi<90°$。通常把总电压超前电流的电路叫做________电路，或者说负载是________负载。

4. 在 $R$-$L$ 串联电路中，有功功率 $P=$ ________ $I=$ ________ $I^2=UI$ ________，单位称________。无功功率 $Q_L=$ ________ $I=$ ________ $I^2=UI$ ________，单位称________。视在功率 $S=$ ________ $I=$ ________，单位称________。

5. 我们把有功功率与视在功率的______称做功率因数，功率因数 $\cos\varphi=\frac{P}{S}=\frac{U_R}{U}=\frac{R}{Z}$。

### 二、计算题

1. 将电阻 $R=20\Omega$，电感 $L=48\text{mH}$ 的线圈接到 $u=220\sqrt{2}\sin(100\pi t+90°)\text{V}$ 的交流电源上，求：(1)线圈的感抗 $X_L$；(2)线圈的阻抗 $Z$；(3)电路中的 $I$、$U_R$、$U_L$；(4)电路的 $P$、$Q_L$、$S$；(5)功率因数 $\cos\varphi$。

2. 把一个线圈接到电压为 $U_{DC}=20\text{V}$ 的直流电源上，测得流过线圈的电流 $I_{DC}=0.4\text{A}$，当把它接到 $f=50\text{Hz}$，$U_{AC}=65\text{V}$ 的交流电源上，测得流过线圈的电流 $I_{AC}=0.4\text{A}$，求线圈的参数 $R$ 和 $L$。

## 6.5 电阻与电容串联电路

在实际电路中，除电阻和电感串联电路以外，还会经常遇到电阻和电容串联电路，特别是电子电路中，$R$-$C$ 串联的电路较多，例如阻容耦合放大器，$RC$ 振荡器等。如图 6-9(a)所示为 $R$-$C$ 串联电路的电路图。

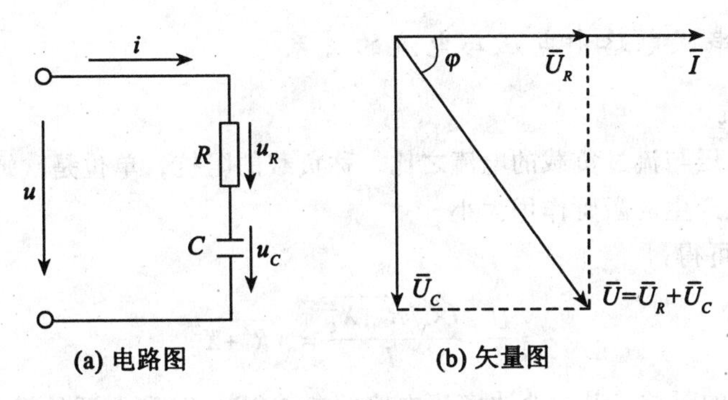


图 6-9　$R$-$C$ 串联电路

设通过 $R$-$C$ 串联电路的电流为参考正弦量，即：

$$i=I_m\sin\omega t=\sqrt{2}I\sin\omega t$$

则电阻上的电压为：

$$u_R=U_{Rm}\sin\omega t=\sqrt{2}U_R\sin\omega t$$

其有效值：$U_R=IR$

电容上的电压为：

$$u_C=U_{cm}\sin(\omega t-90°)=\sqrt{2}U_C\sin(\omega t-90°)$$

其有效值：$U_C=IX_C$

电路两端的总电压等于两个分电压之和：

$$\overline{U}=\overline{U}_R+\overline{U}_C$$

以电流矢量 $\overline{I}$ 为参考矢量，作出矢量图如图 6-9(b)所示。

电压$\overline{U}_R$、$\overline{U}_C$ 和 $\overline{U}$ 三者构成一个直角三角形关系，称为“电压三角形”，如图 6-10(a)所示。它的斜边是总电压矢量 $\overline{U}$，两直角边分别是电阻电压矢量$\overline{U}_R$ 和电感电压矢量$\overline{U}_C$，而 $\overline{U}$ 与$\overline{U}_R$(也就是 $\overline{U}$ 与 $\overline{I}$)的夹角就是总电压与电流的相位差 $\varphi$。由这个电压三角形，可求得电路的总电压有效值为：

$$U=\sqrt{U_R^2+U_C^2}=\sqrt{(IR)^2+(IX_C)^2}=I\times\sqrt{R^2+X_C^2} \tag{6.5.1}$$

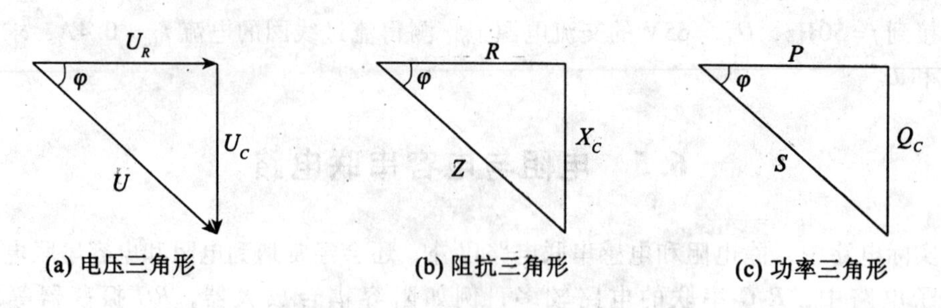


图 6-10　串联电路的电压、阻抗、功率三角形

### 6.5.1　在 *R-C* 串联电路中电压与电流的关系

**1. 负载的阻抗**

负载两端的电压与流过负载的电流之比，称负载的阻抗，单位是欧姆(Ω)。它表示电路的总负载对电流产生的阻碍作用大小。

由式(6.5.1)可得：

$$Z=\frac{U}{I}=\frac{I\times\sqrt{R^2+X_C^2}}{I}=\sqrt{R^2+X_C^2} \tag{6.5.2}$$

*R-C* 串联负载的阻抗，其大小决定于电路的参数($R$，$C$)和电源的频率 $f$，而与电压及电流的大小无关。

$Z=\sqrt{R^2+X_C^2}$表明阻抗 $Z$ 与电阻 $R$、容抗 $X_C$ 构成一个直角三角形，称为“阻抗三角形”，见图 6-10(b)，它的斜边是阻抗 $Z$，两直角边分别是电阻 $R$ 和容抗 $X_C$。

**2. 电压与电流的数量关系**

由式(6.5.2)可得

$$U=IZ \tag{6.5.3}$$

$$U_R=IR \quad U_C=IX_C$$

**3. 电压与电流的频率关系**

与 *R-L* 串联电路相同，*R-C* 串联电路的电流与电压的频率相同。

**4. 电流与电压的相位关系**

由矢量图可知，$\varphi=\varphi_u-\varphi_i<0$，即总电压 $\overline{U}$ 滞后于电流 $\overline{I}$ 一个角度 $\varphi$。通常把总电压滞后电流的电路叫做容性电路，或者说负载是容性负载，有时也说电路呈容性。

总电压和电流的相位差 $\varphi$ 可由电压三角形或阻抗三角形计算出来，即：

$$\varphi=\arctan\frac{U_C}{U_R}=\arctan\frac{X_C}{R}=\arctan\frac{1}{\omega CR} \tag{6.5.4}$$

上式说明，在 *R-C* 串联电路中，总电压滞后于电流的相位差 $\varphi$ 仅决定于电路参数($R$，$C$)及电源频率 $f$，而与电压和电流的大小及初相角无关。角 $\varphi$ 也称为“阻抗角”。

### 6.5.2 $R$-$C$ 串联电路的功率

与 $R$-$L$ 串联电路一样，在 $R$-$C$ 串联电路中，既有有功功率，也有无功功率与视在功率。

**1. 有功功率**

有功功率是电阻上消耗的功率：

$$P=U_RI=I^2R=UI\cos\varphi \tag{6.5.5}$$

**2. 无功功率**

无功功率代表了电源提供的电能与电容电场能量间相互转换的规模：

$$Q_C=U_CI=I^2X_C=UI\sin\varphi \tag{6.5.6}$$

**3. 视在功率**

电路中总电压有效值 $U$ 与电流有效值 $I$ 的乘积，叫做视在功率，用符号 $S$ 表示，即：

$$S=UI \tag{6.5.7}$$

视在功率用伏安(VA)或千伏安(kVA)作单位。它表示电源提供的总功率，即表示交流电源的容量大小。

若把电压三角形的各边分别乘以电流有效值 $I$ 就可得到“功率三角形”，见图6-10(c)。它的斜边是视在功率 $S$，两直角边分别是有功功率 $P$ 和无功功率 $Q_C$。由于 $P$、$Q_C$、$S$ 不是正弦量，所以功率三角形也不是矢量三角形。

在功率三角形中，有：

$$S=\sqrt{P^2+Q_C^2} \tag{6.5.8}$$

**4. 功率因数**

为了反映电源利用率，我们把有功功率与视在功率的比值称做功率因数($\cos\varphi$)。由功率、电压、阻抗三角形可得：

$$\text{功率因数}\ \cos\varphi=\frac{P}{S}=\frac{U_R}{U}=\frac{R}{Z} \tag{6.5.9}$$

**【例 6-8】** 将 20Ω 的电阻与 100μF 电容器串联，接至电压 $u=220\sqrt{2}\sin 314t\text{V}$ 的交流电源上，求：(1)电容器的容抗 $X_C$ 与电路的阻抗 $Z$；(2)电路中的 $I$、$U_R$、$U_C$；(3)电路的 $P$、$Q_C$、$S$。

解：(1)由电压的瞬时值表达式可知 $\omega=314\text{rad/s}$。

$$X_C=\frac{1}{\omega C}=\frac{1}{314\times100\times10^{-6}}=31.8\Omega$$

$$Z=\sqrt{R^2+X_C^2}=\sqrt{20^2+31.8^2}=37.6\Omega$$

(2)

$$I=\frac{U}{Z}=\frac{220}{37.6}=5.85\text{A}$$

$$U_R=IR=5.85\times20=117\text{V}$$

$$U_C=IX_C=5.85\times31.8=186.03\text{V}$$

(3)

$$P=I^2R=5.85\times5.85\times20=684.45\text{W}$$

$$Q_C=I^2X_C=5.85\times5.85\times31.8=1088.3\text{var}$$

$$S = UI = 220 \times 5.85 = 1827\text{VA}$$

## 【练习五】

**一、填空题**

1. 负载的阻抗表示电路的负载对电流产生的__________作用大小。它等于负载两端的电压与流过负载的电流__________，在 $R$-$C$ 串联电路中，$Z = U/I =$__________。

2. 在 $R$-$C$ 串联电路中，电压与电流的数量关系为 $U = I$__________，$U_R = I$__________，$U_C = I$__________。

3. 在 $R$-$C$ 串联电路中，$\varphi = \varphi_u - \varphi_i < 0$，即总电压 $\overline{U}$__________于电流 $\overline{I}$ 一个角度 $\varphi$，通常把总电压滞后电流的电路叫做__________电路，或者说负载是__________负载。

4. 在 $R$-$C$ 串联电路中，有功功率 $P =$__________ = __________ = __________，单位称__________。无功功率 $Q_C =$__________ = __________ = __________，单位称__________。视在功率 $S =$__________ = __________，单位称__________。

5. 功率因数 $\cos\varphi =$__________ = __________ = __________。

**二、计算题**

将 $R = 6\Omega$ 的电阻与 $C = 1.25\mu\text{F}$ 的电容器串联后，接到 $u = 110\sqrt{2}\sin(100\pi t + 90°)\text{V}$ 的交流电源上，求：(1)电容的容抗 $X_C$；(2)电路的阻抗 $Z$；(3)电路中的 $I$、$U_R$、$U_C$；(4)电路的 $P$、$Q_C$、$S$；(5)功率因数 $\cos\varphi$。

# 6.6 电阻、电感和电容串联电路

在许多实际电路中，如电容器和电感线圈串联，输电线路(可等效为电阻和电感串联的交流电路)的串联电容补偿等，它们的简化等效电路都是电阻、电感和电容相串联的电路，简称 $R$-$L$-$C$ 串联电路，如图 6-11(a)所示。这种串联电路是具有一般意义的典型电路，因为它包含了三个不同的电路参数，能体现出正弦交流电路的一般特点。前面讲过的单一参数的交流电路以及 $R$-$L$、$R$-$C$ 串联电路都可以看成是这种电路的特例。因此，讨论 $R$-$L$-$C$ 串联电路的特性是很重要的。

设通过串联电路的电流为参考正弦量，即：

$$i = I_m \sin\omega t = \sqrt{2} I \sin\omega t$$

因为电阻上的电压是与电流同频率同相位的正弦量，电感上的电压是超前电流 90°的同频正弦量，电容上的电压是滞后电流 90°的同频正弦量。所以，它们的瞬时值表达式分别是：

$$u_R = U_{Rm} \sin\omega t = \sqrt{2} U_R \sin\omega t, \quad U_R = IR$$

$$u_L = U_{Lm} \sin(\omega t + 90°) = \sqrt{2} U_L \sin(\omega t + 90°), \quad U_L = IX_L$$

$$u_C = U_{cm} \sin(\omega t - 90°) = \sqrt{2} U_C \sin(\omega t - 90°), \quad U_C = IX_C$$

根据 $u_R$、$u_L$、$u_C$ 的瞬时值表达式作矢量图，如图 6-11(b)所示(设 $X_L > X_C$，即 $U_L > U_C$)。

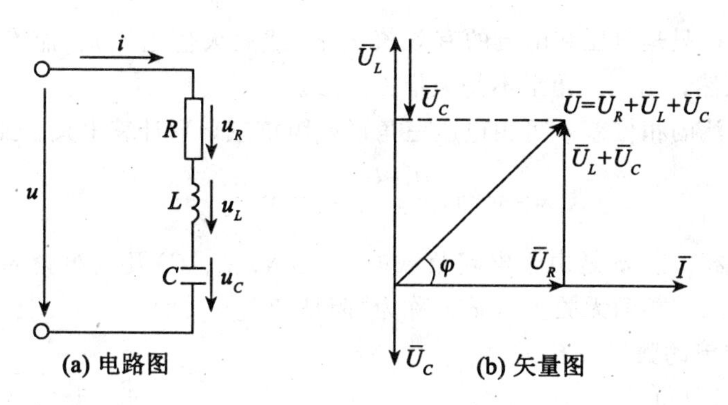


图 6-11　*R-L-C* 串联电路

由图 6-11(b)矢量图可知：电路两端的总电压是这三个分电压的矢量和，即：

$$\bar{U}=\bar{U}_R+\bar{U}_L+\bar{U}_C$$

且电路的总电压有效值为：

$$U=\sqrt{U_R^2+(U_L-U_C)^2}=\sqrt{(IR)^2+(X_L-X_C)^2}=I\times\sqrt{R^2+(X_L-X_C)^2} \quad (6.6.1)$$

由矢量图可得电压三角形，如图 6-12(a)所示。

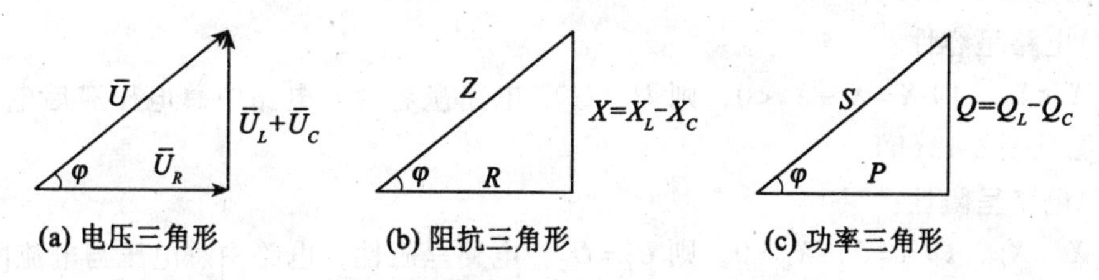


图 6-12　串联电路的电压、阻抗、功率三角形

## 6.6.1　在 *R-L-C* 串联电路中电压与电流的关系

**1. 负载的阻抗**

负载两端的电压与流过负载的电流之比，称负载的阻抗，单位是欧姆(Ω)。它表示电路的负载对电流产生的阻碍作用大小。

由式(6.6.1)可得：

$$Z=\frac{U}{I}=\frac{I\times\sqrt{R^2+(X_L-X_C)^2}}{I}=\sqrt{R^2+(X_L-X_C)^2}=\sqrt{R^2+X^2} \quad (6.6.2)$$

式中，$X=X_L-X_C$，称为这个电路的“电抗”，单位欧姆(Ω)。也就是说，在电感和电容串联的电路中，感抗和容抗的作用是互相抵消的，它们的差值就叫“电抗”。

*R-L-C* 串联负载的阻抗，综合了电路的电阻、电感和电容对交流电流的阻碍作用。其大小只决定于电路的参数($R$，$L$，$C$)和电源的频率$f$，而与电压及电流的大小无关。

$Z=\sqrt{R^2+X^2}$表明，$Z$、$R$、$X$ 三者在数量关系上组成了阻抗三角形，如图 6-12(b)

所示。

应注意，阻抗只是电压和电流的有效值之比(或最大值之比)，而不是它们瞬时值之比($Z \neq u/i$)。显然，阻抗三角形不是矢量三角形。

总电压和电流的相位差 $\varphi$ 可由电压三角形或阻抗三角形计算出来，即：

$$\varphi = \arctan \frac{U_L - U_C}{U_R} = \arctan \frac{X_L - X_C}{R}$$

上式说明，相位差 $\varphi$ 是由于电路负载的参数($R$、$L$、$C$)及电源频率所决定，而与电压和电流的大小及初相角无关。角 $\varphi$ 也称为“阻抗角”。

**2. 电压与电流的数量关系**

由式(6.6.2)可得

$$U = IZ \tag{6.6.3}$$

$$U_R = IR \qquad U_L = IX_L \qquad U_C = IX_C \tag{6.6.4}$$

**3. 电流与电压的相位关系**

在 $R$-$L$-$C$ 串联电路中，电抗 $X = X_L - X_C$ 是电感与电容共同作用的结果，$X$ 的正负决定了电路的性质，下面分别加以讨论。

(1)电路呈感性：

当 $X_L > X_C$，即 $X = X_L - X_C > 0$，则 $U_L > U_C$，电路呈感性，电路的总电压超前电流 $\varphi$ 角，其矢量图见图 6-13(a)。

(2)电路呈容性：

当 $X_L < X_C$，即 $X = X_L - X_C < 0$，则 $U_L < U_C$，电路呈容性，电路中总电压滞后电流 $\varphi$ 角，其矢量图见图 6-13(b)。

(3)电路呈阻性：

当 $X_L = X_C$，即 $X = X_L - X_C = 0$，则 $U_L = U_C$，电路呈阻性，电路中总电压与电流同相，其矢量图见图 6-13(c)。

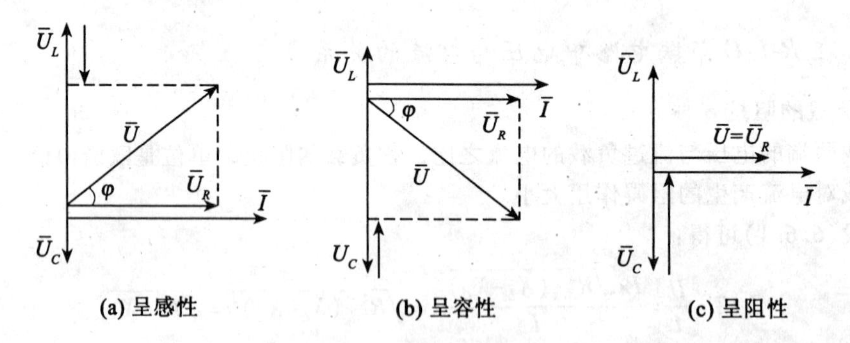


图 6-13 R-L-C 串联电路的性质

## 6.6.2 R-L-C 串联电路的功率

电阻、电感和电容串联电路中，由于既有储能元件(电感和电容)，也有耗能元件(电阻），所以，既有有功功率，也有无功功率。

**1. 有功功率**

有功功率是电阻上消耗的功率：

$$P = U_R I = I^2 R = UI\cos\varphi \tag{6.6.5}$$

**2. 无功功率**

在电阻、电感和电容串联电路中，电感和电容都与电源进行能量交换，所以都有无功功率，但由于 $u_L$和 $u_C$相位差为180°，是反相，所以它们的瞬时功率状态也是相反的，即当电感吸收能量时（$p_L>0$），此时电容正好放出能量（$p_C<0$），反之电容吸收能量时（$p_C>0$），电感放出能量（$p_L<0$），它们之间进行能量交换的差值才与电源进行交换。即只有当电感和电容相互交换能量不足部分，才与电源进行交换，所以整个电路的无功功率为：

$$Q = Q_L - Q_C = I^2 X = UI\sin\varphi \tag{6.4.6}$$

**3. 视在功率**

视在功率表示电源提供的总功率，即表示交流电源的容量大小。根据视在功率定义可知：

$$S = UI \tag{6.6.7}$$

由 $P$、$Q$、$S$ 可构成功率三角形如图6-13(c)所示。它的斜边是视在功率 $S$，两直角边分别是有功功率 $P$ 和无功功率 $Q$。由于 $P$、$Q$、$S$ 不是正弦量，所以功率三角形也不是矢量三角形。

在功率三角形中，有：

$$S = \sqrt{P^2 + Q^2} \tag{6.6.8}$$

**4. 功率因数**

为了反映电源利用率，我们把有功功率与视在功率的比值称做功率因数（$\cos\varphi$）。由功率、电压、阻抗三角形得：

$$\text{功率因数}\ \cos\varphi = \frac{P}{S} = \frac{U_R}{U} = \frac{R}{Z} \tag{6.6.9}$$

**【例6-9】** 一个线圈的电阻 $R=1\text{k}\Omega$，电感 $L=0.5\text{mH}$ 和一个 $C=5\times10^{-4}\,\mu\text{F}$ 的电容器相串联，外加频率 $f=150\text{kHz}$，通过电路的电流 $I=20\text{mA}$。求：(1)电压 $U$、$U_R$、$U_L$、$U_C$；(2)功率 $P$、$Q$、$S$；(3)功率因数 $\cos\varphi$。

解：(1)感抗

$$X_L = 2\pi fL = 2\times3.14\times150\times10^3\times0.5\times10^{-3} = 4710\Omega$$

容抗

$$X_C = \frac{1}{2\pi fC} = \frac{1}{2\times3.14\times150\times10^3\times5\times10^{-10}} = 2123\Omega$$

阻抗

$$Z = \sqrt{R^2 + (X_L - X_C)^2} = \sqrt{1000^2 + (4710-2123)^2} = 2773.5\Omega$$

电源电压

$$U = IZ = 2773.5\times2\times10^{-2} = 55.47\text{V}$$

电阻两端电压

$$U_R = IR = 1000 \times 2 \times 10^{-2} = 20\text{V}$$

电感两端电压

$$U_L = IX_L = 4710 \times 2 \times 10^{-2} = 94.2\text{V}$$

电容两端电压

$$U_C = IX_C = 2123 \times 2 \times 10^{-2} = 42.46\text{V}$$

(2)有功功率

$$P = I^2R = 2 \times 10^{-2} \times 2 \times 10^{-2} \times 1000 = 0.4\text{W}$$

无功功率

$$Q = Q_L - Q_C = I^2(X_L - X_C) = 2 \times 10^{-2} \times 2 \times 10^{-2} \times (4710 - 2123) \approx 1.0\text{var}$$

视在功率

$$S = UI = 55.47 \times 2 \times 10^{-2} \approx 1.1\text{VA}$$

(3)功率因数

$$\cos\varphi = \frac{P}{S} = \frac{U_R}{U} = \frac{R}{Z} = \frac{1000}{2773.5} \approx 0.36$$

**【练习六】**

**一、填空题**

1. 在 $R$-$L$-$C$ 串联电路中，负载的阻抗 $Z = U/I =$__________。

2. 在 $R$-$L$-$C$ 串联电路中，$X$ 称为__________，它是__________与__________共同作用的结果，其大小 $X=$__________。

3. 当 $X>0$ 时，阻抗角 $\varphi$ 为__________值，相位关系为总电压 $u$ __________电流 $i$ 的 $\varphi$ 角，电路呈__________。当 $X<0$ 时，阻抗角 $\varphi$ 为__________值，总电压 $u$ __________电流 $i$ 的 $\varphi$ 角，电路呈__________。当 $X=0$ 时，阻抗角 $\varphi=$__________，总电压 $u$ 和电流 $i$ 的相位差为__________，电路呈__________。

**二、计算题**

一个线圈和一个电容器相串联，已知线圈电阻 $R=4\Omega$，$L=254\text{mH}$，电容 $C=637\mu\text{F}$，外加电压 $u=110\sqrt{2}\sin(100\pi t+90°)\text{V}$，求：(1)电路的阻抗 $Z$；(2)电流的有效值的 $I$；(3) $U_R$、$U_L$、$U_C$；(4) $P$、$Q$、$S$；(5)功率因数 $\cos\varphi$。

# 6.7 提高功率因数的意义及一般方法

## 6.7.1 提高功率因数的意义

我们知道，对于每个供电设备(如发电机、变压器)来说都有额定容量，即视在功率。在正常工作时是不允许超过额定值的，否则极易损坏供电设备。我们又知道，在有感性负载时，供电设备输出的总功率中既有有功功率又有无功功率。由 $P=S\cos\varphi$ 知，当 $S$ 一定时，功率因数 $\cos\varphi$ 越低，有功功率就越小，无功功率的比重自然就大。这说明电源提供的总功率被负载利用的部分就越少。如当 $\cos\varphi=0.5$ 时，$P=S/2$，这说明负载只利用了电源提供能量的一半，从供电的角度来看，显然是很不合算的。若将功率因数能提高到 1，则 $P=S$，这说明电源提供的能量全部被负载利用了。

另外，由 $P=UI\cos\varphi$ 还可看出，当电源电压 $U$ 和负载的有功功率 $P$ 一定时，功率因数 $\cos\varphi$ 越低，电源提供的电流就越大。又由于供电线路总具有一定电阻，当电流越大时线路上的损耗($p=I^2R$)就越大。这不仅会使电能白白地消耗在线路上，而且还会使负载两端的电压降低，影响负载正常工作。

**【例 6-10】** 已知某发电机的额定电压为 220V，视在功率为 440kvar。(1)用该发电机向额定工作电压为 220V，有功功率为 4.4kW，功率因数为 0.5 的用电器供电，能供多少负载？(2)若把功率因数提高到 1 时，又能供多少负载？(设线路无损耗)

解：(1)因发电机的额定电流为

$$I_e=\frac{S}{U}=\frac{440\times10^3}{220}=2000\text{A}$$

当 $\cos\varphi=0.5$ 时，每个用电器的电流为

$$I=\frac{P}{U\cos\varphi}=\frac{4.4\times10^3}{220\times0.5}=40\text{A}$$

则发电机能供电的负载数为

$$\frac{I_e}{I}=\frac{2000}{40}=50\text{ 个}$$

(2)当 $\cos\varphi=1$ 时，每个用电器的电流为

$$I'=\frac{P}{U}=\frac{4.4\times10^3}{220}=20\text{A}$$

则发电机能供电的负载数为

$$\frac{I_e}{I'}=\frac{2000}{20}=100\text{ 个}$$

**【例 6-11】** 已知某水电站以 220kV 的高压输给负载 $44\times10^4$kW 的电力，若输电线路的总电阻为 10Ω，试计算负载的功率因数由 0.5 提高到 0.9 时，输电线上一年 360 天要少损失多少电能？

解：当功率因数 $\cos\varphi_1=0.5$ 时，线路电流为

$$I_1=\frac{P}{U\cos\varphi_1}=\frac{44\times10^7}{22\times10^4\times0.5}=4\times10^3\text{A}$$

当功率因数 $\cos\varphi_2=1$ 时，线路电流为

$$I_2=\frac{P}{U\cos\varphi_2}=\frac{44\times10^7}{22\times10^4\times0.9}\approx2222\text{A}$$

所以一年中线路上少损失的电能为

$$W=(I_1^2-I_2^2)Rt=[(4\times10^3)^2-2222^2]\times10\times365\times24=9.69\text{ 亿度}$$

从以上讨论可明显看出，提高功率因数是必要的。其意义就在于：

(1)提高供电设备的利用率。

(2)减小输电线路上的损耗，提高输电效率。

## 6.7.2 提高功率因数的一般方法

日常生活中常用的负载如日光灯、电动机等，属于低功率因数的感性负载。怎样才能提高感性负载的功率因数呢？为了既提高功率因数又不改变负载两端的工作电压，通常都采用下面两种方法。

**1. 在感性负载两端并联适当容量的电容器**

提高感性负载功率因数的最简便的方法，是用适当容量的电容器与感性负载并联，如图6-14(a)所示。这样就可以使电感中的磁场能量与电容器的电场能量进行交换，从而减少电源与负载间能量的互换。

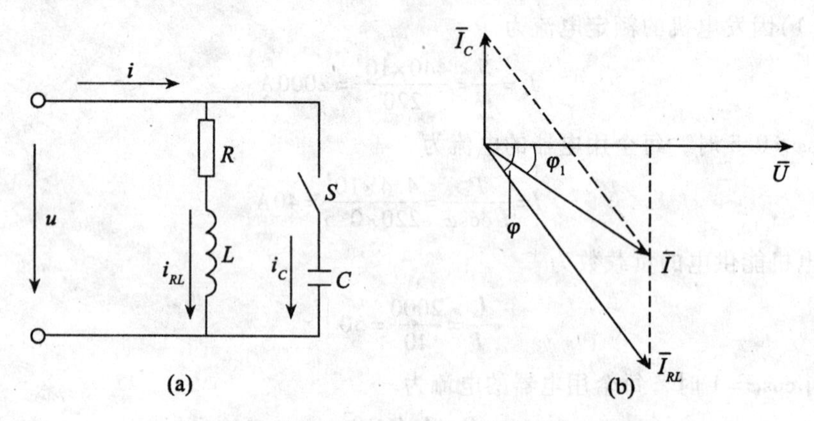


图6-14 并联电容提高感性负载的功率因数

并联电容前($S$断开)，总电流$\overline{I}=\overline{I}_{RL}$，且滞后于$\overline{U}$一个较大$\varphi$角，功率因数$\cos\varphi$较低。并联电容后($S$闭合)，电容支路出现超前电压$\overline{U}90°$的电流$\overline{I}_C$，使总电流变为$\overline{I}=\overline{I}_{RL}+\overline{I}_C$，从图6-14(b)所示的矢量图可知，并联电容后，$\overline{U}$与$\overline{I}$的相位差减小为$\varphi_1$，因$\varphi_1<\varphi$，故$\cos\varphi_1>\cos\varphi$，即整个电路的功率因数提高了。

结论：并联电容后，电路的总电流$I$减小，电路总功率因数增大，电路总视在功率$S$降低。原感性支路的工作状态不变，感性支路的功率因数不变，感性支路的电流$I_{RL}$不变。因为电路中的电阻没有变化，所以消耗的有功功率也不变。

借助矢量图分析可证明：对于额定电压为$U$、额定功率为$P$、工作频率为$f$的感性负载$R$-$L$来说，将功率因数从$\cos\varphi_1$提高到$\cos\varphi_2$，所需并联的电容为

$$C=\frac{P}{2\pi fU^2}(\tan\varphi_1-\tan\varphi_2)$$

**2. 提高用电设备自身的功率因数**

提高用电设备自身的功率因数，主要是指合理选用电动机，即不要用大容量的电动机来带动小功率负载(俗话说的不要用大马拖小车)。应尽量避免用电设备在轻载或空载状态下运行，因为一般用电设备，例如感应电动机，在空载(不接负载)时，其$\cos\varphi$仅为0.2～0.3，而满载时则可达0.8～0.85。

**【练习七】**

**填空题**

1. 在电力系统中，功率因数是一个重要指标。提高功率因数能提高供电设备的__________率，还能减小输电线路上的__________，提高输电效率。

2. 在纯电阻电路中，功率因数 $\cos\varphi$ = __________，在感性负载中，$\cos\varphi$ 介于__________与__________之间。

3. 提高感性负载功率因数的最简便的方法，是在感性负载两端__________适当容量的电容器。

4. 在感性负载两端并联电容后，原感性支路的工作状态__________，感性支路的电流__________。感性支路的功率因数__________，电路的有功功率__________。

## 6.8 串联谐振电路

在 $R$-$L$-$C$ 串联电路中，电抗 $X$ 的值决定电路的性质。$X>0$，是感性电路；$X<0$，是容性电路；当电路端电压和电流同相时，$X=0$，电路呈电阻性，电路的这种状态叫串联谐振。

### 6.8.1 产生谐振的条件和谐振频率

在图 6-15(a)所示实验电路中，电源电压有效值一定，改变电源频率，使它由小逐渐变大，小灯泡 HL 由暗逐渐变亮。当电源频率增大到某一数值时，小灯泡最亮。继续增大电源频率，小灯泡又由亮变暗。

将上述实验中的电容器换成可变电容器，如图 6-15(b)所示。让电源的电压大小及频率保持某一适当值，调节可变电容器，使其电容量由小逐渐变大，小灯泡由暗逐渐变亮。当电容增大到某一数值时，小灯泡最亮。继续增大电容，小灯泡又由亮逐渐变暗。

小灯泡最亮时，说明 $R$-$L$-$C$ 串联电路中的总阻抗最小，电流最大，这种现象叫做“谐振”现象。

**1. 谐振条件**

$R$-$L$-$C$ 串联电路发生谐振的条件是：电路的电抗为零，即

$$X=X_L-X_C=0$$

则谐振时电路的阻抗角为

$$\varphi=\arctan\frac{X}{R}=0$$

$\varphi=0$ 说明电压与电流同向。我们把 $R$-$L$-$C$ 串联电路中出现的阻抗角 $\varphi=0$，电流和电压同相的情况，称作串联谐振。

**2. 谐振频率**

$R$-$L$-$C$ 串联电路发生谐振时，必须满足条件

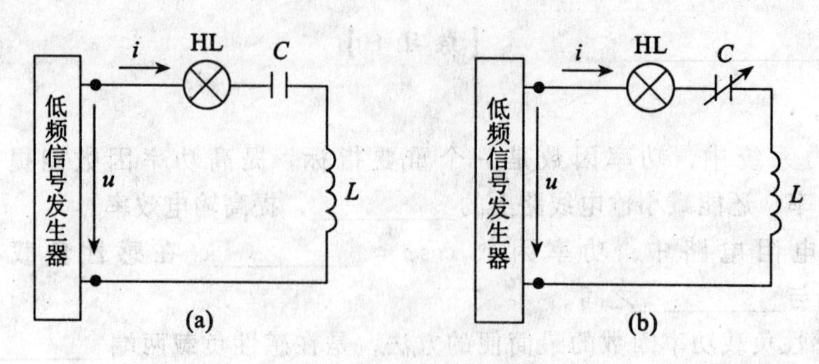

图 6-15　串联谐振实验

$$X=X_L-X_C=\omega L-\frac{1}{\omega C}=0$$

即

$$\omega^2 LC=1$$

分析上式，要满足谐振条件，一种方法是改变电路中的参数 $L$ 或 $C$，另一种方法是改变电源频率。对于电感、电容为确定值的电路，要产生谐振，电源角频率必须满足下式

$$\omega=\omega_0=\frac{1}{\sqrt{LC}} \tag{6.8.1}$$

谐振时电源频率为

$$f=f_0=\frac{1}{2\pi\sqrt{LC}} \tag{6.8.2}$$

谐振频率 $f_0$ 仅由电路参数 $L$ 和 $C$ 决定，与电阻 $R$ 的大小无关，它反映了电路本身的固有特性。当电路的参数确定之后，$f_0$ 是确定的值，因此 $f_0$ 叫做电路的"固有频率"。

电路发生谐振时，外加电源频率必须等于电路的"固有频率"。在实际应用中，当电源的角频率 $\omega$ 一定时，可改变电容 $C$ 和电感 $L$，使电路在某一频率下发生谐振。

由 $\omega^2 LC=1$ 可得

$$C=\frac{1}{\omega_0^2 L} \tag{6.8.3}$$

$$L=\frac{1}{\omega_0^2 C} \tag{6.8.4}$$

调节 $L$ 和 $C$ 均可使电路谐振，我们通常把调节 $L$ 和 $C$ 使电路谐振的过程称为"调谐"。

【例 6-12】　某收音机的输入回路(调谐回路)，可简化为一个 $R$-$L$-$C$ 串联电路，已知 $R=20\Omega$，$L=250\mu H$，今欲收到频率范围为 525 ~ 1610kHz 的中波信号，试求电容 $C$ 的变化范围。

解：由 $C=\frac{1}{\omega_0^2 L}=\frac{1}{(2\pi f)^2 L}$ 得

当 $f=525$kHz 时，电路谐振，则

$$C_1=\frac{1}{(2\pi\times525\times10^3)^2\times250\times10^{-6}}=368\text{pF}$$

当 $f=1610$kHz 时，电路谐振，则

$$C_2=\frac{1}{(2\pi\times1610\times10^3)^2\times250\times10^{-6}}=39.1\text{pF}$$

### 6.8.2 串联谐振的特点

电路发生谐振时，具有以下特点：

(1)谐振时，阻抗最小，且为纯电阻。

因为谐振时，$X=X_L-X_C=0$，所以 $Z_0=\sqrt{R^2+X^2}=R$。

(2)谐振时，电路中的电流最大，并与外加电源电压同相。

谐振时，$Z=R$ 为最小，所以电流 $I$ 为最大，最大值为

$$I=\frac{U}{R}$$

此时 $U=U_R$，且二者同相。

(3)特性阻抗。$R$-$L$-$C$ 串联电路谐振时，电抗为零，但感抗和容抗都不为零，此时电路的感抗或容抗都叫做谐振电路的“特性阻抗”，用字母 $\rho$ 表示，单位是 $\Omega$。$\rho$ 是衡量电路特性的一个重要参数。

由于谐振时，$\omega_0=\dfrac{1}{\sqrt{LC}}$

谐振时的感抗为 $$X_{L0}=\omega_0L=\frac{L}{\sqrt{LC}}=\sqrt{\frac{L}{C}}=\rho$$

谐振时的容抗为 $$X_{C0}=\frac{1}{\omega_0C}=\frac{1}{\frac{1}{\sqrt{LC}}C}=\sqrt{\frac{L}{C}}=\rho$$

因此，特性阻抗 $$\rho=X_{L0}=X_{C0}=\sqrt{\frac{L}{C}} \tag{6.8.5}$$

(4)品质因数。谐振时，电感和电容两端的电压相等，且相位相反，其大小为电源电压 $U$ 的 $Q$ 倍。$Q$ 称为电路的“品质因数”。

因为谐振时，$\omega_0=\dfrac{1}{\sqrt{LC}}$，$X_L=X_C$，则电感上电压 $U_{L0}=I_0X_L$，电容上电压 $U_{C0}=I_0X_C$，所以 $U_{L0}=U_{C0}$，于是谐振时

$$Q=\frac{U_{L0}}{U}=\frac{I\times\omega_0L}{IR}=\frac{\omega_0L}{R}=\frac{\rho}{R}$$

即 $$Q=\frac{U_{L0}}{U}=\frac{U_{C0}}{U}=\frac{\rho}{R} \tag{6.8.6}$$

则 $$U_{L0}=U_{C0}=QU$$

这样，谐振时，电感和电容两端的电压相等，且为电源电压 $U$ 的 $Q$ 倍，所以串联谐振又称为“电压谐振”。

电路的 $Q$ 值一般为 50 ~ 200。因此，即使外加电源电压不高，在谐振时，电路元件上的电压仍有可能很高，特别对于电力系统来说，由于电源本身电压较高，如果电路在接近

于串联谐振的情况下工作，在电感和电容两端有可能因谐振出现过电压，从而烧坏电气设备。所以在电力系统中必须适当选择电路的参数 $L$ 和 $C$，以避免谐振的发生。

【例 6-13】 已知 $R$-$L$-$C$ 串联电路中，$R=20\Omega$，$L=300\mu H$，当电源频率调到 800kHz 时，回路中的电流达最大值 $I_0=0.15mA$，求：电源电压 $U$、电容 $C$、回路的特性阻抗 $\rho$、品质因数 $Q$ 及电感上的电压 $U_{L0}$。

解：由于谐振时

电源电压

$$U=U_R=I_0R=0.15\times20=3mV$$

电容

$$C=\frac{1}{\omega_0^2L}=\frac{1}{(2\pi f)^2L}=\frac{1}{(2\pi\times800\times10^3)^2\times300\times10^{-6}}=132pF$$

特性阻抗

$$\rho=\sqrt{\frac{L}{C}}=\sqrt{\frac{300\times10^{-6}}{132\times10^{-12}}}=1508\Omega$$

品质因数

$$Q=\frac{\rho}{R}=1508/20=75$$

电感上电压

$$U_{L0}=QU=75\times3=225mV$$

## 【练习八】

### 一、填空题

1. 我们把 $R$-$L$-$C$ 串联电路中出现的阻抗角 $\varphi=$__________，电流和电压__________的情况，称作串联谐振。

2. $R$-$L$-$C$ 串联电路发生谐振的条件是：电路的__________为零。

3. $R$-$L$-$C$ 串联电路的谐振频率 $f_0=$__________，$f_0$ 仅由电路参数__________和__________决定，与电阻 $R$ 的大小__________，它反映了电路本身的__________特性。$f_0$ 叫做电路的__________频率。

4. $R$-$L$-$C$ 串联电路谐振时，电路的感抗或容抗都叫做谐振电路的“特性阻抗”，用字母 $\rho$ 表示，单位是 Ω。$\rho=X_{L0}=X_{C0}=$__________。

5. $R$-$L$-$C$ 串联电路谐振时，电感和电容两端的电压__________，且相位相反，其大小为电源电压 $U$ 的__________倍，$Q=$__________称为电路的品质因数。所以串联谐振又称为“电压谐振”。

### 二、计算题

已知某 $R$-$L$-$C$ 串联电路中，$R=10k\Omega$，$L=0.1mH$，$C=0.4pF$，电源电压 $U=0.1V$，则此电路的特性阻抗 $\rho$ 及品质因数 $Q$ 分别为多少？谐振时 $U_{C0}$ 为多少？

# 6.9 RLC 并联电路

## 6.9.1 *RLC* 并联电路

把电阻、电感、电容并联起来，接到交流电源上，就组成了 *RLC* 并联电路，如图6-16所示。在并联电路中，由于各支路两端的电压相同，因此，在讨论问题时，以电压为参考量。

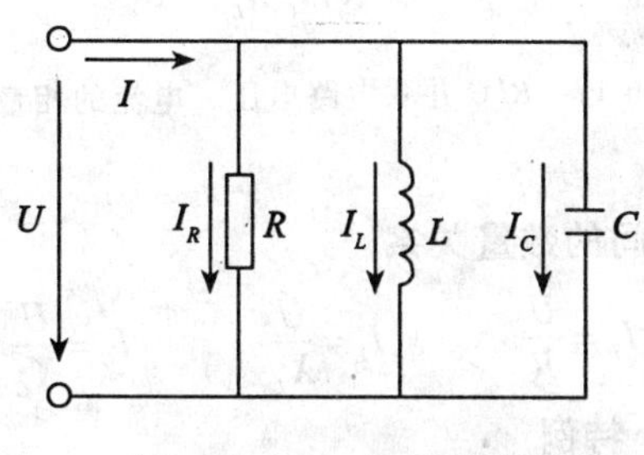


图 6-16 *RLC* 并联电路

设加在 *RLC* 并联电路两端的电压为

$$u=U_m\sin\omega t$$

则通过电阻的电流为

$$i_R=I_{Rm}\sin\omega t$$

通过电感的电流为

$$i_L=I_{Lm}\sin\left(\omega t-\frac{\pi}{2}\right)$$

通过电容的电流为

$$i_C=I_{Cm}\sin\left(\omega t+\frac{\pi}{2}\right)$$

电路的总电流为

$$i=i_R+i_L+i_C$$

与之时应的相量关系为

$$\bar{I}=\bar{I}_R+\bar{I}_L+\bar{I}_C$$

作出与 $u$、$i_R$、$i_L$和 $i_C$相对应的相量图，如图 6-17 所示。

**1. 端电压 *u* 与总电流 *i* 间的相位关系**

在图 6-17(a)中，当 $X_L>X_C$时，$I_C>I_L$，总电流超前端电压 $\varphi$，电路呈容性；

在图 6-17(b)中，当 $X_L<X_C$时，$I_C<I_L$，总电流滞后端电压 $\varphi$，电路呈感性；

在图 6-17(c)中，当 $X_L=X_C$时，$I_C=I_L$，总电流与端电压同相，电路呈电阻性，电路的这种状态叫并联谐振。

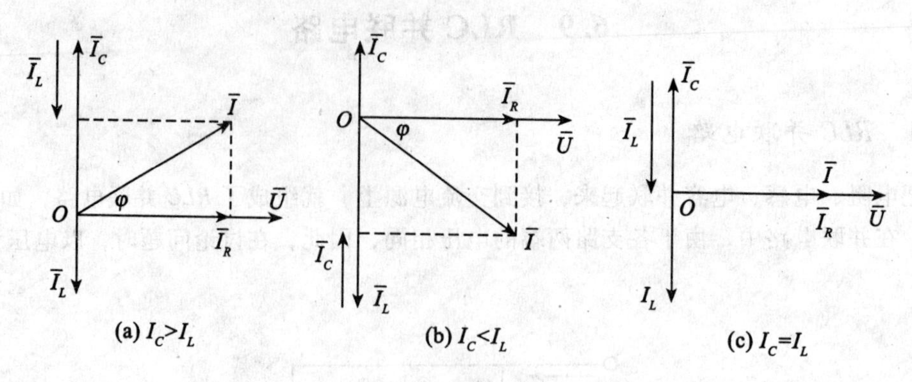


图 6-17　*RLC* 并联电路电压、电流的相量图

**2. 各支路电流与端电压间的数量关系**

$$I_R=\frac{U}{R}\qquad I_L=\frac{U}{X_L}\qquad I_C=\frac{U}{X_C}$$

**3. RLC 并联电路的两个特例**

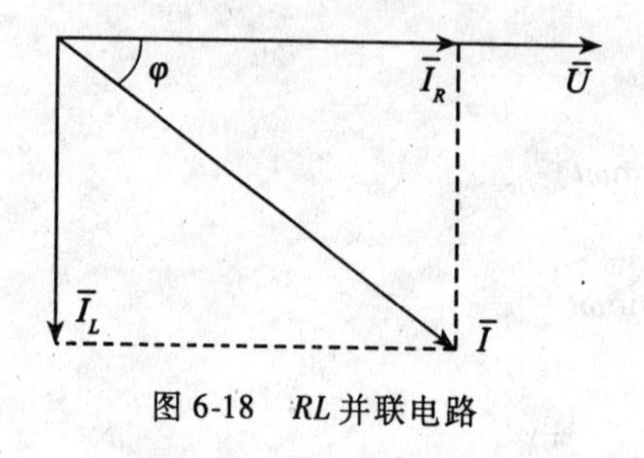


图 6-18　*RL* 并联电路

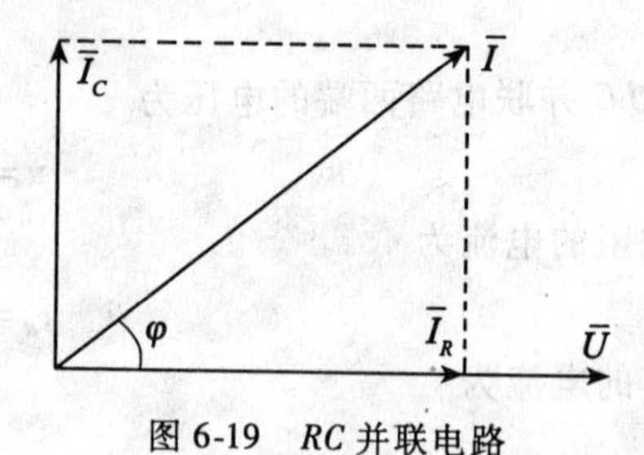


图 6-19　*RC* 并联电路

(1) 当 $X_C\to\infty$ 则 $I_C=0$，此电路为 *RL* 并联电路。以电压为参考相量，作电压、电流相量图如图 6-18 所示。从相量图中可知，端电压 $u$ 超前总电流 $i\varphi$ 角，电路呈感性。

(2) 当 $X_L\to\infty$ 则 $I_L=0$，此电路为 *RC* 并联电路。以电压为参考相量，作电压、电流相量图如图 6-19 所示。从相量图中可知，端电压 $u$ 滞后总电流 $i\varphi$ 角，电路呈容性。

**【例 6-14】**　将 $L=0.1\text{H}$ 的电感元件和 $R=40\Omega$ 的电阻并联，与 $U=200\text{V}$，$f=50\text{Hz}$ 的交流电源联接，求电路中各支路电流。

解：电阻支路电流为

$$I_R=\frac{U}{R}=\frac{200}{40}=5\text{A}$$

电感支路电流为

$$I_L=\frac{U}{X_L}=\frac{U}{2\pi fL}=\frac{200}{2\times3.14\times50\times0.1}=6.37\text{A}$$

### 6.9.2　实际线圈与电容并联电路

实际线圈与电容并联电路如图 6-20 所示。由于各支路的阻抗不仅影响电流的大小，而且影响电流的相位。因此，解决这类问题分两步进行，先按串联电路的规律对各 $R$-$L$ 支路进行分析、计算；然后再根据并联电路的规律，用矢量求和的方法计算总电流。

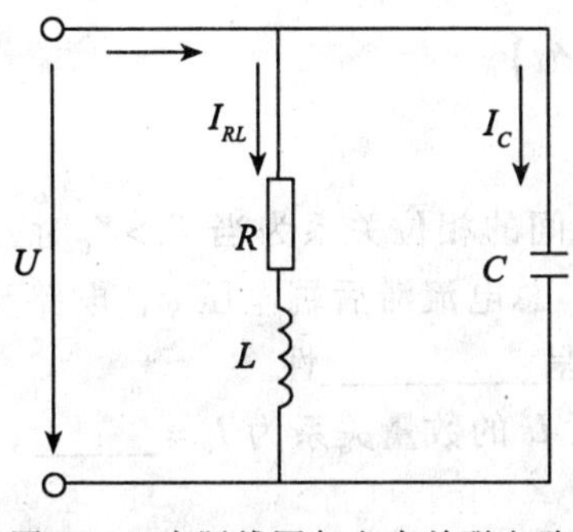

图 6-20　实际线圈与电容并联电路

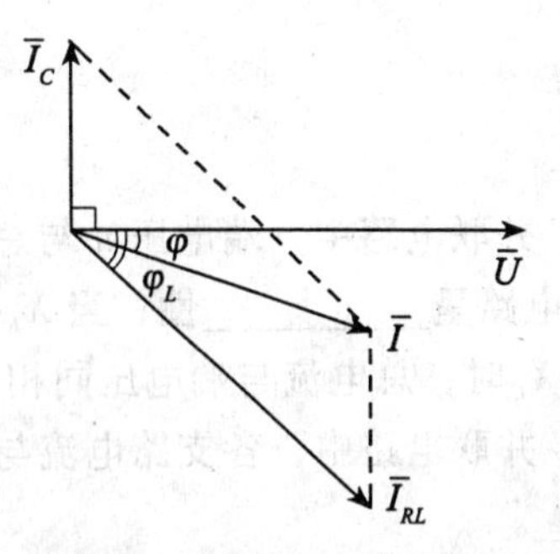

图 6-21　电压、电流相量图

由图 6-20 可知，电路主体结构为并联电路，加在各支路的电压是同一电压，所以令电压为参考量，即 $u=U_m\sin\omega t$，则实际线圈支路电流 $I_{RL}$ 较电压 $U$ 滞后 $\varphi_L$，电容支路的电流 $I_C$ 较电压 $U$ 超前 $\frac{\pi}{2}$。作出总电流、总电压和各支路电流相量图，如图 6-21 所示。应用平行四边形法则，求出各支路电流相量和，就是总电流的相量，即 $\bar{I}=\bar{I}_{RL}+\bar{I}_C$。

**1. 电压与电流的相位关系**

(1) 当 $\varphi<0$ 时，电路呈感性，端电压 $u$ 超前于总电流 $i$ 一个角度 $\varphi$。

(2) 当 $\varphi>0$ 时，电路呈容性，端电压 $u$ 滞后于总电流 $i$ 一个角度 $\varphi$。

(3) 当 $\varphi=0$ 时，电路呈阻性，端电压 $u$ 与总电流 $i$ 同相位。

**2. 电流与电压间的数量关系**

$$I_{RL}=\frac{U}{Z_{RL}}=\frac{U}{\sqrt{R^2+X_L^2}}\qquad I_C=\frac{U}{X_C}$$

**【例 6-15】** 在 $U=10\text{V}$，$f=1\text{kHz}$ 的交流电源作用下，将一个 $R=100\Omega$ 的电阻，$L=0.1\text{H}$ 的线圈与 $C=0.2\mu\text{F}$ 电容器并联，求：(1) 线圈的阻抗 $Z$；(2) 电容器的容抗 $X_C$；(3) 每条支路的电流。

解：(1) 线圈的感抗与阻抗分别为

$$X_L=2\pi fL=2\times3.14\times1000\times0.1=628.3\Omega$$

$$Z_{RL}=\sqrt{R^2+X_L^2}=\sqrt{100^2+628.3^2}=636.2\Omega$$

(2) 电容器的容抗

$$X_C=\frac{1}{2\pi fC}=\frac{1}{2\times3.14\times1000\times0.2\times10^{-6}}=796.2\Omega$$

(3) 线圈支路的电流为

$$I_{RL}=\frac{U}{Z_{RL}}=\frac{10}{636.2}=15.72\text{A}$$

电容支路的电流为

$$I_C=\frac{U}{X_C}=\frac{10}{796.2}=12.56\text{mA}$$

**【练习九】**

**填空题**

1. *RLC* 并联电路中，端电压 $u$ 与总电流 $i$ 间的相位关系为当 $X_L>X_C$时，总电流超前端电压 $\varphi$，电路呈＿＿＿＿＿性；当 $X_L<X_C$时，总电流滞后端电压 $\varphi$，电路呈＿＿＿＿＿性；当 $X_L=X_C$时，总电流与端电压同相，电路呈＿＿＿＿＿性。

2. *RLC* 并联电路中，各支路电流与端电压 $U$ 的数量关系为 $I_R=$＿＿＿＿，$I_L=$＿＿＿＿，$I_C=$＿＿＿＿。

3. 在实际线圈与电容并联电路中，端电压 $u$ 超前于总电流 $i$ 一个角度 $\varphi$ 时，电路呈＿＿＿＿＿性；端电压 $u$ 滞后于总电流 $i$ 一个角度 $\varphi$ 时，电路呈＿＿＿＿＿性；端电压 $u$ 与总电流 $i$ 同相位时，电路呈＿＿＿＿＿性。

4. 在实际线圈与电容并联电路中，各支路电流与端电压 $U$ 的数量关系为：$I_{RL}=$＿＿＿＿＿；$I_C=$＿＿＿＿＿。

## 6.10 并联谐振电路

在电子技术中为提高谐振电路的选择性，常常需要提高谐振回路的品质因数 $Q$，如果信号源内阻较小，可以采用串联谐振电路。如果信号源内阻很大，采用串联谐振会使 $Q$ 值大为降低，使谐振电路的选择性显著变坏。这种情况下，常采用并联谐振电路。

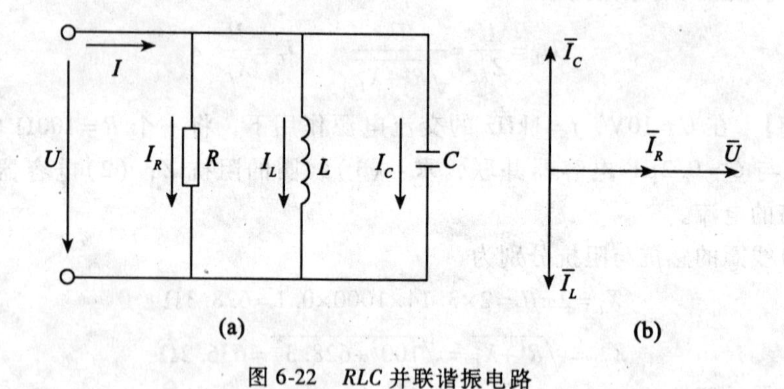


图 6-22　*RLC* 并联谐振电路

### 6.10.1　*RLC* 并联谐振电路

在图 6-22(a)所示的 *RLC* 并联电路中，发生谐振的条件是 $X_L=X_C$，则 $I_L=I_C$，由图 6-22(b)所示的相量图可知，这时 $\bar{I}_L$ 与 $\bar{I}_C$ 大小相等，方向相反，其相量和为零，则总电流

$\bar{I}$等于电阻电流$\bar{I}_R$，且与电压同相。即各电流间有如下关系

$$\bar{I}_L=-\bar{I}_C \quad \bar{I}=\bar{I}_R+\bar{I}_L+\bar{I}_C=\bar{I}_R$$

根据谐振条件：$X_L=X_C$，则 $\omega_0 L=\dfrac{1}{\omega_0 C}$

可求出谐振角频率为

$$\omega_0=\frac{1}{\sqrt{LC}} \tag{6.10.1}$$

谐振频率为

$$f_0=\frac{1}{2\pi\sqrt{LC}} \tag{6.10.2}$$

$RLC$ 并联谐振电路的性质有些与串联谐振电路相似，有些与串联谐振相反。下面，通过对比，简单介绍并联谐振电路的性质。

(1)当电压一定时，并联谐振电路的总电流最小，这与串联谐振电路相反。

$$I=\sqrt{I_R{}^2+(I_L-I_C)^2}=I_R$$

电感支路的电流与电容支路的电流完全补偿，总电流 $I=I_R$为最小。

(2)并联谐振电路的总阻抗最大，这与串联谐振电路相反。因为电压一定时，电流$I=I_R$为最小，而阻抗 $Z=\dfrac{U}{I}=R$ 为最大。

(3)并联谐振频率$f_0=\dfrac{1}{2\pi\sqrt{LC}}$，这点与串联谐振电路相同。

(4)谐振时，总电流与电压同相，电路呈电阻性，这与串联谐振电路相同。

### 6.10.2　电感线圈和电容器的并联谐振电路

实际线圈与电容器并联起来组成一个谐振回路，这是一种常见的、用途广泛的谐振电路。电容器接到交流电路中，其电阻可以忽略不计，但实际线圈的电阻是不可忽略的，可把它看成一个 $R$-$L$ 串联电路，如图 6-23(a)所示。发生谐振时，总电流与电压同相，其相量图如图 6-23(b)所示。

理论与实验证明，电感线圈与电容并联谐振电路的谐振频率近似为

$$f_0=\frac{1}{2\pi\sqrt{LC}} \tag{6.10.3}$$

这个公式与串联谐振频率公式相同。

电感线圈与电容并联电路，谐振时具有以下特点：

(1)电路呈电阻性，由于 $R$ 很小，总阻抗很大。谐振时电路的谐振阻抗为：

$$Z_0=\frac{L}{RC} \tag{6.10.4}$$

上式说明线圈电阻 $R$ 越小，谐振时的阻抗 $Z_0$就越大。当 $R$ 趋于 0 时，谐振阻抗 $Z_0$趋于无穷大，也就是说理想电感与电容发生并联谐振时，其阻抗为无穷大，总电流为零。但在 $LC$ 回路内却存在 $i_L$与 $i_C$，只是它们大小相等，相位相反，才使总电流为零。

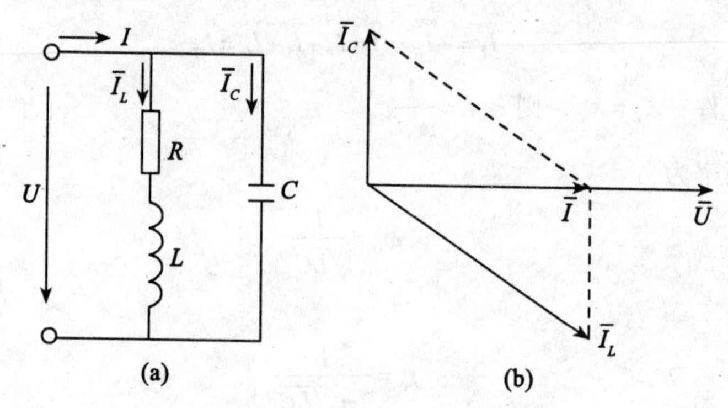

图 6-23　电感线圈与电容并联谐振电路

(2)特性阻抗 $\rho$ 和品质因数 $Q$ 分别为：

$$\rho=\sqrt{\frac{L}{C}} \tag{6.10.5}$$

$$Q=\frac{\omega_0 L}{R}=\frac{\rho}{R} \tag{6.10.6}$$

(3)总电流与电压同相，数量关系为：

$$U=Z_0 I \tag{6.10.7}$$

(4)支路电流是总电流的 $Q$ 倍，因此并联谐振又叫做“电流谐振”。

$$I_L=I_C=QI \tag{6.10.8}$$

当外加电源的频率等于线圈与电容并联电路的固有频率时，电路的阻抗 $Z=Z_0$ 为最大，它与电源的内阻分压可以获得较大的信号电压。当外加电源频率偏离并联电路的固有频率时，电路的阻抗很小，与内阻分压获得的信号电压也小。因此，并联谐振电路常常用作选频器，收音机和电视机的中频选频电路就是并联谐振电路。

【例 6-16】　在图 6-23(a)所示电路中，电路发生谐振时，角频率 $\omega_0=5\times10^6\,\text{rad/s}$，品质因数 $Q=100$，谐振时的阻抗 $Z_0=2\text{k}\Omega$，求电路的参数 $R$、$L$、$C$。

解：谐振时的阻抗、特性阻抗分别为

$$Z_0=\frac{L}{RC}\quad \rho=\sqrt{\frac{L}{C}}$$

所以谐振时

$$Z_0=\frac{\rho^2}{R}=\frac{\rho^2}{R^2}R=Q^2R$$

则电感线圈的电阻为

$$R=\frac{Z_0}{Q^2}=\frac{2000}{100^2}=0.2\Omega$$

由于

$$Q=\frac{\rho}{R}\quad \rho=\omega_0 L$$

则电感线圈的电感为 $$L=\frac{QR}{\omega_0}=\frac{100\times0.2}{5\times10^6}=4\mu H$$

由于谐振时的角频率为

$$\omega_0=\frac{1}{\sqrt{LC}}$$

则电容器的电容量为

$$C=\frac{1}{\omega_0^2L}=\frac{1}{(5\times10^6)^2\times4\times10^{-6}}=0.01\mu F$$

**【练习十】**

**一、填空题**

1. 为了提高谐振回路的品质因数，如果信号源内阻较小，可以采用______谐振电路。如果信号源内阻很大，采用串联谐振会使 $Q$ 值大为______，常采用__________谐振电路。

2. 当外加电源的频率等于线圈与电容并联电路的固有频率时，电路的阻抗______，它与电源的内阻分压可以获得__________的信号电压。当外加电源频率偏离并联电路的固有频率时，电路的__________很小，与内阻分压获得的信号电压也小。因此，并联谐振电路常常用做选频器，收音机和电视机的中频__________电路就是并联谐振电路。

**二、计算题**

把一个电阻为 $R=13.7\Omega$，电感为 $L=0.25mH$ 的线圈与一个 $C=85pF$ 的电容器接成并联谐振电路，求谐振频率 $f_0$ 和谐振时的阻抗 $Z_0$。

## 6.11 常用电气照明电路

### 6.11.1 照明概念

常用照明方式，有一般照明和局部照明两种。前者不仅要照亮工作面，而且要照亮整个房间，如车间、教室和居民室内的顶灯照明；后者只要求照亮某一工作地，如机床、钳工台、写字台等工作台灯的照明。

使用最为广泛的照明灯具，是白炽灯和荧光灯。此外，还有碘钨灯(俗称小太阳)、高压汞灯，高压钠灯等。本节只介绍白炽灯和日光灯照明电路。

良好的照明应满足以下几点：

(1)工作面或被照场地应有足够亮度，且亮度分布均匀。

(2)照明光线应柔和，不耀眼眩目。

(3)照明必须稳定而且安全可靠。

### 6.11.2 白炽灯照明电路

白炽灯也称灯泡，是利用电流流过高熔点钨丝后，使之发热到白炽程度而发光的灯具，其发光效率较低。白炽灯头有螺口式和插口式两种，如图 6-24 所示。

使用白炽灯时，应使灯泡的额定电压与供电电压一致。否则若误将额定电压低（如 36V）的灯泡接入高电压（如 220V）电路，就会烧坏灯泡。反之，灯泡不能正常发光。另外，在安装螺口灯泡时，必须将火线经开关接到螺口灯头底座的中心接线端上，以防触电。

一般白炽灯的电气线路很简单，只要将白炽灯与开关串联后再并接到供电线路上即可，如图 6-25 所示。安装白炽灯的口诀是：各个灯具要并联，灯头开关要串联，火线定要进开关，才能控灯又安全。

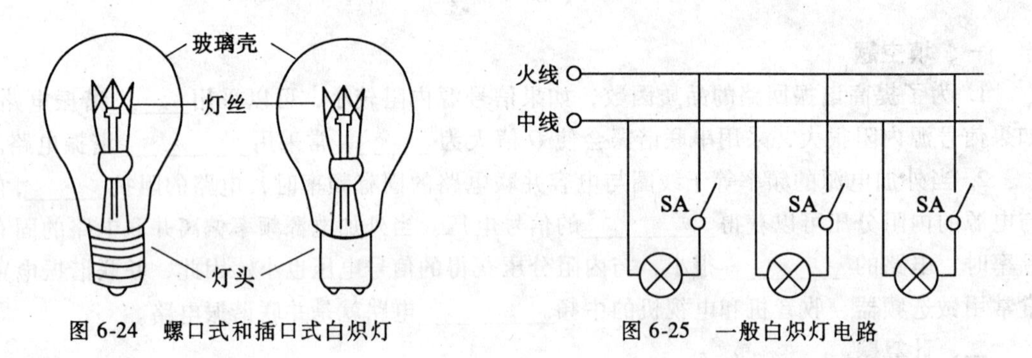


图 6-24　螺口式和插口式白炽灯　　图 6-25　一般白炽灯电路

除上述一般电路外，还有能分别在两个不同地方控制一盏灯的双联电路，如图 6-26 所示（图示电路为关断状态）。图中双联开关的工作位置如图 6-27 所示。

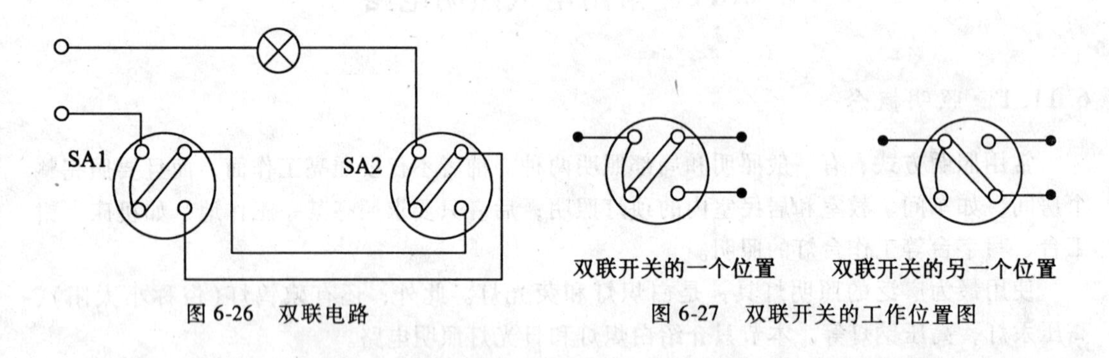


图 6-26　双联电路　　图 6-27　双联开关的工作位置图

使用这种电路后，可在任意装有开关的地方开灯或关灯，也可在一个地方开灯，到另一个地方关灯。双联电路特别适合做楼梯口的照明电路，当有人上楼时可在楼下开亮电灯，上完楼后在楼上关掉电灯。反之也可。

在安装白炽灯的口诀中提到火线定要进开关。那么用什么方法可判别出火线呢？通常是用验电笔来判定火线的。如图 6-28 所示，验电时手要接触笔尾的金属体，让笔尖接触电线或与之相连的插座、导体等。当电笔中的氖管发光时，笔尖接触的就是火线。

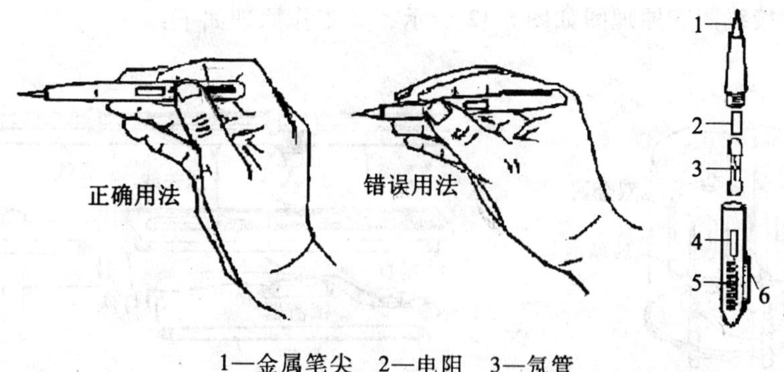


1—金属笔尖　2—电阻　3—氖管

4—小窗　5—弹簧　6—金属笔尖

图 6-28　验电笔的构造和使用方法

## 6.11.3　日光灯照明电路

日光灯的价格虽然较白炽灯高，且灯管经不起反复开与关的冲击，灯光稍有闪烁感，但日光灯的发光效率比白炽灯约高四倍，使用寿命长，光线更接近自然光，所以日光灯仍然受人们欢迎。日光灯照明电路由日光灯管、镇流器、启动器及灯脚架等组成。

**1. 日光灯管**

如图 6-29 所示，日光灯管是一抽成真空后再充入少量氩气的玻璃管，在灯管两端各装有一个在通电时能发射大量电子的灯丝。管内壁涂有荧光粉，管内还放有微量水银。

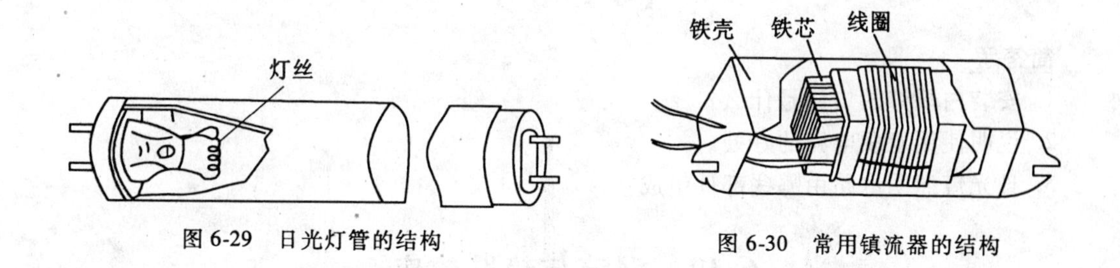


图 6-29　日光灯管的结构　　　图 6-30　常用镇流器的结构

**2. 镇流器**

如图 6-30 所示，镇流器实质上是一个铁芯线圈。它有两个作用，其一是与启动器配合使用来启动日光灯；其二是在日光灯管被点亮后限制灯管的电流。

镇流器必须与日光灯管配套使用，不能随便代替使用，如不能把 8 瓦日光灯的镇流器接到40瓦日光灯电路中使用，反之一样。

**3. 启动器**

如图 6-31 所示，在充有氖气的玻璃泡中封装有动、静触片。其中动触片为双金属片，受热时会伸展而与静触片接触，冷却后又会自动与静触片分离。在动静触片的引出端上并接有一个容量较小的纸介电容器，以减少开、关日光灯时对收听着的收音机的干扰。电容器和玻璃泡被封装在一圆柱形的铝壳中。

日光灯的接线图和原理图如图 6-32 所示，其工作原理如下：

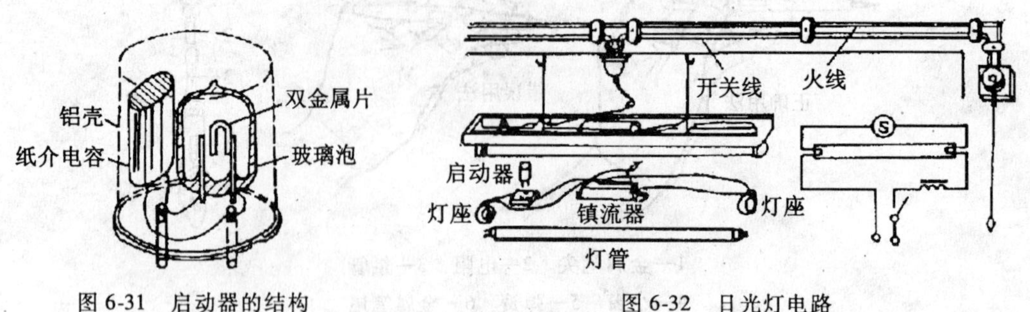


图 6-31　启动器的结构　　　　图 6-32　日光灯电路

由图 6-32 可知，在日光灯未工作时，灯管的灯丝、镇流器、启动器和开关是串联在一起的。当合上开关后，220 伏交流电压全部加在启动器的动、静片间而使之产生辉光(红色)放电。放电所产生的热量使双金属片伸展而与静触片接触，整个电路被接通。就在电路被接通的瞬间，灯丝因流过电流而发射出大量电子。但是，一旦动、静片接触，辉光就立刻消失，双金属片因失去热源而冷却并与静触片分离。此时镇流器因突然断电而产生较高的自感电动势，与电源电压叠加在一起，加在灯管两端，于是灯丝附近的电子在高压下加速运动，使管内的氩气电离而导电，进而使管内的水银变为蒸气，最后水银蒸气也被电离导电，辐射出紫外线，激励管内壁的荧光粉，发出近似日光的光线。

**【练习十一】**

**简答题**

1. 安装白炽灯的口诀是什么？
2. 说明使用双联电路的好处。
3. 日光灯照明电路由哪些部件组成？

## 6.12　涡流与趋肤效应

### 6.12.1　涡流及其利弊

在具有铁芯的线圈中通以交流电时，就有交变磁通穿过铁芯，由楞次定律知，在导电的铁芯内部必然感生出感生电流。由于这种电流在铁芯中自成闭合回路，其形状如同水中旋涡，所以称做涡流，如图 6-33(a)所示。

涡流对含有铁芯的电机和电器设备是十分有害的，因为涡流不但消耗电能，使电机和电器设备的效率降低，而且使铁芯发热，容易造成设备因过热而损坏(通常人们把涡流引起的损耗和磁滞引起的损耗合称铁损)。此外，涡流有去磁作用，会削弱原磁场，这在某些场合下也是有害的。

为了减小涡流，在低频范围内电机和电器都不用整块铁芯，而是用电阻率较大，表面涂有绝缘漆的硅钢片叠装而成的铁芯，如图 6-33(b)所示。这样，不但把产生涡流的区域分割小，而且相对加长了涡流流通路径的总长度，增大了对涡流的阻力，从而可使涡流大大减小。在高频范围内，为减小涡流，常用绝缘电阻很大的铁粉磁芯。这种铁粉芯是先把特制的磁性材料研成细粒，再用能绝缘的粘合物把它们粘合，然后模压成型，最后烘干而成，如收音机用的天线磁棒，电视机中的中周磁芯等。

涡流有其有害的一面，但也有有利的一面，例如，不论是生产还是生活中使用的电度表(俗称火表)就是利用涡流进行工作的。又如高频感应熔炼炉和工频感应炉也都是利用涡流产生高温使金属熔化来进行熔炼的，如图 6-34 所示。此外，利用涡流还可对金属进行热处理，在电磁测量仪表中还可用涡流来制动等。

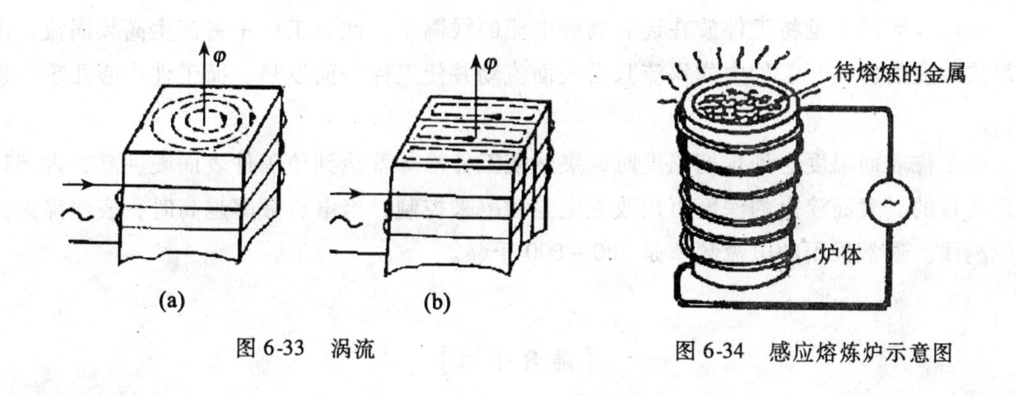


图 6-33　涡流

图 6-34　感应熔炼炉示意图

## 6.12.2　趋肤效应及其利弊

实践证明，直流电通过导线时，导线横截面上各处的电流密度相等。而交流电通过导线时，导线横截面上电流的分布是不均匀的，越是靠近导线中心，电流密度越小，越是靠近导线表面，电流密度越大。这种交变电流在导线内趋于导线表面流动的现象叫趋肤效应(也称集肤效应或表面效应)。如图 6-35 所示为不同频率电流在导线中流动的情况(各图皆取导线的横截面)。

由于趋肤效应的影响，在高频电流通过导线时，其中心几乎无电流，这在实际上就减少了导线的有效截面，使电阻增加，这对传输高频电流来说是不利的。正因为高频电流沿导线表面流动，所以在高频电路中常采用空心导线以节省有色金属，有时则用多股相互绝缘的绞合导线或编织线以增大导线的表面来减小电阻。如绕制收音机中波天线用的纱包线就是七股或十二股相互绝缘的漆包线绞合而成。

趋肤效应也有其有用的一面。其中高频淬火就是一例。通常为增加钢制工件的硬度，常采用淬火的办法。但将整个工件加热到一定温度再突然使之冷却的淬火办法，是不能满足某些特殊需要的，如机械行业中最常见的钢制齿轮，曲棍等工件，既要求它们表面有较

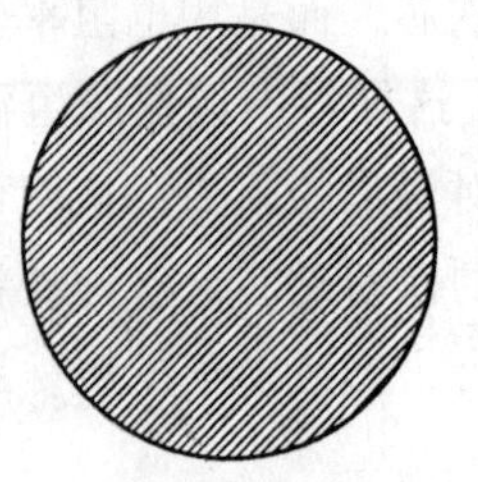 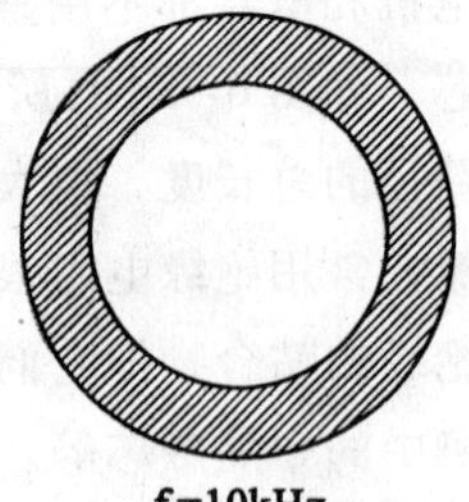 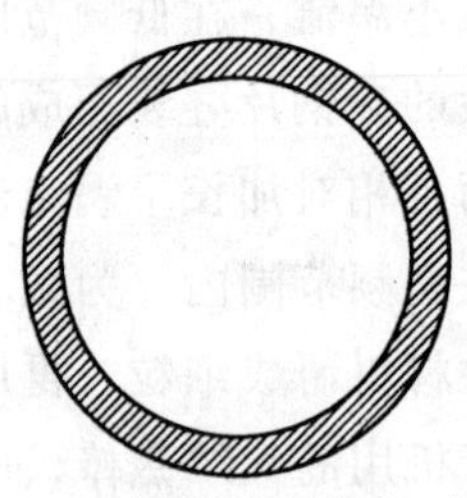
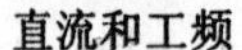



图 6-35　趋肤效应

高的硬度，又要求它们内部有足够的韧性，上述淬火就不能达到要求。此时若采用高频淬火就最为有利。

所谓高频淬火是将工件放在通有高频电流的线圈中，此时工件中将产生高频涡流。由于趋肤效应的影响，工件中的涡流只沿表面流动并使工件表面发热，而工件中心几乎不发热。

当工件表面温度达到预期温度时，突然使工件冷却就达到使工件表面硬度高，内部韧性足的目的。表面淬火的深度可用改变电流频率来控制，当电流频率越高时，表面淬火深度就越浅。通常采用的电流频率是 200～600 千赫。

**【练习十二】**

简答题

1. 什么是涡流？它有哪些利弊？
2. 什么是趋肤效应？它有哪些利弊？

# 本章小结

## 一、纯电阻、电感、电容电路

表 6-1　　**纯电阻、电感、电容电路交流电路比较**

| | 纯电阻电路 | 纯电感电路 | 纯电容电路 |
|---|---|---|---|
| 阻抗值 | $R=U_R/I(\Omega)$ | $X_L=U_L/I$ $=\omega L=2\pi fL(\Omega)$ | $X_C=U_C/I$ $=\frac{1}{\omega C}=\frac{1}{2\pi fC}(\Omega)$ |

续表

| | | 纯电阻电路 | 纯电感电路 | 纯电容电路 |
|---|---|---|---|---|
| 电压与电流的频率关系 | | 相同 | 相同 | 相同 |
| 电压与电流的相位关系 | | 电压与电流同相位<br>$\varphi_u=\varphi_i$ | 电压超前电流 90°<br>$\varphi_u=\varphi_i+90°$ | 电压滞后电流 90°<br>$\varphi_u=\varphi_i-90°$ |
| 电压与电流的数量关系 | | $U_R=I_RR$ | $U_L=I_LX_L$ | $U_C=I_CX_C$ |
| 表示法 | 解析法 | $i=I_m\sin\omega t$<br>$u_R=U_{Rm}\sin\omega t$ | $i=I_m\sin\omega t$<br>$u_L=U_{Lm}\sin(\omega t+90°)$ | $i=I_m\sin\omega t$<br>$u_C=U_{Cm}\sin(\omega t-90°)$ |
| | 矢量法 | 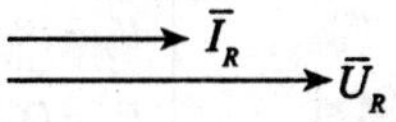 $\bar{I}_R$<br>$\bar{U}_R$ | 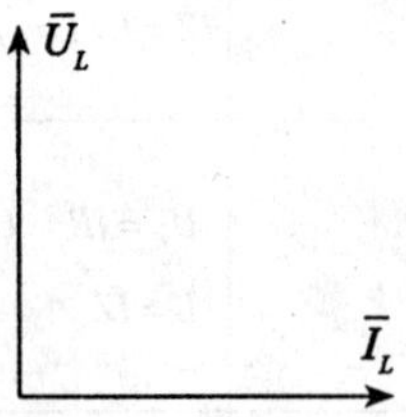 $\bar{U}_L$<br>$\bar{I}_L$ | 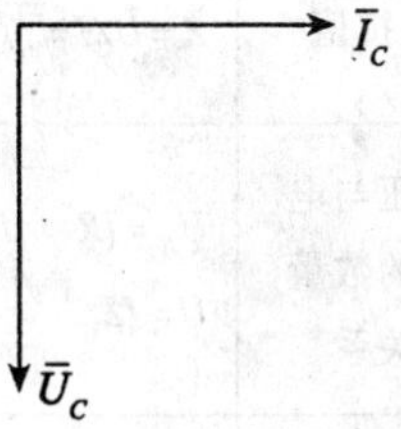 $\bar{I}_C$<br>$\bar{U}_C$ |
| 电功率 | 有功功率 | $P=U_RI_R$<br>$=RI_R^2=U_R^2/R$<br>(W) | $P=0$ | $P=0$ |
| | 无功功率 | $Q=0$ | $Q_L=U_LI_L$<br>$=X_LI_L^2=U_L^2/X_L$<br>(var) | $Q_C=U_CI_C$<br>$=X_CI_C^2=U_C^2/X_C$<br>(var) |

## 二、R-L、R-C、R-L-C 串联电路

表 6-2　　**R-L、R-C、R-L-C 交流电路比较**

| | | R-L 电路 | R-C 电路 | R-L-C 电路 |
|---|---|---|---|---|
| 电压与电流的相位关系 | | 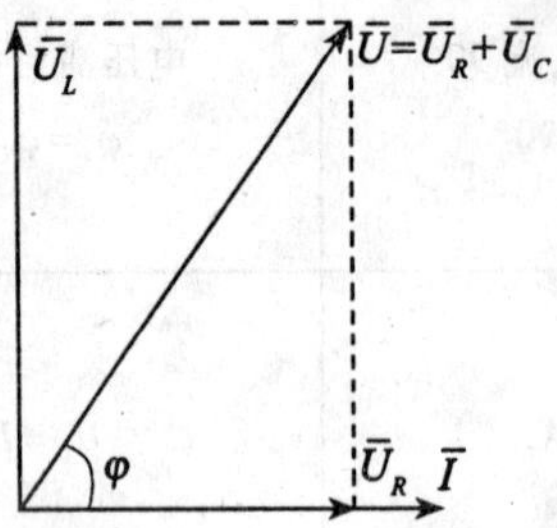 总电压 $u$ 超前于电流 $i$ 一个角度 $\varphi$ | 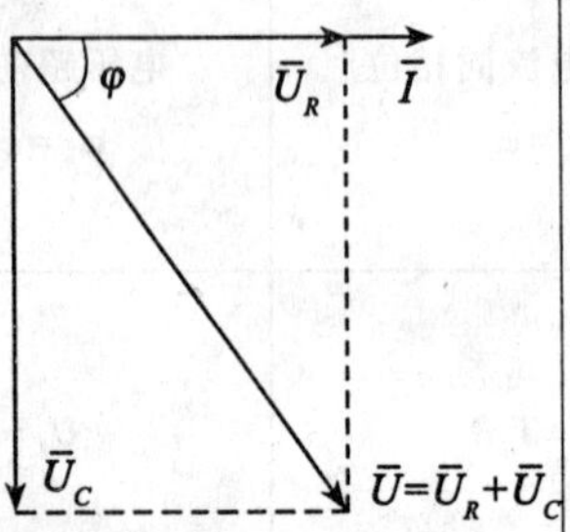 总电压 $u$ 滞后于电流 $i$ 一个角度 $\varphi$ | 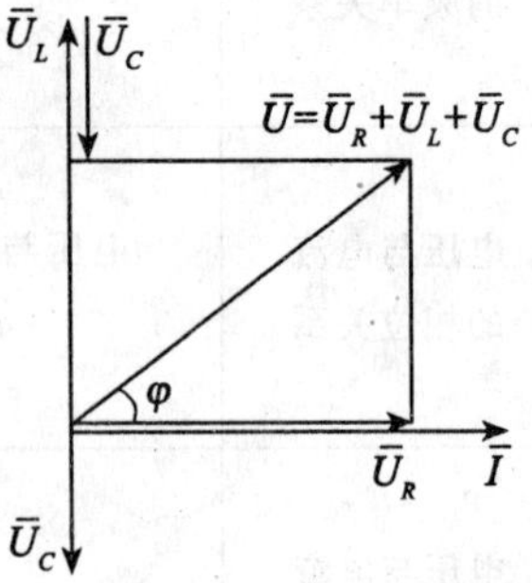 (1) 当 $X_L>X_C$ 时，电路呈感性。$\varphi>0$<br>(2) 当 $X_L<X_C$ 时，电路呈容性。$\varphi<0$<br>(3) 当 $X_L=X_C$ 时，电路呈阻性。$\varphi=0$ |
| 阻抗值 | | $Z=U/I=\sqrt{R^2+X_L^2}$ | $Z=U/I=\sqrt{R^2+X_C^2}$ | $Z=U/I=\sqrt{R^2+X^2}$<br>电抗：$X=X_L-X_C$ |
| 电压与电流的数量关系 | | $U_R=IR$　$U_L=IX_L$<br>$U=IZ$ | $U_R=IR$　$U_C=IX_C$<br>$U=IZ$ | $U_R=IR$　$U_L=IX_L$<br>$U_C=IX_C$<br>$U=IZ$ |
| 电功率 | 有功功率 | $P=UI\cos\varphi=S\cos\varphi$<br>$=U_RI=RI^2=U_R{}^2/R$<br>(W) | $P=UI\cos\varphi=S\cos\varphi$<br>$=U_RI=RI^2=U_R^2/R$<br>(W) | $P=UI\cos\varphi=S\cos\varphi$<br>$=U_RI=RI^2=U_R^2/R$<br>(W) |
| | 无功功率 | $Q_L=UI\sin\varphi=S\sin\varphi$<br>$=U_LI=X_LI^2=U_L{}^2/X_L$<br>(var) | $Q_C=UI\sin\varphi=S\sin\varphi$<br>$=U_CI=X_CI^2=U_C{}^2/X$<br>(var) | $Q=Q_L-Q_C$<br>(var) |
| | 视在功率 | $S=UI=\sqrt{P^2+Q_L^2}$<br>(VA) | $S=UI=\sqrt{P^2+Q_C^2}$<br>(VA) | $S=UI=\sqrt{P^2+Q^2}$<br>(VA) |
| | 功率因数 | $\cos\varphi=P/S=U_R/U=R/Z$ | $\cos\varphi=P/S=U_R/U=R/Z$ | $\cos\varphi=P/S=U_R/U=R/Z$ |

## 三、谐振

表 6-3 串联谐振与并联谐振的比较

| | 串联谐振 | 并联谐振 |
| --- | --- | --- |
| 电路形式 | 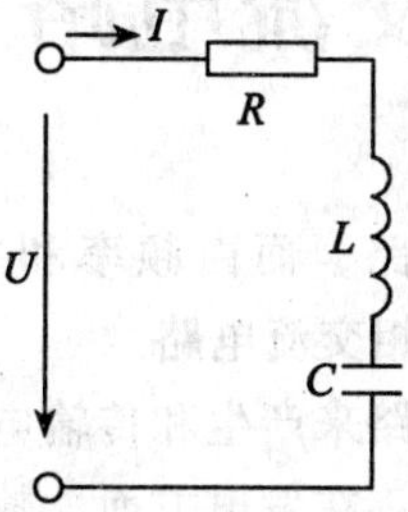 | 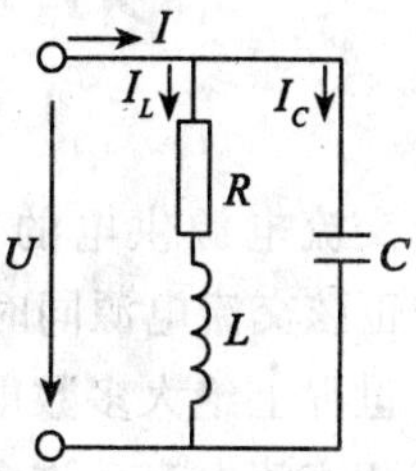 |
| 谐振条件 | $X_L = X_C$ | $X_L = X_C$ |
| 谐振频率 | $f_0 = \frac{1}{2\pi\sqrt{LC}}$<br>$\omega_0 = \frac{1}{\sqrt{LC}}$ | $f_0 = \frac{1}{2\pi\sqrt{LC}}$<br>$\omega_0 = \frac{1}{\sqrt{LC}}$ |
| 谐振阻抗 | $Z_0 = R$ 最小 | $Z_0 = \frac{L}{RC}$最大 |
| 特性阻抗 | $\rho = \sqrt{\frac{L}{C}}$ | $\rho = \sqrt{\frac{L}{C}}$ |
| 品质因数 | $Q = \frac{\rho}{R}$ | $Q = \frac{\rho}{R}$ |
| 别称 | 电压谐振（$U_L = U_C = QU$） | 电流谐振（$I_L = I_C = QI$） |

# 第7章　三相交流电路

用一个交流电源供电的电路称为单相交流电路，而由频率和振幅相同、相位互差120°的三个正弦交流电源同时供电的系统，称为三相交流电路。

目前，世界上绝大多数电力系统都采用三相电路来产生和传输电能。因为与单相交流电相比，三相交流电有着许多技术和经济上的优点：在发电方面，输出同样功率的三相发电机比单相发电机体积小，重量轻；在输电方面，若输送功率相同、电压相同、距离和线路损耗相等，采用三相制输电所用的有色金属仅为单相输电的75%，因而大大节约输电线路的有色金属用量；在变配电方面，三相变压器比单相变压器经济而且便于接入单相或三相负载；在用电方面，工农业生产中广泛应用的三相异步电动机比单相电动机的结构更简单、价格更低、性能更好、工作更平稳可靠。

## 7.1　三相交流电动势的产生

三相对称电动势是由三相交流发电机产生的，对一般工厂来说是由电力网经过三相变压器提供的。如图7-1所示为三相发电机的原理示意图，它的主要部分是电枢和磁极。

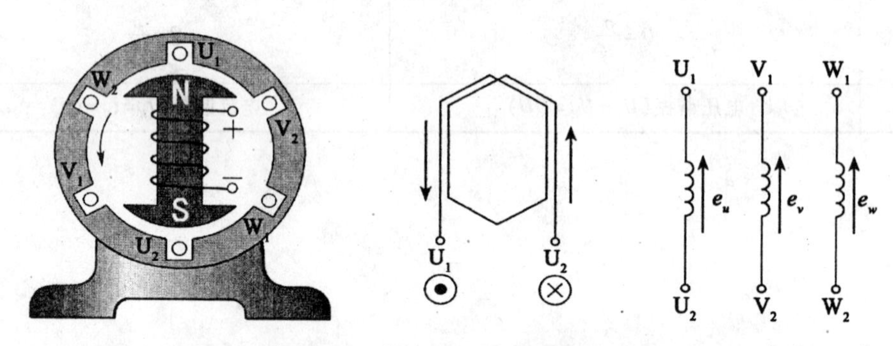


图7-1　三相发电机的原理示意图

电枢是固定的，称为定子。其上对称地放置三个匝数相等、绕法一致、几何尺寸及材料完全相同的绕组 $U_1$-$U_2$，$V_1$-$V_2$，$W_1$-$W_2$。绕组的始端(首端)标为 $U_1$、$V_1$、$W_1$，末端(尾端)标为 $U_2$、$V_2$、$W_2$，绕组首端之间(或末端之间)彼此相隔120°电角度。

磁极是旋转的，称为转子。转子磁极上绕有线圈，称为励磁绕组。当通入直流电后，就形成磁场。若极面形状选择适当，可使定子与转子气隙中的磁场按正弦规律分布。转子由原动机带动(如水力、风力、火力发电中的蒸气等)，以匀速作逆时针转动。因此，每相绕组依次切割磁感线而产生正弦感应电动势，发出三相正弦交流电。

三相感应电动势 $e_U$、$e_V$、$e_W$具有如下特点：

(1)感应电动势的大小(最大值或有效值)相等。因为三相绕组的结构完全相同。

(2)感应电动势的频率相同，因为磁场对每一相绕组的相对转速是一样的，即三相绕组以同一转速切割磁感线。

(3)感应电动势的相位互差 120°电角度。在转子为一对磁极的情况下三相绕组在空间互差 120°对称分布，因而各相绕组切割磁感线的时间先后相差转子转过 120°所需的时间(实际的三相发电机不一定是一对磁极，所以绕组在空间位置相差的机械角度不一定是 120°，但电角度必定相差 120°，以保证三相的对称)。具有这些特点的三相电动势称为“三相对称电动势”，产生三相对称电动势的发电机便构成一个对称三相电源。图 7-2(a)和(b)分别是对称三相电动势的波形图和相量图。

以 $e_U$为参考正弦量，则三相电动势的瞬时表达式为

$$\begin{cases} e_U = E_m \sin\omega t \\ e_V = E_m \sin(\omega t - 120°) \\ e_W = E_m \sin(\omega t + 120°) \end{cases} \tag{7.1.1}$$

三相电动势随时间按正弦规律变化，它们到达最大值(或零值)的先后顺序，叫做相序。如 *U* 相超前 *V* 相，*V* 相超前 *W* 相，称为正序(或顺序)。相反，若 *U* 相滞后 *V* 相，*V* 相滞后 *W* 相，称为负序(或逆序)。这种 *U-V-W-U* 的顺序叫正序，若相序为 *U-W-V-U* 叫负序。

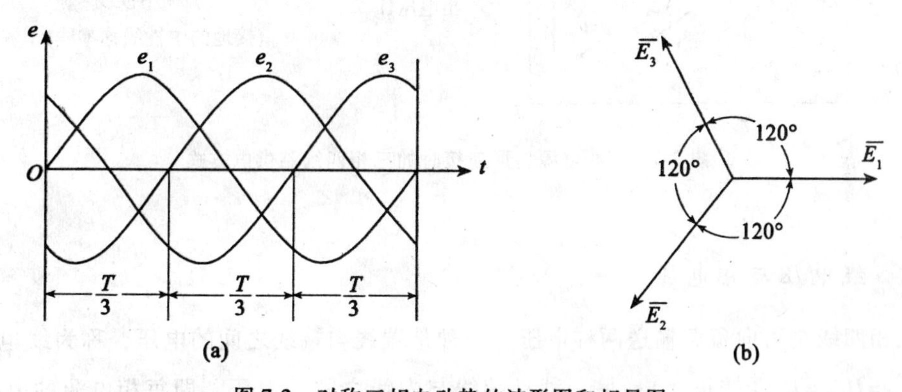


图 7-2 对称三相电动势的波形图和相量图

## 【练习一】

**填空题**

1. 三个同__________、__________值相等、相位依次互差__________的正弦交流电源称为对称三相电源。

2. 三相电动势随时间按正弦规律变化，它们到达最大值(或零值)的先后__________，

叫做相序。若相序为 U-V-W-U 的顺序叫______，若相序为 U-W-V-U 的顺序叫______。

## 7.2 三相交流电源的连接

### 7.2.1 三相四线制

把对称三相电源各相末端 $U_2$、$V_2$、$W_2$ 连在一起，成为一个公共端点(称中性点)，用符号 $N$ 表示。从 $U_1$、$V_1$、$W_1$ 和 $N$ 引出四条输电线，称为三相电源的星形连接时的三相四线供电方式，如图 7-3 所示。

$N$ 点称为中性点或中点。由各相首端引出的输电线称为端线(俗称火线)，由 $N$ 点引出的输电线称为中性线，简称中线。中点通常与大地相接，把接地的中性点称为零点，接地的中性线俗称零线。若三相电源星形连接时无中线引出，则为三相三线制供电方式，如图 7-4 所示。

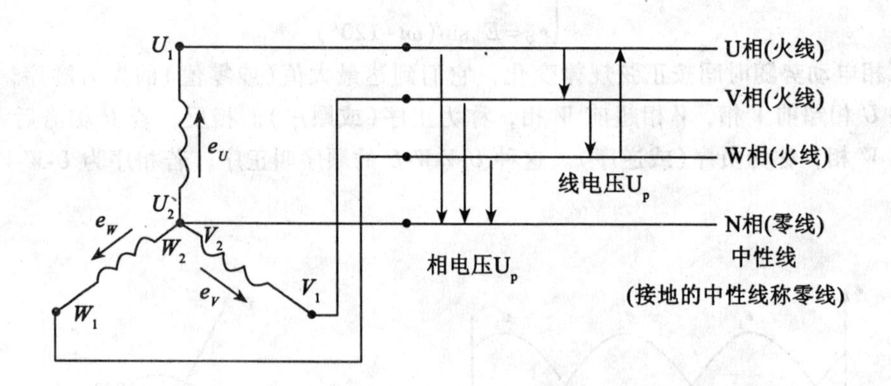


图 7-3　三相电源星形连接时的三相四线制供电方式

### 7.2.2 线电压与相电压

三相四线制可向负载输送两种电压：一种是端线与端线之间的电压，称为线电压 $U_L$，$U_L = U_{UV} = U_{VW} = U_{WU}$(按正序)；另一种是端线与中线之间的电压，即每相电源的电压称为相电压 $U_P$，$U_P = U_U = U_V = U_W$。

三相电源 Y 形连接时线电压与相电压的相量图，如图 7-5 所示。由相量图可知：三个相电压大小相等，频率相同，在相位上互差$\frac{2\pi}{3}$。即三个相电压互相对称。

两端线和之间的线电压应该是两个相应的相电压之差，即

$$\begin{cases} u_{UV} = u_U - u_V \\ u_{VW} = u_V - u_W \\ u_{WU} = u_W - u_U \end{cases}$$

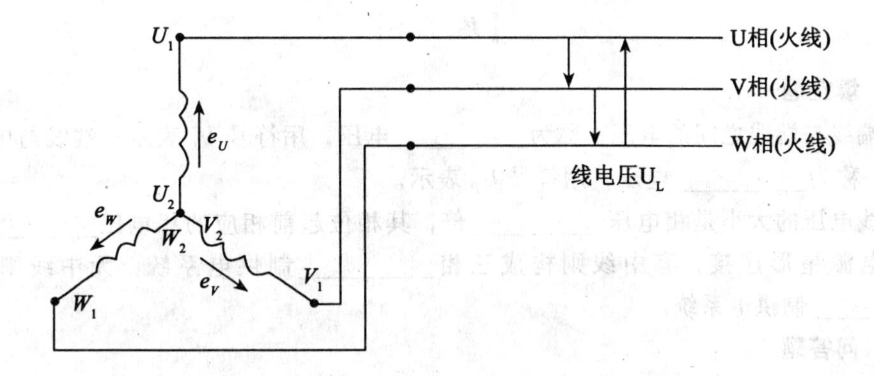


图 7-4 三相电源星形连接时的三相三线制供电方式

从如图 7-5 所示的相量图中可以看出，线电压 $U_{UV}$、$U_{VW}$、$U_{WU}$分别超前相应的相电压 $U_U$、$U_V$、$U_W$30°，且三个线电压彼此间相差$\frac{2\pi}{3}$。

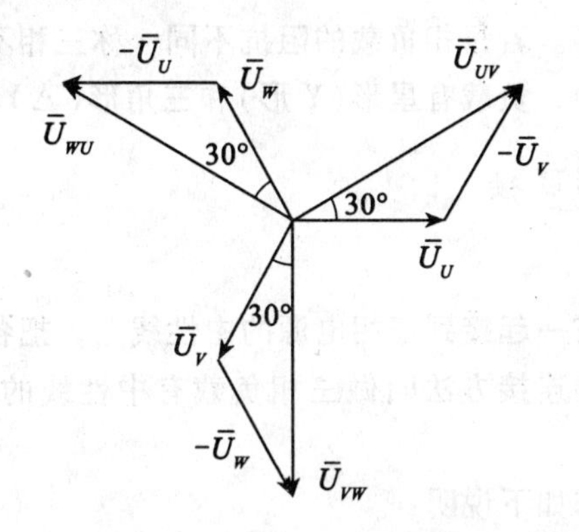


图 7-5 三相四线制线电压与相电压的相量图

线电压的大小利用几何关系求得为

$$U_{UV}=2U_U\cos 30°=\sqrt{3}\,U_U$$

同理可得

$$U_{VW}=\sqrt{3}\,U_V \qquad U_{WU}=\sqrt{3}\,U_W$$

可见，三相电路中，线电压的大小是相电压的$\sqrt{3}$倍，其公式为

$$U_L=\sqrt{3}\,U_P \tag{7.2.1}$$

综上所述：三相对称电源提供的线、相电压均是三相对称电压。在数值上，线电压是相电压的$\sqrt{3}$倍，在相位上，线电压超前相应的相电压 30°。

**【练习二】**

**一、填空题**

1. 端线与端线之间的电压，称为__________电压，用符号 $U_L$ 表示；端线与中线之间的电压，称为__________电压，用符号 $U_P$ 表示。

2. 线电压的大小是相电压__________倍，其相位超前相应的相电压__________。三相对称电源星形连接，有中线则构成三相__________制供电系统，无中线则构成三相__________制供电系统。

**二、问答题**

发电机三相绕组连成星形，采用三相四线制供电方式，当线电压为 $u_{UV}=380\sqrt{2}\sin(\omega t-30°)$ V 时，试写出相电压 $u_U$、$u_V$、$u_W$ 的瞬时值表达式。

## 7.3 三相负载的联接

三相电源上联接的负载称三相负载。若每相负载的阻抗完全相同，称三相对称负载，如三相电动机、三相电炉等。若每相负载的阻抗不同，称三相不对称负载，如三相照明电路中的负载。在三相电路中，负载有星形（Y 形）和三角形（△）两种联接方式。

### 7.3.1 三相负载的星形联接

**1. 联接方式**

把各相负载的末端连在一起接到三相电源的中性线上，把各相负载的首端分别接到三相电源的三根相线上，这种连接方法叫做三相负载有中性线的星形连接，用 $Y_0$ 表示。如图 7-6(a) 所示。

为讨论问题方便，先作如下说明：

(1) 每相负载两端的电压称做负载的相电压，简称相电压，用 $U_{YP}$ 表示。在忽略输电线上的电压降时，负载的相电压就等于电源的相电压，即 $U_{YP}=U_P$。

(2) 三相负载的线电压就是电源的线电压，即 $U_{YL}=U_L$，则负载的线电压与相电压的数量关系为

$$U_{YL}=\sqrt{3}\,U_{YP} \tag{7.3.1}$$

(3) 流过每相负载的电流叫相电流，以 $I_{YP}$ 表示，流过端线的电流叫线电流，以 $I_{YL}$ 表示，在三相负载的 $Y_0$ 连接中，相线和负载通过同一个电流，所以各相电流等于各线电流。即

$$I_{YP}=I_{YL} \tag{7.3.2}$$

(4) 流过中线的电流叫中线电流，以 $I_N$ 表示。

对于三相电路中的每一相来说，就是一单相电路，所以各相电流与电压间的相位关系及数量关系都可用讨论单相电路的方法来讨论。

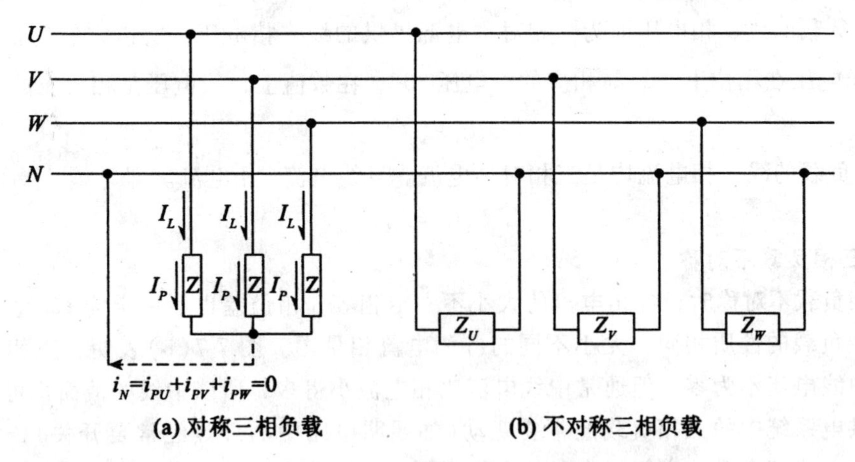


图 7-6　三相负载的星形联接

**2. 三相负载对称**

在对称三相电压作用下，流过对称三相负载中每相负载的电流应相等，即

$$I_{YP}=I_U=I_V=I_W$$

而每相电流间的相位差仍为 120°。如图 7-7(a)所示是以 $U$ 相电流为参考正弦量作出的电流相量图。由基尔霍夫第一定律知，中线电流 $i_N=i_U+i_V+i_W$。

根据图 7-7(a)可知，三相对称负载作星形联接时的中线电流为零，即

$$I_N=0$$

此时取消中线也不影响电路的工作，三相四线制就变成三相三线制。三相负载无中性线的星形连接方式，用 Y 表示。如图 7-7(b)所示。

通常在高压输电时，由于三相负载都是对称的三相变压器，所以采用三相三线制输电。

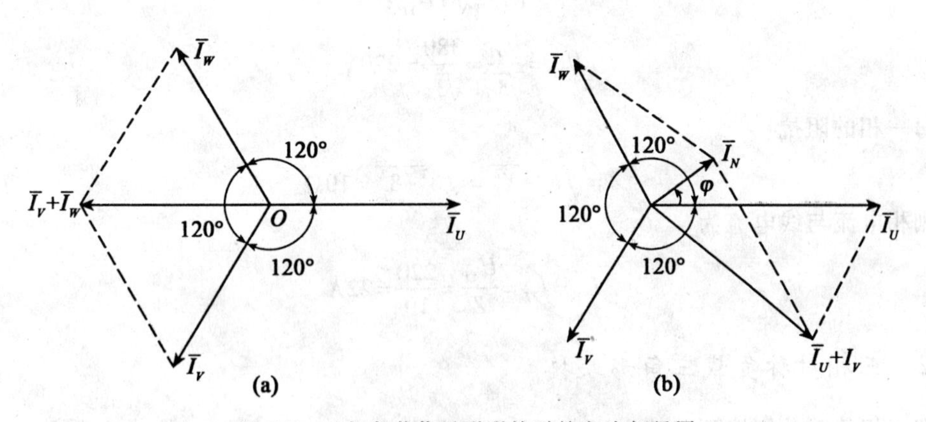


图 7-7　三相负载作星形联接时的电流相量图

可见，当三相对称负载作 Y 形联接对：

(1)负载的线、相电压即为三相对称电源提供的线、相电压，所以它们均是三相对称电压。线电压在相位上，超前相应的相电压 30°，在数值上，线电压是相电压的$\sqrt{3}$倍。即

$$U_{YL}=\sqrt{3}\,U_{YP}$$

(2)负载的线、相电流均是三相对称电流。且线电流=相电流。即

$$I_{YP}=I_{YL}$$

**3. 三相负载不对称**

三相负载不对称时，各相电流的大小不一定相等，相位差也不一定为 120°。图7-7(b)表示各相负载的性质相同，大小不同的各相电流相量图。图 7-7(b)表明，三相负载不对称时的中线电流不为零。但通常中线电流比相电流小得多，所以中线的截面积可小些。由于低压供电系统中的三相负载经常要变动(如照明电路中的灯具经常要开关)，是不对称负载，当中线存在时，它能平衡各相电压保证三相负载成为三个互不影响的独立电路，此时各相负载电压等于电源的相电压，不会因负载变动而变动。但是当中线断开后，各相电压就不再相等了。经计算以及实际测量都证明，阻抗较小的相电压低，阻抗大的相电压高，这可能烧坏接在相电压升高的这相中的电器。

所以在三相负载不对称的低压供电系统中，不允许在中线上安装熔断器或开关，而且中线常用钢丝制成，以免中线断开引起事故。当然，另一方面要力求三相负载平衡以减少中线电流，如在三相照明电路中，就应将照明负载平均分接在三相上，而不要全部集中接在某一相或两相上。

**【例 7-1】** 已知加在作星形联接的三相异步电动机(可看成是三相对称负载)上的对称线电压为 380V，电动机每相绕组的电阻为 6Ω，感抗为 8Ω，电动机工作在额定状态下。求此时流入电动机每相绕组的电流及各端线的电流。

解：由于电源电压对称，各相负载对称，则各相电流相等，各线电流也相等。

负载作 $Y$ 联接时

$$U_{YL}=\sqrt{3}\,U_{YP}$$

$$U_{YP}=\frac{U_{YL}}{\sqrt{3}}=\frac{380}{\sqrt{3}}=220\text{V}$$

每一相的阻抗

$$Z=\sqrt{R^2+X_L^2}=\sqrt{6^2+8^2}=10\Omega$$

则相电流与线电流为

$$I_{YP}=I_{YL}=\frac{U_{YP}}{Z}=\frac{220}{10}=22\text{A}$$

### 7.3.2 三相对称负载三角形联接

把三相负载分别接到三相交流电源的每两根相线之间，负载的这种联接方法叫做三角形联接，用符号“Δ”表示。如图 7-8 所示。三角形联接的特点是，每相负载首尾相连，形成闭合回路，并将三个联接点分别接在三相电源的端线上。

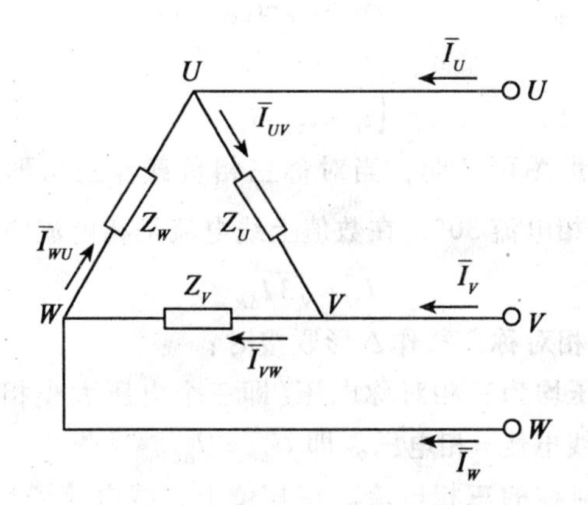


图 7-8　三相负载作三角形联接

对于三角形联接的每相负载来说，也是单相交流电路，所以各相电流、电压和阻抗三者的关系仍与单相电路相同。

由于作△形联接的各相负载是接在两根端线之间，因此负载的相电压就是线电压，即

$$U_{\Delta P}=U_{\Delta L} \tag{7.3.3}$$

在对称三相电压作用下，流过对称三相负载中每相负载的电流应相等，即

$$I_{UV}=I_{VW}=I_{WU}=I_P=\frac{U_{\Delta P}}{Z}=\frac{U_{\Delta L}}{Z}$$

而各相电流之间的相位差仍为 120°。图 7-9 是以 $\overline{U}_{UV}$ 的初相为零作出的电压、电流相量图。

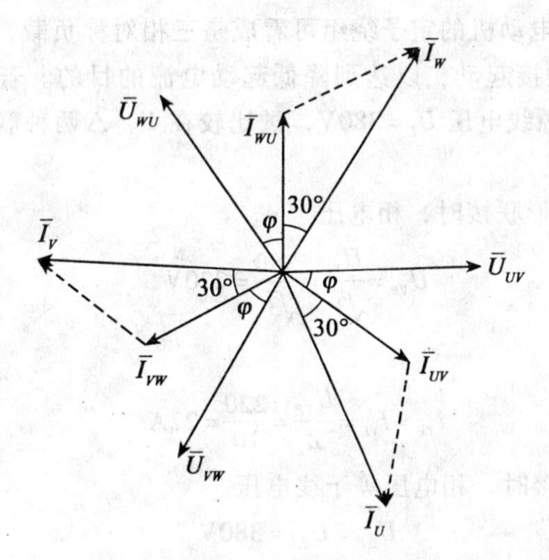


图 7-9　三相对称负载三角形联接时的电压电流相量图

线电流与相电流的关系，可根据基尔霍夫第一定律求得。

$$\begin{cases} i_U = i_{UV} - i_{WU} \\ i_V = i_{VW} - i_{UV} \\ i_W = i_{WU} - i_{VW} \end{cases}$$

由图 7-9 电压电流相量图可证明，当对称三相负载作三角形联接时，线电流在相位上，总是滞后与之对应的相电流 30°，在数值上线电流是相电流的$\sqrt{3}$倍，即

$$I_{\Delta L} = \sqrt{3} I_{\Delta P} \tag{7.3.4}$$

由以上讨论可知，三相对称负载作△形联接时：

(1)负载的线、相电压均为三相对称电压(即三个电压大小相等，频率相同，相位互差 120°)，且在数值上，线电压=相电压。即 $U_{\Delta P} = U_{\Delta L}$。

(2)线、相电流也是对称的三相电流。在相位上，线电流滞后对应的相电流 30°；在数值上，线电流是相电流的$\sqrt{3}$倍。即 $I_{\Delta L} = \sqrt{3} I_{\Delta P}$。

三相对称负载作三角形联接时的相电压比作星形联接时的相电压要高$\sqrt{3}$倍。因此，三相对称负载接到三相电源中，应作△形还是 Y 形联接，要根据三相负载的额定电压而定。

若各相负载的额定电压等于电源的线电压，则应作△形联接，若各相负载的额定电压是电源线电压的 $1/\sqrt{3}$ 倍，则应作 Y 形联接。例如，我国工业用电的线电压绝大多数为 380 伏，当三相电动机各相的额定电压为 380 伏时，就应作△形联接；当电动机各相的额定电压为 220 伏时，就应作 Y 形联接。若误将作 Y 形联接的负载接成△形，就会因过压而烧坏负载。反之，若误将作△联接的负载接成 Y 形，又会因电压不足而使负载不能正常工作。例如，误把应作△形联接的三相电动机接成 Y 形，就会因工作电压不足，在额定负载时因起动转矩较小而不能起动，发生堵转现象，也会烧坏电动机(降压起动例外)。

**【例 7-2】** 三相交流电动机的定子绕组可看成是三相对称负载，正常运行时为△形联接的电动机常采用 Y 形联接起动，以达到降低起动电流的目的。若三相交流电动机每相绕组的阻抗 $Z=10\Omega$，电源线电压 $U_L=380\text{V}$，试比较在 Y、△两种联接方式中，负载的相电流与线电流。

解：(1)当绕组按 Y 形联接时，相电压

$$U_{YP} = \frac{U_{YL}}{\sqrt{3}} = \frac{380}{\sqrt{3}} = 220\text{V}$$

相电流等于线电流

$$I_{YP} = I_{YL} = \frac{U_{YP}}{Z} = \frac{220}{10} = 22\text{A}$$

(2)当绕组按△形联接时，相电压等于线电压

$$U_{\Delta P} = U_{\Delta L} = 380\text{V}$$

相电流

$$I_{\Delta P} = \frac{U_{\Delta P}}{Z} = \frac{380}{10} = 38\text{A}$$

线电流

$$I_{\Delta L}=\sqrt{3}I_{\Delta P}=\sqrt{3}\times 38=65.8\text{A}$$

以上计算说明：

(1)Y形联接时，相电流为22A，△形联接时，相电流为38A，其比值$22/38=1/\sqrt{3}$。即：△形联接时的相电流是Y形联接时相电流的$\sqrt{3}$倍。

(2)Y形联接时，线电流为22A，△形联接时，线电流为65.8A，其比值$22/65.8=1/3$。即：△形联接时的线电流是Y形联接时线电流的3倍。

可见，三相交流电动机采用Y形联接启动，△形联接运行的工作方式，可有效减小起动电流。

## 【练习三】

**一、填空题**

1. 当三相对称负载作Y形联接时：负载的线、相电压即为三相对称电源提供的线、相电压，所以它们均是三相__________电压。线电压在相位上，超前相应的相电压__________，在数值上，线电压是相电压的__________倍。即$U_{YL}=$__________$U_{YP}$；负载的线、相电流均是三相对称电流。且线电流__________相电流。即$I_{YP}=$__________。

2. 三相对称负载作△形联接时：负载的线、相电压均为__________对称电压，且在数值上，线电压__________相电压。即$U_{\Delta P}=U_{\Delta L}$；线、相电流也是对称的三相电流，在相位上，线电流__________对应的相电流30°；在数值上，线电流是相电流的__________倍。即$I_{\Delta L}=\sqrt{3}I_{\Delta P}$。

**二、问答题**

"三相四线制的中线电流是三相电流之和，所以中线的截面应比端线截面大。"这样的说法对吗？为什么？

**三、计算题**

1. 一个对称三相负载按$Y$形接法接于线电压为380V的三相电源上，负载每相电阻为10Ω。求：(1)求相电流与线电流；(2)作出相电压、相电流的相量图。

2. 在图7-10中，设三相负载对称，若图中安培表$A_1$的读数为10A，问$A_2$的读数为多少？

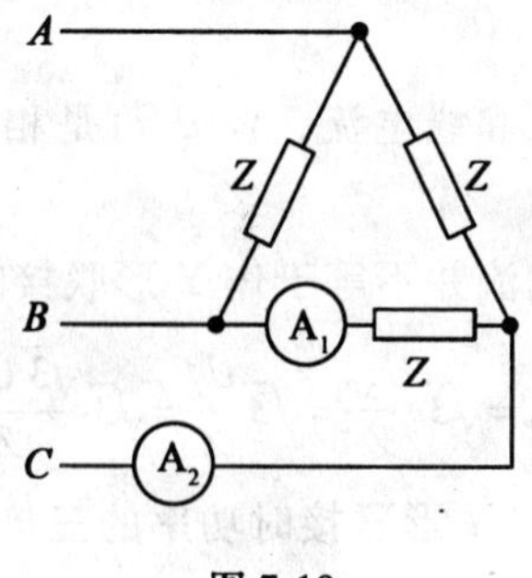


图7-10

3. 在图 7-11 中，若负载对称，且当开关 $S_1$ 和 $S_2$ 均闭合时，各电流表的读数均为 10A。问：(1)当 $S_1$ 闭合而 $S_2$ 断开时；(2)当 $S_1$ 断开而 $S_2$ 闭合时，各电流表的读数分别是多少？

4. 某照明用电线路接成三相四线制(见图 7-12)，电源电压对称，$U_P=220\text{V}$，负载为电灯组，各组电阻分别为 $R_a=5\Omega$，$R_b=10\Omega$，$R_c=20\Omega$，试求负载相电压、相电流。

5. 在图 7-12 中，若 $A$ 相断开，中线也同时断开，试求各相负载的电压和电流。

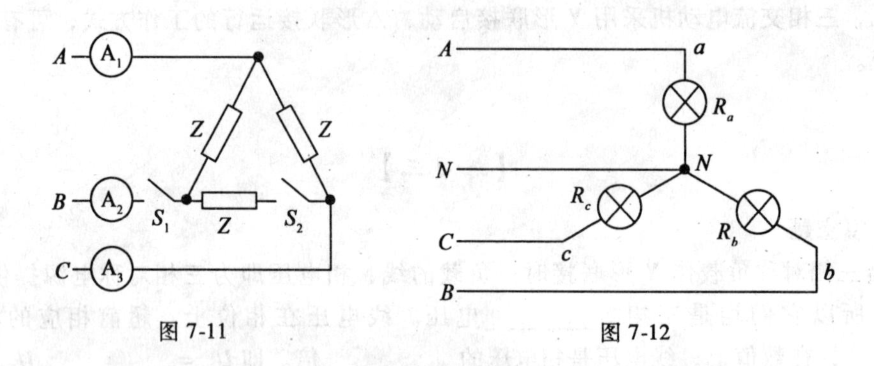


图 7-11　　　　图 7-12

## 7.4　三相电路的功率

在三相电路中，总有功功率等于各相有功功率之和，总无功功率等于各相无功功率之和。当负载对称时，每相的有功功率是相等的。因此三相总有功功率为

$$P=P_A+P_B+P_C=3P_P=3U_PI_P\cos\varphi$$

式中，角 $\varphi$ 是相电压 $U_P$ 与相电流 $I_P$ 之间的相位差。

当对称负载是星形联接时

$$U_L=\sqrt{3}\,U_P \qquad I_L=I_P$$

当对称负载是三角形联接时

$$U_L=U_P \qquad I_L=\sqrt{3}\,I_P$$

可见不论对称负载是星形联接或三角形联接，都有

$$P=3U_PI_P=\sqrt{3}\,U_LI_L\cos\varphi \tag{7.4.1}$$

使用式(7.4.1)时应注意：

(1)上式中电压电流为线电压和线电流，但 $\varphi$ 角是相电压 $U_P$ 与相电流 $I_P$ 之间的相位差，即是每相负载的阻抗角。

(2)负载作△形联接时的线电流并不等于作 Y 形联接时的线电流。由于

$$I_{\Delta L}=\sqrt{3}\,I_{\Delta P}=\sqrt{3}\frac{U_{\Delta P}}{Z}=\sqrt{3}\frac{U_L}{Z}=\sqrt{3}\frac{\sqrt{3}\,U_{YP}}{Z}=3I_{YP}$$

所以负载作△形联接时的功率为作 Y 形联接时功率的三倍，即

$$P_{\Delta}=3P_{\text{Y}}$$

同理，可得出对称三相电路无功功率和视在功率：

$$Q=3U_PI_P=\sqrt{3}U_LI_L\sin\varphi \tag{7.4.2}$$

$$S=3U_PI_P=\sqrt{3}U_LI_L \tag{7.4.3}$$

**【例 7-3】** 三相异步电动机在线电压为 380V 的情况下以三角形联接的形式运转，当电动机耗用电功率为 6.55kW 时，它的功率因数为 0.79，求电动机的相电流和线电流。

解：由于三相异步电动机以三角形联接的形式运转，$U_P=U_L=380\text{V}$。又三相异步电动机属于三相对称负载，故

$$P=\sqrt{3}U_LI_L\cos\varphi=3U_PI_P\cos\varphi$$

所以相电流

$$I_P=\frac{P}{3U_P\cos\varphi}=\frac{6.55\times10^3}{3\times380\times0.79}\text{A}=7.27\text{A}$$

线电流

$$I_L=\sqrt{3}I_P=\sqrt{3}\times7.27\text{A}=12.6\text{A}$$

## 【练习四】

**一、填空题**

不论对称负载是星形联接或三角形联接，有功功率 $P=$_______ $U_LI_L\cos\varphi=$_______ $U_PI_P\cos\varphi$。无功功率 $Q=\sqrt{3}U_LI_L$_________ $=3U_PI_P\sin\varphi$。视在功率 $S=$_________ $U_LI_L=$_________ $U_PI_P$。

**二、计算题**

1. 在线电压为 380V 的三相供电线路上，接有三相对称电阻性负载 $R=200\Omega$，作 Y 形联接，试计算各相电流、线电流及三相有功功率。

2. 有一台三相电动机，其三相绕组作三角形联接后，接在线电压为 380V 的三相四线制电源上，从电源所取用的功率 $P=5\text{kW}$，功率因数 $\cos\varphi=0.76$，求相电流和线电流。如果将此电动机改接成星形，仍接在上述电源上，那么此时的相电流、线电流和三相总有功功率各是多少？

3. 已知某三相对称负载接在线电压为 380V 的三相电源中，其中每一相负载的电阻值 $R_P=6\Omega$，感抗 $X_P=8\Omega$。试分别计算该负载作星形联接和三角形联接时的相电流、线电流以及有功功率。

# 本章小结

**一、三相交流电源**

1. 三个频率相同、有效值相等、相位依次互差 120°的正弦交流电源称“对称三相电源”。由对称三相电源供电的电路称“三相交流电路”。

2. 三相对称电源星形联接时：有中线，则构成三相四线制供电系统；无中线，则构成三相三线制供电系统（常用于负载对称时）。三相四线制供电线路，可提供两种电压：

线电压和相电压。线电压与相电压均为对称三相电压；线电压的大小是相电压$\sqrt{3}$倍，相位超前相应的相电压30°。

## 二、三相负载

1. 负载对称时

无论星形联接或三角形联接，各相负载的电压、电流都是对称的。因此可采用“计算一相，推知它相”的方法。在计算时，下列关系应熟记：

(1)星形联接：负载的线、相电压即为三相对称电源的线、相电压。线电压在相位上，超前相应的相电压30°；在数值上，线电压是相电压的$\sqrt{3}$倍。即 $U_{YL}=\sqrt{3}\,U_{YP}$。

线电流=相电流。即 $I_{YP}=I_{YL}$。

(2)三角形联接：线电压=相电压，即 $U_{\Delta P}=U_{\Delta L}$。

线电流在相位上，滞后对应的相电流30°；在数值上，线电流是相电流的$\sqrt{3}$倍。即 $I_{\Delta L}=\sqrt{3}\,I_{\Delta P}$。

2. 负载不对称时

(1)负载不对称时，则需按分析一般正弦电路的方法分别计算各相。

(2)中线的作用：负载不对称时，星形联接有中线可保证不对称负载获得对称的相电压。中线上不得安装开关、保险丝等。

## 三、三相电路功率

对称三相电路，无论负载星形联接或三角形联接

总有功功率　$P=3U_PI_P=\sqrt{3}\,U_LI_L\cos\varphi$

总无功功率　$Q=3U_PI_P=\sqrt{3}\,U_LI_L\sin\varphi$

总视在功率　$S=3U_PI_P=\sqrt{3}\,U_LI_L$

式中 $U_L$、$I_L$指线电压、线电流，$\varphi$ 角则是相电压与相电流之间的相位差，即是每相负载的阻抗角。

# 第 8 章　输配电及安全用电

## 8.1　发电、输电和配电概况

### 8.1.1　电力系统

把其他形式的能量转换成电能的场所，称为发电站或发电厂，简称电站或电厂。根据发电所用能源，可分为火力、水力、原子能、太阳能发电以及风力、潮汐、地热发电等。

电站发出的电能还需通过一定距离的输送，才能分配给各种用户使用，这就构成了发电、输配电系统。由发电设备、输配电设备(包括高低压开关、变压器，电线电缆)以及用电设备等组成的总体叫做电力系统，如图 8-1 所示。

电力系统中，联系发电和用电设备的输配电系统，称为电力网，简称电网。

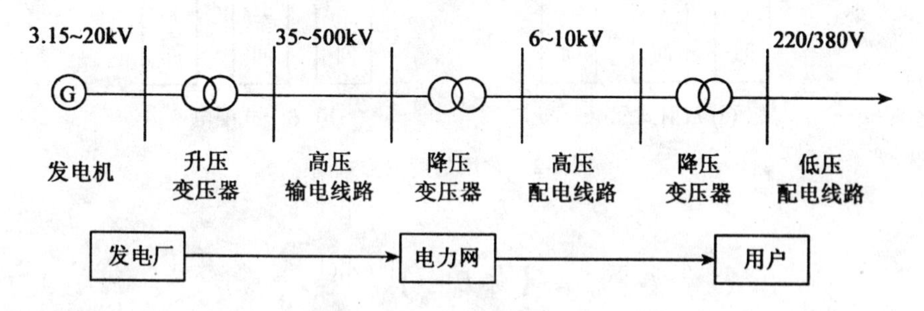


图 8-1　电力系统示意图

一般中型和大型发电机的输出电压等级有 6.3 千伏、10.5 千伏、15.75 千伏等。为了提高输电效率并减少输电线路上的损失，通常都采用升压变压器将电压升高后再进行远距离输电。目前我国远距离交流输电电压有 110 千伏、220 千伏、330 千伏及 500 千伏几个等级。世界上正在实验的最高输电电压是 1000 千伏。

输电电压的高低，视输电容量和输电距离而定，一般原则是：容量越大，距离越远，输电电压就越高。

高压输电到用户区后，再经降压变压器将高压降低到用户所需的各种电压。

### 8.1.2　厂矿企业的配电

电能输送到厂矿后，厂矿都要进行变电或配电。进行接电(即引入电能)、变压和配电的场所称变电所。若只进行接电和配电，而不进行变压的场所就称配电所(俗称开关间)。只有用电量在1000千瓦以下的厂矿，才采取低压供电(在电力系统中，1000伏以上为高压；1000伏以下称低压)，只需一个低压配电室就够了。

常用的配电方式有下述两种。

**1. 放射式配电**

对每一独立负载(如大型水泵、空气压缩机等)或一组集中负载(如多台电动机拖动设备、车间照明等)都用单独的配电线路供电，如图8-2(a)所示。这种配电方式的最大优点是供电可靠，维修方便，某一配电线路发生故障时不会影响其它线路。

**2. 干线式配电**

又叫树干式配电，它是将每个独立负载或一组集中负载按其所在位置，依次接到某一配电干线上，如图8-2(b)所示。一般车间内部多采用干线式配电。这种线路虽然比较经济，但当干线发生故障时，接在它上面的所有设备都要受影响。

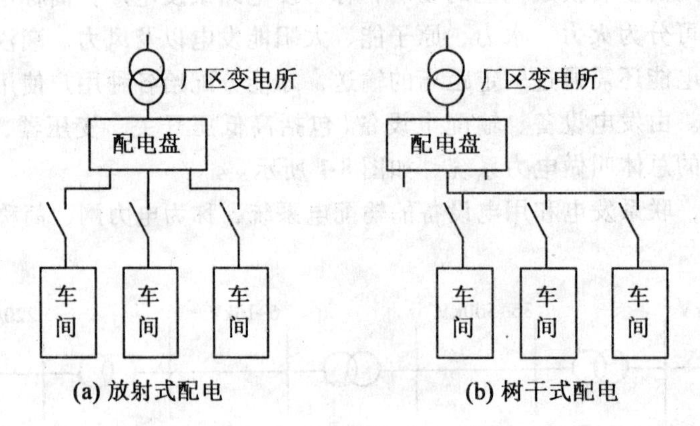


图8-2 常用的配电方式

**【练习一】**

**简答题**

1. 由电站发电到用户用电，中间大致有几个环节？
2. 电力系统和电力网有何异同？

## 8.2 安全用电常识

### 8.2.1 电伤和电击

因人体接触或接近带电体，所引起的局部受伤或死亡现象称触电。按人体受伤害的程度不同，触电可分为电伤和电击两种。

电伤是指人体外部受伤。如电弧灼伤、与带电体接触后的皮肤红肿以及在大电流下熔化而飞溅出的金属(包括熔丝)末对皮肤的烧伤等。

电击是指人体内部器官受伤。电击由电流流过人体而引起，人体常因电击而死亡，所以它是最危险的触电事故。

电击伤人的程度，由流过人体电流的频率、大小、途径、持续时间的长短以及触电者本身的情况而定。实践证明，频率为 25 ~ 300 赫的电流最危险，随着频率的升高危险性将减小。通过人体 1 毫安的工频电流就会使人有麻的感觉，50 毫安的工频电流就会使人有生命危险；100 毫安的工频电流则足以使人死亡。实验还证明，电流通过心脏和大脑时，人体最容易死亡，所以头部触电及左手到右脚触电最危险，另外，人体通电时间越长危险性越大。

通过人体电流的大小与触电电压和人体电阻有关，而人体电阻与触电部分皮肤表面的干湿情况，接触面积的大小及身体素质有关。通常人体电阻为 800 欧至几万欧不等，个别人的最低电阻为 600 欧左右，当皮肤出汗，有导电液或导电尘埃时，人体电阻还要低。

根据国标 GB3805-83，安全电压是为防止触电事故而采用的由特定电源供电的电压系列。这个电压系列的上限值，在任何情况下两导体间或任一导体与地之间均不得超过交流(50 ~ 500Hz)有效值 50 伏。

安全电压额定值的等级为 42 伏、36 伏、24 伏、12 伏、6 伏。但必须注意：42 伏或 36 伏电压并非绝对安全，在充满导电粉末或相对湿度较高或酸碱蒸汽浓度大等情况下，也曾发生触及 36 伏电压而死亡的事故。在上述这些情况下必须使用 24 伏或更低等级的电压。

### 8.2.2 常见的触电方式

**1. 单相触电**

人体只触及一根相线(或漏电的电气设备)，但是人站在地上，而电源中性点是接地的，电流通过人体流入大地，人体承受 220V 相电压。如图 8-3 所示。

单相触电大多是由于电气设备损坏或绝缘不良，使带电部分裸露而引起的。触电事故中大部分属于单相触电。

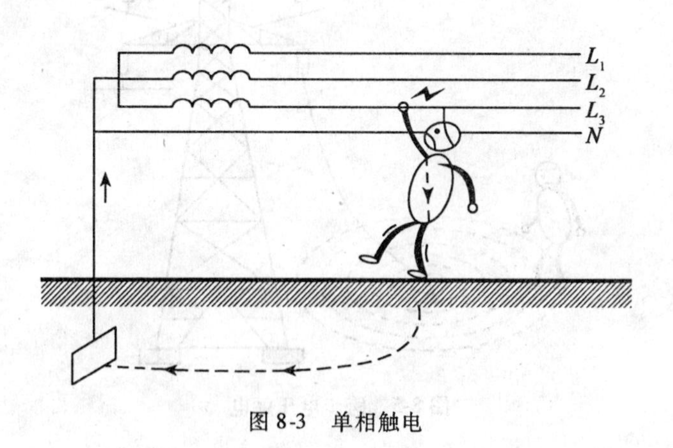


图 8-3 单相触电

**2. 两相触电**

人体同时触及两根相线，作用于人体的是380V线电压，危险性比单相触电更大。如图8-4所示。

图8-4　两相触电

**3. 跨步电压触电**

在高压电网接地点或防雷接地点及高压火线断落或绝缘损坏处，有电流流入地下时，电流向四周流散，并在接地点周围土壤中产生电压降。当人走进这一区域时，两脚之间形成跨步电压，其大小取决于线路电压及人距电流入地点的远近。如图8-5所示。

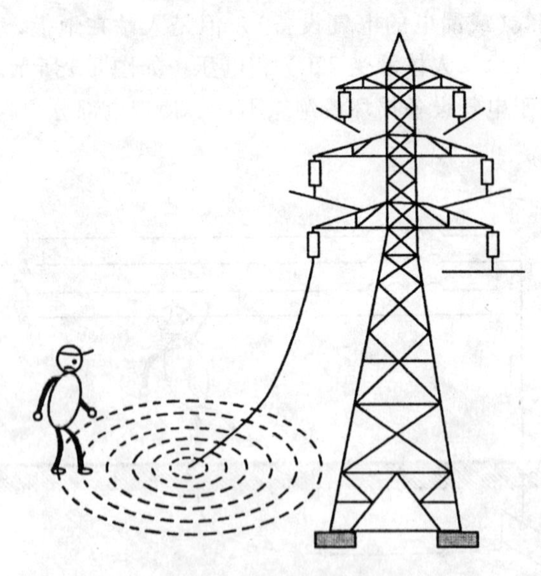

图8-5　跨步电压触电

### 8.2.3　电火灾和雷击

电火灾是因输配电线漏电、短路或负载过热等而引起的火灾。它对人民的生命财产有着严重威胁，应设法预防。

雷击是由带有两种不同电荷的云朵之间，或云朵与大地之间的放电而引起的伤害。它是目前还难以避免的一种自然现象。

### 8.2.4　常用安全用电措施

安全用电的原则是不接触低压带电体，不靠近高压带电体。常用的安全用电措施有：

**1. 火线必须进开关**

火线进开关后，当开关处于分断状态时，用电器上就不带电，不但利于维修而且可减少触电机会。另外接螺口灯座时，火线要与灯座中心的簧片连接，不允许与螺纹相连。

**2. 合理选择照明电压**

一般工厂和家庭的照明灯具多采用悬挂式，人体接触机会较少，可选用 220 伏电压供电；工人接触机会较多的机床照明灯则应选 36 伏电压供电，绝不允许采用 220 伏灯具做机床照明；在潮湿、有导电灰尘、有腐蚀性气体的情况下，则应选用 24 伏、12 伏甚至是 6 伏电压来供照明灯具使用。

**3. 合理选择导线和熔丝**

导线通过电流时，不允许过热，所以导线的额定电流应比实际输电的电流要大些。而熔丝是做保护用的，要求电路发生短路时能迅速熔断，所以不能选额定电流很大的熔丝来保护小电流电路。但也不能用额定电流小的熔丝来保护大电流电路，因为这会使电路无法正常工作。导线和熔丝的额定电流值可通过查手册获得。

**4. 电气设备要有一定的绝缘电阻**

电气设备的金属外壳和导电线圈间必须要有一定的绝缘电阻，否则当人触及正在工作的电气设备(如电动机、电风扇等)的金属外壳就会触电。通常要求固定电气设备的绝缘电阻不低于 1 兆欧，可移动的电气设备，如手枪式电钻、冲击钻、台式电扇、洗衣机等的绝缘电阻还应高一些。一般电气设备在出厂前，都测量过它们的绝缘电阻，以确保使用者的安全。但是在使用电气设备的过程中，应注意保护绝缘材料，预防绝缘材料受伤和老化。

**5. 电气设备的安装要正确**

电气设备要根据安装说明进行安装，不可马虎从事。带电部分应有防护罩，高压带电体更应有效加以防护，使一般人无法靠近高压带电体，必要时应加联锁装置以防触电。

在安装手电钻等移动式电具时，其引线和插头都必须完整无损，引线应采用坚韧橡胶或塑料护套线，且不应有接头，长度不宜超过 5 米。另外，金属外壳必须可靠接地。

**6. 采用各种保护用具**

保护用具是保证工作人员安全操作的工具，主要有绝缘手套、鞋，绝缘钳、棒、垫等。家庭中干燥的木质桌凳、玻璃、橡胶垫等也可充当保护用具。

**7. 正确使用移动电具**

使用手电钻等移动电具时必须戴绝缘手套，调换钻头时须拔下插头。每年取出电扇使用时应检查插头、引线、开关是否完好，绝缘电阻是否达到 2 兆欧，在移动台扇时应先切断电源。不允许将 220 伏普通电灯作为手提照明行灯而随便移动，行灯电压应为 36 伏或低于 36 伏。

**8. 电气设备的保护接地和保护接零**

正常情况下电气设备的金属外壳是不带电的，但在绝缘损坏而漏电时，外壳就会带电。为保证人触及漏电设备的金属外壳时不会触电，通常都采用保护接地或保护接零的安全措施。

(1)保护接地。将电气设备在正常情况下，不带电的金属外壳或构架与大地之间作良好的金属连接称做保护接地，如图 8-6(a)所示。通常采用深埋在地下的角铁、钢管做接地体。家庭中也可用自来水管做接地体，但应将水管接头的两端用导线连通。接地电阻不得大于 4 欧姆。

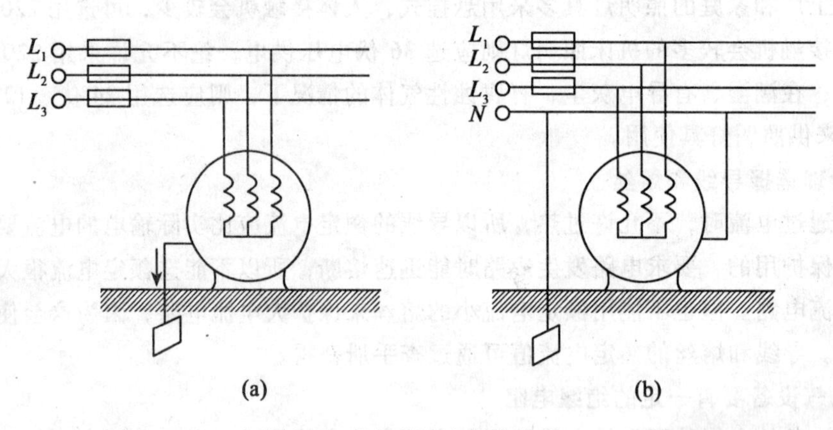


图 8-6 保护接地和保护接零

保护接地适用于 1000 伏以上的电气设备以及电源中线不直接接地的 1000 伏以下的电气设备。采用保护接地后，即使人触及漏电的电气设备的金属外壳也不会触电。因为这时金属外壳已与大地作可靠金属连接、且对地电阻很小，而人体电阻一般比接地电阻大数百到数万倍。当人触及金属外壳时，人体电阻与接地电阻相并联，则漏电流几乎全部经接地电阻流入大地，从而保证了人身安全。

(2)保护接零。将电气设备在正常情况下不带电的金属外壳或构架与供电系统中的零线连接，叫保护接零，如图 8-6(b)所示。保护接零适用于三相四线制中线直接接地系统中的电气设备。

接零后，若电气设备的某相绝缘损坏而漏电时，叫该相短路。短路电流立即将熔丝熔断或使其他保护电器动作而切断电源，从而消除了触电危险。

如图 8-7 所示是单相用电器(如洗衣机、电烙铁等)所使用的三脚插头和三眼插座。插头的正确接法是，应把用电器的金属外壳用导线接在中间那个比其他两个粗或长的插脚上，并通过插座与保护零线相连，如图 8-8 所示。图 8-8(a)是零线不装熔断器的情况，图 8-8(b)是零线装熔断器的情况。目前居民生活区多采用此法，但三相供电系统中的中线上却不允许安装熔断器。

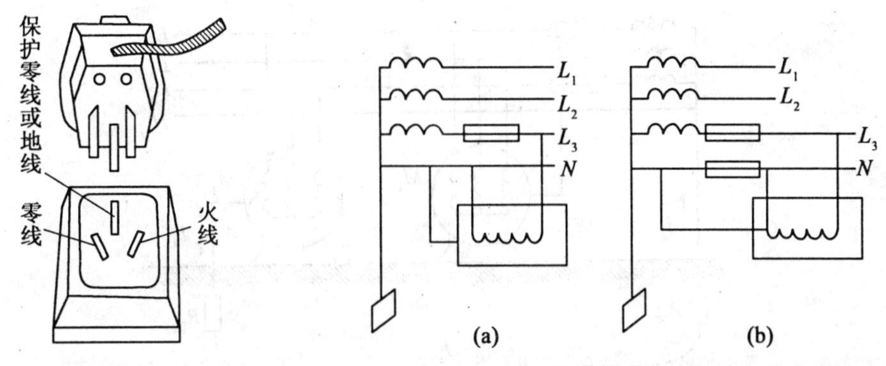


图 8-7 三角插头和三眼插座

图 8-8 单相用电器保护接零的正确接法

如图 8-9 所示是错误的保护接零方法，其错误在于将电器的金属外壳直接与接到用电器的零线相连。这种接法有时不但起不到保护作用，反而可能带来触电危险。对图 8-9(a)、(b)来说，若零线断裂或熔丝熔断，则用电器的金属外壳就带电，这当然是危险的。图 8-9(c)表示插座或接线板、拖线板上的相线和零线调错的情况，这在住宅或室内，因中线不涂特殊颜色是很容易发生的。此时，用电器正常运行的情况下，在其金属外壳上也会呈现电压，所以是不允许的。

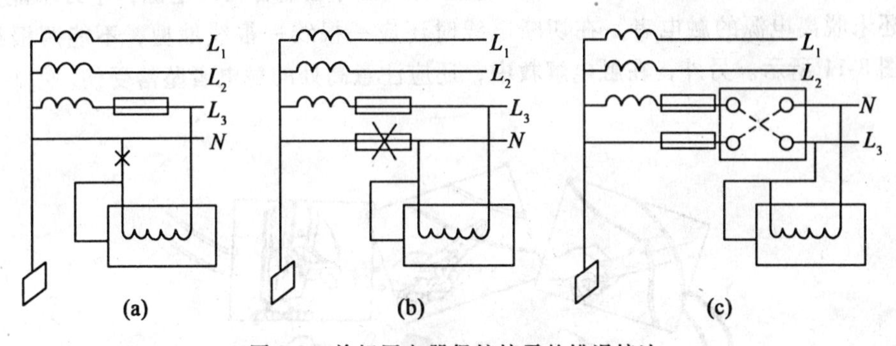


图 8-9 单相用电器保护接零的错误接法

为了防止零线断裂，目前在工厂内广泛使用重复接地。所谓重复接地，就是将零线上的一点或多点与大地再次作金属连接。

必须指出的是，在同一供电线路中，不允许一部分电气设备采用保护接地，而另一部分电气设备采用保护接零的方法，如图 8-10 所示。因为此时若接地设备的某相碰壳短路、而设备的容量较大，所产生的短路电流不足以使熔断器或其他保护电器动作，则零线的电

位将升高到 $V_0=\frac{R_{地}U_{相}}{R_{零}+R_{地}}$。若 $R_{零}=R_{地}$，则 $V_0=\frac{U_{相}}{2}$，所以会使与零线相连接的所有电气设备的金属外壳都带上可能使人触电的危险电压。

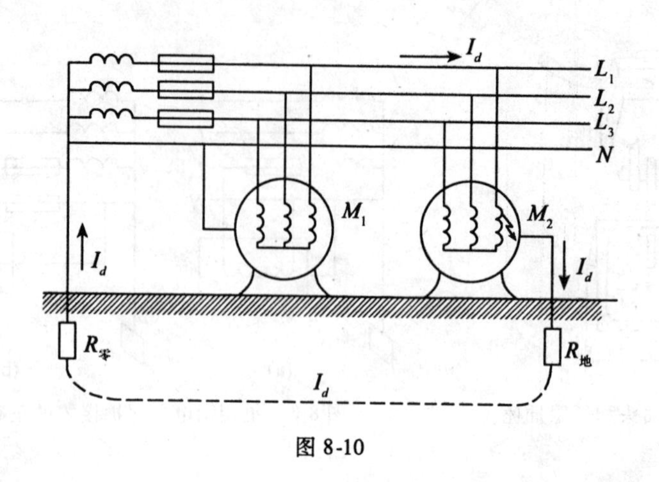


图 8-10

## 8.2.5 触电急救

### 1. 触电急救

凡遇有人触电，必须用最快的方法使触电者脱离电源。若救护人离开控制电源的开关或插座较近，则应立即切断电源，否则应采用竹竿或木棒等绝缘物强迫触电者脱离电源；也可用绝缘钳切断电线或戴上绝缘手套、穿上绝缘鞋将触电者拉离电源，千万不能赤手空拳去拉还未脱离电源的触电者。在切断电线时还应一根线一根线地剪，不能两根线一起剪，如图 8-11 所示。另外，在触电解救中，还应注意高处的触电者坠落受伤。

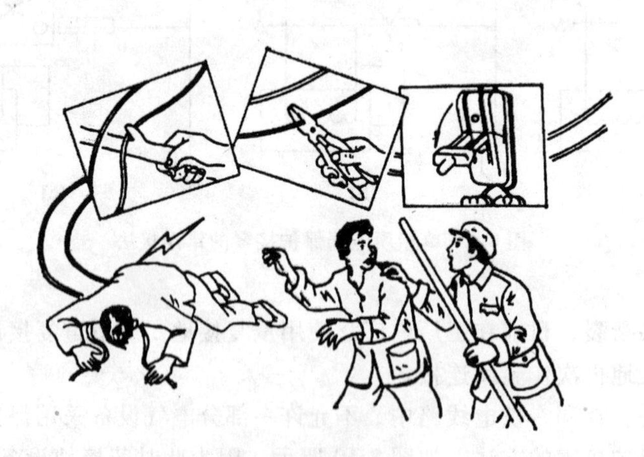

图 8-11　触电急救

**2. 紧急救护**

在触电者脱离电源后，应立即进行现场紧急救护并及时报告医院。当触电者还未失去知觉时，应将他抬到空气流通、温度适宜的地方休息，不让他乱走乱动。当触电者出现心脏停跳、无呼吸等假死现象时，不应慌乱而应争分夺秒地在现场进行人工呼吸或胸外挤压。就是在送往医院的救护车上也不可中断，更不可盲目给假死者注射强心针。

人工呼吸法适用于有心跳但无呼吸的触电者，如图 8-12 和图 8-13 所示。其中口对口（鼻）人工呼吸法的口诀是：病人仰卧平地上，鼻孔朝天颈后仰。首先清理口鼻腔，然后松扣解衣裳。捏鼻吹气要适量，排气应让口鼻畅。吹二秒来停三秒，五秒一次最恰当。

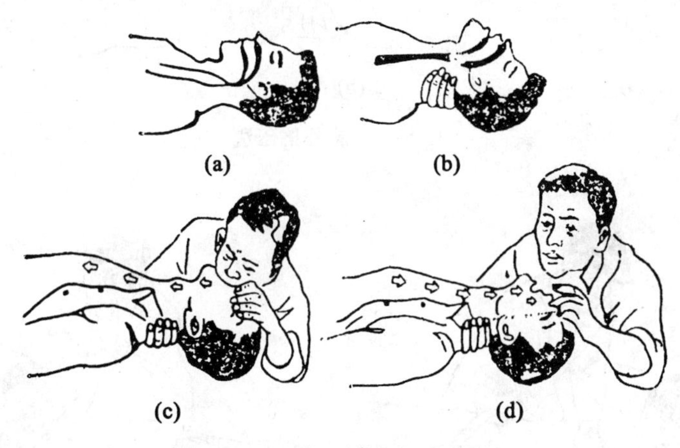


图 8-12　口对口（鼻）人工呼吸法

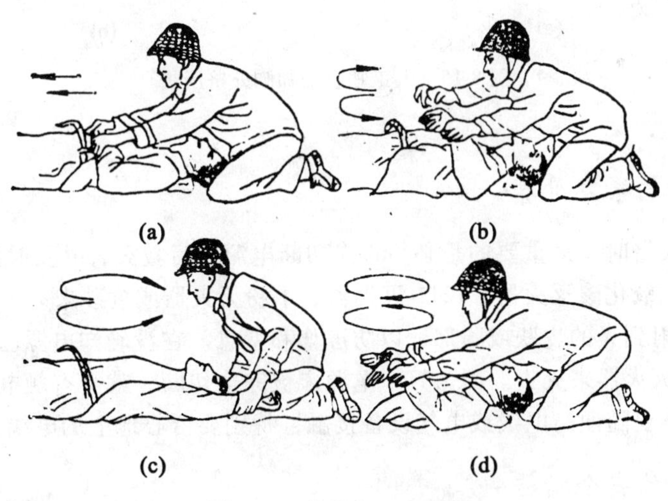


图 8-13　牵手人工呼吸法

胸外挤压法适用有呼吸但无心跳的触电者，如图 8-14 所示。其口诀是：病人仰卧硬地上，松开领扣解衣裳。当胸放掌不鲁莽，中指应该对凹膛。掌根用力向下按，压下一寸至寸半。压力轻重要适当，过分用力会压伤。慢慢压下突然放，一秒一次最恰当。

当触电者既无呼吸又无心跳时，可同时采用人工呼吸法和胸外挤压法进行急救，如图8-15所示。其中单人操作时，应先口对口(鼻)吹气两次(约5秒内完成)，再做胸外挤压15次(约10秒内完成)，以后交替进行。双人操作时，按前述口诀进行。

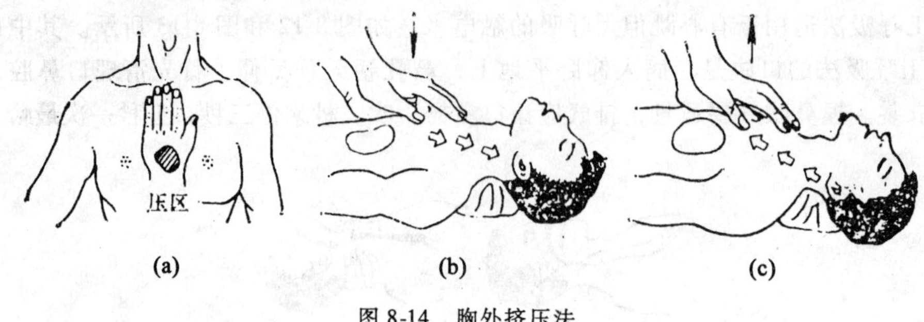


图8-14　胸外挤压法

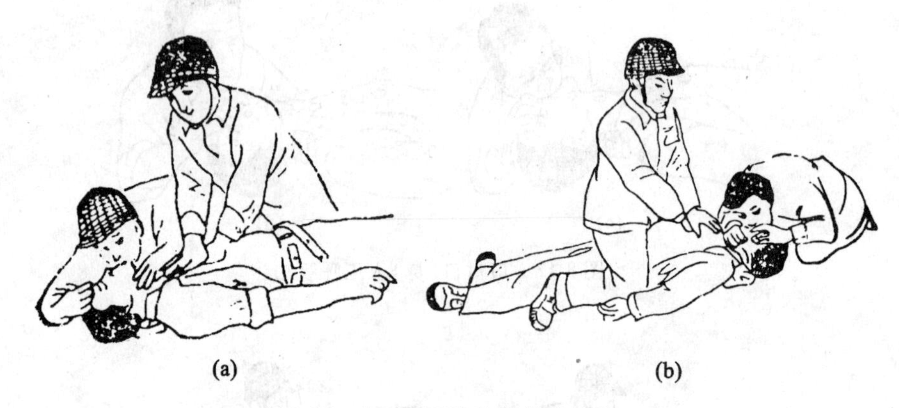


图8-15　人工呼吸法和胸外挤压法

## 8.2.6　电火警的紧急处理

(1)发生电火警时，最重要的是必须首先切断电源然后救火，并及时报警。

(2)应选用二氧化碳灭火器、1211灭火器、干粉灭火器或黄砂来灭火。但应注意，不要使二氧化碳喷射到人的皮肤或脸部，以防冻伤和窒息。在没确知电源已被切断时，绝不允许用水或普通灭火器来灭火。因为万一电源未被完全切断，就会有触电的危险。

(3)救火时不要随便与电线或电气设备接触，特别要留心地上的电线。

## 8.2.7　防雷击的安全措施

通常在高大建筑物或在雷区的每个建筑物的顶部安装避雷针来预防雷击。对于使用室外电视机天线的用户，应装避雷器或防雷用的转换开关。在正常天气时将天线接入室内，在雷雨前将天线转接到接地体上，以防由天线引入的雷击。

另外，雷雨时尽量不外出走动，更不要在大树下躲雨、不站立高处，而应就地下蹲在低凹处且两脚尽量并拢。

### 8.2.8 其他安全用电常识

(1)任何电气设备在未确认无电以前，应一律认为有电，因此不要随便接触电气设备。

(2)不盲目信赖开关或控制装置，只有拔下用电器的插头才是最安全的。

(3)不损伤电线，也不乱拉电线。若发现电线、插头、插座有损坏，必须及时更换。

(4)拆开的或断裂的裸露的带电接头，必须及时用绝缘物包好并置放到人身不易碰到的地方。

(5)尽量避免带电操作，手湿时更应避免带电操作；在作必要的带电操作时，应尽量用一只手工作，另一只手可放在口袋中或背后。同时最好有人监护。

(6)当有数人进行电工作业时，应于接通电源前通知他人。

(7)不要依赖绝缘来防范触电，因为绝缘代替不了小心。

(8)在带电设备周围严禁使用钢皮尺、钢卷尺进行测量工作。

## 【练习二】

**一、简答题**

1. 什么叫触电？电击伤人的程度与哪些因素有关？

2. 常见的触电方式和原因有哪几种？

3. 常见的安全用电措施有哪些？

4. 对触电者应如何进行急救？应如何进行电火警的紧急处理？

5. 防止雷击应注意哪几点？

**二、选择题**

1. 下面关于安全电压的正确说法是(　　)。

A. 220 伏照明电路是低压电路，但 220 伏不是安全电压。

B. 只有当电压是 36 伏时，人体接触该电压才不会触电。

C. 某人曾接触过 220 伏电压而没伤亡，因此该电压对于他来说总是安全的。

D. 只要有电流流过人体．就会发生触电事故。

2. 对照明电路，下面哪种情况不会引起触电事故(　　)。

A. 人赤脚站在大地上，一手接触火线，但未接触零线。

B. 人赤脚站在大地上，一手接触零线，但未接触火线。

C. 人赤脚站在大地上，二手同时接触火线，但未碰到零线。

D. 人站在绝缘体上，一手接触火线，另一手接触零线。

3. 下面的正确结论是(　　)。

A. 不论使用何种验电笔，只要笔尖接触电线，氖管发光，就表明笔尖接触的是火线。

B. 不论使用何种验电笔，只要笔尖接触电线，氖管不发光，就表明笔尖接触的是零线。

C. 用手接触验电笔尾的金属体，笔尖接触电线，若氖管发光，则笔尖接触的是火线。

4. 下面关于保险丝(即熔丝)的正确说法是(　　)。

A. 只要在线路中安装保险丝，不论其规格如何都能起到保险作用。

B. 选择额定电流小的保险丝总是有利无弊的。

C. 只有选用适当规格的保险丝，才能既保证电路正常工作又起到保险作用。

D. 可用同样粗细的铜丝来代替铅锑保险丝。

## 本章小结

1. 大型电站发出的交流电经高压输电，并经一次或两次降压后，再经配电才能为用户提供不同等级的电压。由发电、输配电和用电设备所构成的系统叫电力系统，输配电系统叫电力网。车间是主要配电对象之一，常用的配电方式有放射式和干线式两种。

2. 触电有电伤和电击两种，其中电击最危险。电击伤人的程度由流过人体电流的频率、大小、电流通过人体的途径和时间以及触电者本身的身体状况而定。实践证明，工频电流最危险，流过人体50毫安的工频电流会使人有生命危险；电流通过心脏和大脑时，人体最容易死亡，而且触电时间越长危险性越大。一般人体的最低电阻为800欧左右(个别人可低到600欧左右)。根据GB3805-83，安全交流电压额定值的等级为42伏、36伏、24伏、12伏、6伏。

3. 安全用电的原则是：不接触低压带电体，不靠近高压带电体。

4. 在实际工作和生活中，应根据常见触电原因和方式结合个人的具体情况，注意采取不同的安全用电措施来确保人身安全，并避免发生电火灾。

5. 若遇人触电，必须用最迅速的方法使触电者脱离电源，然后进行现场紧急救护并及时报告医院。当触电者出现假死时，更应分秒必争地在现场对触电者作人工呼吸或胸外挤压进行急救，切不可坐等医生的到来或送到医院再抢救，就是在救护车上也不可中断急救。另外不可盲目地给触电者注射强心针。

人工呼吸法适用于有心跳，但无呼吸的触电者。胸外挤压法适用于有呼吸，但无心跳的触电者。

6. 遇电火警时，必须首先切断电源，然后救火并及时报警。雷雨时应尽量不外出活动，不使用室外天线，以防雷击。

# 参考文献


[1]唐益龄主编．电工学(第 2 版)．北京：中国劳动出版社，1990

[2]绕昌植主编．电工学．北京：人民教育出版社，1978

[3]哈尔滨工业大学电工学教研室主编．电工学．北京：中国水利水电出版社，1978

[4]陈其信主编．电工原理．北京：电子工业出版社，1988

[5]刘志平主编．电工技术基础(第 2 版)．北京：高等教育出版社，1994

[6]李福民主编．电工基础．北京：中国铁道出版社，1998

[7]周绍敏主编．电工基础．北京：高等教育出版社，1999

[8]秦曾煌主编．电工学简明教程．北京：高等教育出版社，2001

[9]陈景谦主编．电工技术．北京：机械工业出版社，2001

[10]秦曾煌主编．电工学(第 6 版)．北京：高等教育出版社，2003

[11]沈裕钟主编．电工学(第 4 版)．北京：高等教育出版社，2004

[12]程周主编．电工基础．北京：高等教育出版社，2004

# 参考文献


[1] [illegible]主编. 电工学(第2版). 北京: 中国[illegible]出版社, 1990
[2] [illegible]主编. 电工[illegible]. [illegible]出版社, 19[illegible]
[3] [illegible]工业大学[illegible]. 电工学. 北京: 中国水利水电出版社, [illegible]
[4] [illegible]. 电工[illegible]. 北京: [illegible]工业出版社, 1988
[5] [illegible]. 电工技术[illegible](第2版). [illegible]教育出版社, 1994
[6] [illegible]. 电工[illegible]. 北京: 中国[illegible]出版社, [illegible]
[7] [illegible]. 电工[illegible]. [illegible]. [illegible]教育出版社, [illegible]
[8] [illegible]. 电工[illegible]. 北京: [illegible]出版社, 2001
[9] [illegible]. 电工技术. 北京: [illegible]出版社, 2001
[10] [illegible]. [illegible](第[illegible]版). 北京: [illegible]出版社, 2003
[11] [illegible]. 电工学(第[illegible]版). 北京: [illegible]教育出版社, 2004
[12] [illegible]. 电工[illegible]. 北京: 高等教育出版社, 2004